Elektronik kinderleicht!

Über den Autor

Øyvind Nydal Dahl ist seit seiner Kindheit Elektronikamateur – er hat schon immer gern herausgefunden, wie die Dinge funktionieren, um sie dann selber bauen zu können. Er hat Elektronik und Informatik an der Universität von Oslo studiert, wo er einen Master-Abschluss machte, nachdem er seinen eigenen Mikrochip gebaut hatte. Dann war er Mitbegründer der Firma Intelligent Agent, die Sensoren entwickelte, mit denen Roboter durch Wände sehen konnten.

Nach einigen Jahren bei Intelligent Agent fühlte Øyvind sich berufen, der Welt die Elektronik näherzubringen. Er hält Workshops ab, entwickelt Kurse und schreibt über Elektronik und Technologie für die verschiedensten Verbreitungsmedien. Er postete Hunderte von Artikeln, Tutorials und Videos auf seinem Blog (*http://www.build-electronic-circuits.com/*) und betreut Ohmify (*http://ohmify.com/*), eine Site, um Elektronik unterhaltsam und leicht lernen zu können (Anmeldung erforderlich).

Über den Fach-Korrektor

John Hewes begann bereits in frühem Alter, elektrische Schaltungen zusammenzubauen, und ging dann als Teenager dazu über, ganze Elektronikprojekte zu realisieren. Später studierte er Physik, und mit seinem zunehmenden Interesse an der Elektronik half er Schülern bei ihren Projekten, während er als wissenschaftlicher Mitarbeiter tätig war.

John hat in Großbritannien Elektronik und Physik für Fortgeschrittene gelehrt und einen Schulelektronikclub für Kinder und Jugendliche im Alter von 11 bis 18 Jahren geleitet. Zur Unterstützung des Clubs hat er die Website *http://www.electronicsclub.info/* eingerichtet. Er ist der Überzeugung, dass jeder in der Lage ist, elektronische Projekte aufzubauen, unabhängig von Alter oder Fertigkeiten.

Øyvind Nydal Dahl

Elektronik kinderleicht!

Experimente mit Elektrizität und Stromkreisen

dpunkt.verlag

Øyvind Nydal Dahl

Übersetzung: Frank Langenau, Chemnitz
Lektorat: Dr. Michael Barabas
Fachkorrektor: John Hewes
Copy-Editing: Annette Schwarz, Ditzingen
Satz: Ulrich Borstelmann, Dortmund
Herstellung: Susanne Bröckelmann
Umschlaggestaltung: Helmut Kraus, www.exclam.de
Druck und Bindung: M.P. Media-Print Informationstechnologie GmbH, 33100 Paderborn

Bibliografische Information der Deutschen Nationalbibliothek
Die Deutsche Nationalbibliothek verzeichnet diese Publikation in der Deutschen Nationalbibliografie; detaillierte bibliografische Daten sind im Internet über http://dnb.d-nb.de abrufbar.

ISBN:
Print 978-3-86490-416-5
PDF 978-3-96088-096-7
ePub 978-3-96088-097-4
mobi 978-3-96088-098-1

1. Auflage 2017

Wieblinger Weg 17
69123 Heidelberg

5 4 3 2 1 0

Inhalt

Inhaltsverzeichnis

Kapitel 6: Wir löten! 111

Kapitel 7: Mit Elektrizität steuern 131

Kapitel 8: Ein Musikinstrument bauen 161

Teil 3: Die digitale Welt

Kapitel 9: Wie Schaltkreise Nullen und Einsen verarbeiten 187

Kapitel 11: Schaltungen, die Informationen speichern 241

Kapitel 12: Lass uns spielen! 259

Zum Nachschlagen 283

Index 291

Vorwort

Es hat schon etwas Besonderes an sich, ein Projekt zum Leben zu erwecken, über das du in einem Buch gelesen hast oder das als Idee in deinem Kopf entstanden ist. Und manchmal sind es die einfachsten Dinge, die am meisten zufriedenstellen.

Zu meinen Lieblingsprojekten aus meiner Kindheit gehört ein gemeines und kleines Gerät aus einem einzelnen Widerstand, das zwischen die Adern einer Telefonleitung geschaltet wurde. Ich habe auf einem Stück einseitig beschichtetem Leiterplattenmaterial die Leiterzüge mithilfe von Abreibefolie aufgebracht und dann in meinem Keller das ungeschützte Kupfer mit Eisen(III)-chlorid weggeätzt. Abgehende Gespräche ließen sich mit dem Telefon ganz normal führen, doch jeder, der bei uns anrief, hörte das Besetztzeichen. Das war die perfekte Methode, um sicherzustellen, dass meine Eltern während der Mahlzeiten keine Anrufe von meinen Lehrern bekamen!

Einige Jahre später habe ich einen Garagentoröffner modifiziert, um jedes Tor derselben Marke öffnen zu können. Im normalen Betrieb wurden die Kennwörter auf dem Sender und dem Empfänger manuell mit einer Reihe von 10 DIP-Schaltern eingestellt. Wenn das gesendete Signal mit dem übereinstimmte, was der Empfänger erwartete, wurde das Garagentor geöffnet. Hierzu habe ich die Schalter auf meinem Sender ersetzt: durch einen üblichen 555-Timer-IC, um ein Taktsignal zu erzeugen, und einen 10-stufigen Binärzähler (ein Bauelement der digitalen Logikschaltungen), um automatisch jede mögliche Kombination (d.h. 2^{10} oder 1.024 Versuche) durchzuprobieren. Nachdem ich den Taster gedrückt hatte, wurde innerhalb weniger Minuten das richtige Kennwort übertragen und das Garagentor geöffnet! Meinen universellen »Brute-Force-Garagentoröffner« habe ich niemals für böswillige Zwecke eingesetzt, doch er hat meine Hacker-Denkweise bestärkt – Probleme mit unkonventionellen Methoden lösen, die Möglichkeiten der Technologie ausreizen, niemandem zu schaden und lernen durch fortwährendes Hinterfragen und Experimentieren. Außerdem dachte ich, es wäre ziemlich cool, ein serienmäßig produziertes Gerät zu modifizieren und es zu einer Funktion zu bewegen, die die ursprünglichen Entwickler niemals vorausgeahnt hatten.

Als ich noch viel jünger war, kam ich irgendwie zu einem 6-V-Akku für Laternen und einer Feder aus einer einstellbaren Lampe. Ich fragte mich: »Was würde passieren, wenn ich die Batterieanschlüsse mit der Feder verbinde?« Natürlich habe ich es ausprobiert. Die Feder ist immer heißer geworden, bis ich sie vor Schreck losgelassen, von den Batterieklemmen heruntergerissen und ins Waschbecken geworfen habe. Ich hatte einen Kurzschluss erzeugt, indem ich Plus- und Minuspol der Batterie verbunden hatte, sodass der Strom ungehindert zwischen den beiden Polen fließen konnte. Batterien und Federn habe ich nie wieder auf die gleiche Weise betrachtet.

Ich erinnere mich noch gut daran, wie ich mein eigenes Alarmsystem für die Schlafzimmertür bauen wollte, eine vereinfachte Version des Projekts, das du in Kapitel 1 bauen wirst. Ich habe ein altes AM/FM-Radio an einen Haken an der Rückseite der Tür gehängt, auf Rauschen eingestellt, die Lautstärke auf Maximum gedreht und es »scharf gemacht«, indem ich den Einschalter – einen Schiebeschalter – mit einem Draht verbunden und diesen an der Wand befestigt hatte. Theoretisch hätte beim Öffnen der Tür der Draht am Schalter gezogen und das Radio eingeschaltet – dem Eindringling wäre weißes Rauschen entgegengetönt. So weit ist es aber nicht gekommen. Stattdessen hatte mein Vater die Tür geöffnet, das Radio ist vom Haken gerutscht und auf dem Fußboden zersplittert. Fangen wir also noch einmal von vorne an!

Diese Geschichten sollen dich inspirieren, die wundervolle, wilde Welt der Elektronen zu erkunden – und dieses Buch ist die perfekte Startrampe! Øyvind dröselt komplizierte elektronische Grundlagen in unterhaltsamer und amüsanter Weise auf. Seine Elektronikleidenschaft und seine Lust am Lehren scheinen auf jeder Seite durch. Du beginnst bei den Basics, baust darauf auf und besitzt am Ende die Fähigkeit, größere, bessere, schnellere und intelligentere Projekte in eigener Regie zu schaffen. Es gibt keine bessere Methode als *Learning by Doing*. Also leg los! Blättere um und beginne dein Abenteuer mit allem, was Elektronik zu bieten hat!

Joe Grand
Produktdesigner, Hardware-Hacker und Vater
Portland, Oregon

Danksagungen

Zuallererst möchte ich meinem Vater dafür danken, dass er mir als Kind die Dinge am praktischen Beispiel und nicht nur in der Theorie erklärt hat. Seine großartigen Erläuterungen waren mein Einstieg in die Welt der Elektronik. Auch meiner Mutter gebührt großer Dank, die alle diese technischen Diskussionen am Esstisch aushalten musste.

Dank an Jennifer Griffith-Delgado, Riley Hoffman, Tyler Ortman und das übrige Team bei No Starch Press – zum einen dafür, dass sie an mich geglaubt haben, aber auch dafür, mich auf so gute Art und Weise durch den redaktionellen Prozess begleitet zu haben. Ihr seid ein traumhaftes Team, mit dem man gern arbeitet!

Dank an meinen Fach-Korrektor, John Hewes, der meine Fehler korrigiert und mich bei manchen Themen angestachelt hat, bestimmte Teile des Buches noch einmal zu überarbeiten.

Schließlich geht ein besonderer Dank an Garry Booth für die Umschlaggestaltung, an Beth Middleworth für das Layout des Buches und die Hintergrundzeichnungen sowie noch einmal an Riley für das Zeichnen der technischen Darstellungen. Diese drei haben das Buch wirklich lebendig werden lassen.

Unsere Buchtipps für

Maker

Christian Rattat

3D-Druck für Anspruchsvolle

Mit dem Ultimaker perfekte Werkstücke erstellen

Das Buch hilft Ihnen, die Technik eines 3D-Druckers im Detail zu verstehen, und erläutert, wie Sie damit hochwertige Werkstücke mit geringer Toleranz erzeugen. Anhand des Originalbausatzes für den Ultimaker-3D-Drucker werden die Bauteile und -gruppen in allen Einzelheiten erklärt.

2016, 310 Seiten, Broschur, € 29,90 (D)
ISBN 978-3-86490-331-1

Christian Rattat

Multicopter selber bauen

Grundlagen – Technik – eigene Modelle

Neben dem Bau eigener Flugmodelle wird die Technik für Multicopter und damit verbundene Anwendungen wie FPV (First Person View) und Luftaufnahmen beschrieben. Sie lernen, die Technik grundlegend zu verstehen und Modelle selbst aufzubauen, ohne dass Sie an die beschriebene Hardware gebunden sind.

2015, 416 Seiten, Broschur, € 34,90 (D)
ISBN 978-3-86490-247-5

Christian Rattat

CNC-Fräsen für Maker und Modellbauer

Grundlagen – Technik – Praxis

Wer öfter Fräsarbeiten hat, für den rentiert sich eine eigene kleine CNC-Fräse sehr schnell, zumal man damit auch andere Arbeiten erledigen kann. Das Buch erklärt anhand einer Stepcraft-Fräsmaschine, wie man diese aus einem Bausatz aufbaut, in Betrieb nimmt und aus 2D- und 3D-Modellen Werkstücke erzeugt.

2016, 314 Seiten, Broschur, € 32,90 (D)
ISBN 978-3-86490-351-9

Cord Elias

FPGAs für Maker

Eine praktische Einführung in programmierbare Logik

Das Buch gibt »Makern« einen praktischen Einstieg in die spannende Welt der FPGAs und ihrer Anwendungen. Leser werden anhand gut nachvollziehbarer Beispiele Schritt für Schritt in die Thematik eingeführt. Schließlich sind sie in der Lage, selbst mit Hilfe von FPGAs Logikschaltungen zu implementieren.

2016, 454 Seiten, Broschur, € 36,90 (D)
ISBN 978-3-86490-173-7

Charles Platt

Make: Elektronik

Eine unterhaltsame Einführung für Maker, Kids und Bastler

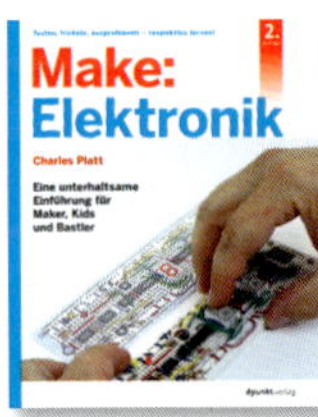

Wer die Elektronik-Grundlagen auf originelle Weise und mit viel Spaß lernen möchte, der muss zu diesem Buch greifen. Von Anfang an führt Charles Platt Sie mit praktischen Beispielen in die große Elektronikwelt ein. Der Umgang mit Lötkolben und Multimeter wird dabei ebenso vermittelt wie die Programmierung eines Microcontrollers.

2., komplett überarbeitete Auflage
2016, 472 Seiten, Broschur, € 34,90 (D)
ISBN 978-3-86490-368-7

Øyvind Nydal Dahl

Elektronik kinderleicht!

Experimente mit Elektrizität und Stromkreisen

»Elektronik kinderleicht« entmystifiziert Strom mit einer Sammlung von genialen Projekten. Zunächst lernst du, wie Strom, Spannung und Stromkreise funktionieren, indem du aus einer Zitrone eine Batterie machst, einen Metallbolzen in einen Elektromagneten verwandelst und aus einem Pappbecher und Magneten einen laufenden Motor schaffst.

2016, 322 Seiten, Broschur, € 24,90 (D)
ISBN 978-3-86490-416-5

Einführung

Willkommen zu *Elektronik kinderleicht!* In diesem Buch lernst du, coole Dinge aus den gleichen Teilen zu bauen, wie du sie in Fernsehgeräten, elektronischem Spielzeug, Radios und vielen anderen technischen Geräten findest. Die Experimente und Projekte sind sowohl unterhaltsam, wie zum Beispiel ein von Zitronen betriebenes Licht, als auch nützlich (aber trotzdem unterhaltsam), wie zum Beispiel ein Einbruchsalarm und ein Musikinstrument.

Du wirst allerdings nicht einfach nur Anweisungen befolgen: Du lernst auch, wie jedes Bauteil in jedem Projekt funktioniert.

Ich hoffe dabei darauf, dass du mit dem erworbenen Wissen auch erkennen wirst, wie du deine eigenen Erfindungen umsetzen kannst, indem du die Bauelemente auf andere Art und Weise zusammenschaltest. Zu den ersten Dingen, die ich bei meinem Einstieg in die Elektronik gelernt habe, gehört ein Blinklicht. Als ich gesehen hatte, wie es funktioniert, hat sich mir plötzlich eine ganz neue Welt eröffnet. Seitdem habe ich viele Dinge gebaut: Roboter, MP3-Player, Kleincomputer und sogar ein Gerät, das den Blick durch eine Wand ermöglicht! Mit etwas Übung kannst auch du solche Dinge bauen – und mit diesem Buch lernst du die grundlegenden Fertigkeiten, um die Reise beginnen zu können.

Über dieses Buch

Als ich etwa 14 Jahre alt war, dachte ich, Computer wären cool, doch ich hatte keine Vorstellung davon, wie sie funktionierten. Sie erschienen mir magisch, und ich ging davon aus, dass ich sie niemals verstehen oder sogar nachbauen könnte. Zum Glück war mein Vater Ingenieur, und er konnte Dinge auch verständlich erklären. Wenn ich ihm Fragen stellte, zeigte er mir nicht nur, wie die Dinge arbeiteten, sondern auch, wie ich etwas Ähnliches selbst bauen könnte.

Ich habe dies als das Buch geschrieben, das ich als Kind gern gehabt hätte, und hoffe, dass es dir gefällt!

Wer dieses Buch lesen sollte

Wenn du dir schon einmal ein elektronisches Gerät angesehen und gedacht hast: »Wie funktioniert das?« oder »Wie kann ich das auch bauen?«, dann bist du hier richtig. Ob du acht Jahre alt bist oder 100 Jahre – solange du neugierig bist und einen spielerischen Geist hast, ist das Buch wie für dich geschaffen.

Wie du dieses Buch am besten liest

Ich empfehle, das Buch der Reihe nach zu lesen, da jedes Kapitel auf den Konzepten und Fertigkeiten aufbaut, die in vorhergehenden Kapiteln behandelt wurden.

Jedes Kapitel enthält mindestens ein Praxisprojekt. Baue diese Projekte selbst nach! Elektronik verlangt praktische Fertigkeiten. Nur zu lesen, wie ein Bauelement funktioniert oder was ein Projekt tun sollte, ist etwas ganz anderes, als es selbst in der Praxis zu erfahren. Du solltest das Projekt allerdings zunächst komplett lesen, bevor du in die praktische Ausführung eintauchst, damit du von vornherein über die erforderlichen Schritte Bescheid weißt.

Sollten Probleme auftauchen, während du ein Projekt aufbaust, keine Bange: Das passiert jedem irgendwann einmal, wenn er mit Elektronik zu tun hat – auch mir. Lass nicht locker, inspiziere deine Schaltung und verdrahte das ganze Projekt gegebenenfalls neu, um es zum Laufen zu bringen. Wenn du dich schon stundenlang mit einer Schaltung herumschlägst, dann plötzlich den Fehler findest und die Schaltung funktioniert, hast du ein unbeschreibliches Erfolgserlebnis! Kommst du überhaupt nicht weiter, bitte einen Freund oder ein Familienmitglied um Hilfe.

Wenn du einzelne Teile des Buches nicht auf Anhieb verstehst, solltest du einfach weiterlesen. Lass dich nicht von Details abhalten. Du kannst später zum jeweiligen Thema zurückkehren, wenn du mehr Projekte im Griff hast.

Was enthält dieses Buch?

Wenn du dieses Buch durcharbeitest, erweiterst du deine Kenntnisse zur Elektronik allmählich. Es geht los mit grundlegenden – aber entscheidenden – Informationen und einfachen Schaltungen. Anschließend baust du komplexere Schaltungen auf und lernst Bauelemente wie zum Beispiel Widerstände, Kondensatoren, Transistoren und integrierte Schaltkreise kennen. Um zu verstehen, wie die Bauelemente funktionieren und wie man sie praktisch einsetzt, baust du in jedem Kapitel unterhaltsame Projekte auf.

Am Ende des Buches findest du ein abschließendes Projekt mit einem größeren Umfang: ein Spiel, das du mit deinen Freunden spielen kannst. Bis dahin besitzt du genügend Erfahrungen und Wissen, um das Spiel zu modifizieren oder sogar ein komplett neues Spiel, das du dir selbst ausgedacht hast, aufbauen zu können!

Dieses Buch ist in drei Teile gegliedert:

Teil 1: Spielen mit Elektrizität bildet die Grundlage für den Rest des Buches. Es geht um fundamentale Kenntnisse und wie Elektrizität tatsächlich funktioniert.

- **Kapitel 1: Was ist Elektrizität?** führt in die Wissenschaft ein, die sich mit Elektrizität befasst, und beschreibt die grundlegenden Voraussetzungen, damit eine Schaltung etwas bewirken kann.
- **Kapitel 2: Dinge mit Elektrizität und Magneten bewegen** zeigt dir, wie du Objekte mithilfe von Elektrizität bewegen kannst. In diesem Kapitel baust du einen Motor ganz von Anfang an auf.
- **Kapitel 3: Wie Elektrizität erzeugt wird** beschreibt, wie Batterien und Netzsteckdosen Elektrizität bereitstellen. Natürlich baust du auch deine eigenen Elektrizitätsquellen auf!

Teil 2: Schaltungen aufbauen ist der Teil, wo du dir wirklich die Hände schmutzig machst. Du lernst einige der wichtigsten Bauelemente in der Elektronik kennen und erfährst, wie du Schaltungen dauerhaft oder auch nur vorübergehend aufbauen kannst.

- In **Kapitel 4: Licht mit LEDs erzeugen** baust du erstmals Schaltungen auf einem Steckboard zusammen, um einen Prototyp zu erstellen, der praktisch als temporäre Schaltung dient. Du lernst Widerstände und Leuchtdioden (LEDs) kennen und erfährst, wie du diese Bauelemente gemeinsam einsetzt.
- **Kapitel 5: Zum ersten Mal – ein Blinklicht!** stellt mit dem Kondensator und dem Relais zwei neue Bauelemente vor und zeigt, wie sie arbeiten. Du schaltest sie sogar mit einer LED zusammen, um eine Blinklichtschaltung aufzubauen.
- **Kapitel 6: Wir löten!** bringt dir eine Technik bei, mit der du Bauelemente auf eine Lochrasterplatine lötest und somit eine Schaltung von einem Prototyp zu einem richtigen Gerät machen kannst, das für die kommenden Jahre stabil funktioniert.
- **Kapitel 7: Mit Elektrizität steuern** führt mit dem Transistor ein Bauelement ein, mit dem du andere Stromkreise steuern kannst. Du lernst, wie Transistoren arbeiten und wie du mit ihnen einen Berührungssensor und eine einfache Weckuhr aufbaust.

- **Kapitel 8: Ein Musikinstrument bauen** macht dich mit integrierten Schaltkreisen bekannt und zeigt, wie du damit Töne erzeugen kannst. Mit diesem Wissen gerüstet baust du ein eigenes Musikinstrument auf.

Teil 3: Die digitale Welt führt dich in die digitale Elektronik ein, auf der fast alle modernen Techniken basieren.

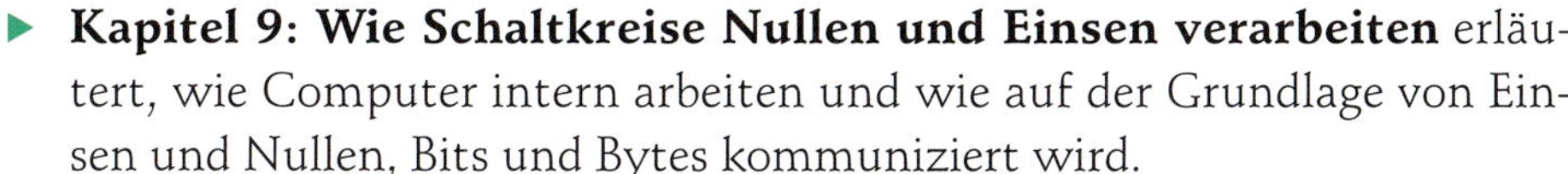

- **Kapitel 9: Wie Schaltkreise Nullen und Einsen verarbeiten** erläutert, wie Computer intern arbeiten und wie auf der Grundlage von Einsen und Nullen, Bits und Bytes kommuniziert wird.
- **Kapitel 10: Schaltungen, die Entscheidungen treffen** beschreibt, wie sich intelligente Schaltungen realisieren lassen, die logische Entscheidungen treffen können. Du baust einen Geheimcodetester und kombinierst ihn mit deinem Einbruchsalarm.
- **Kapitel 11: Schaltungen, die Informationen speichern** zeigt, wie aus Logikgattern Schaltungen entstehen, die Informationen ähnlich wie ein Computer speichern können. Damit baust du dann ein Münzwurfspiel auf.
- **Kapitel 12: Lass uns spielen!** ist einem großen Projekt gewidmet. Du wendest alle deine neu erworbenen Fertigkeiten und Kenntnisse aus dem Buch an, um ein Reaktionsspiel zu bauen.

Schließlich gibt es am Ende des Buches einen Anhang **Zum Nachschlagen**, der unter anderem »Spickzettel« enthält, um die Werte von Bauelementen zu ermitteln, wichtige elektronische Berechnungen auszuführen usw. Mehr zu diesen Konzepten lernst du in den einzelnen Kapiteln des Buches, doch selbst Elektronikexperten brauchen hin und wieder eine schnelle Nachschlagemöglichkeit!

Dein Elektroniklabor

Das Schöne bei Elektronikprojekten ist, dass du dein »Labor« praktisch überall einrichten kannst – es muss weder eine Garage noch eine Werkstatt sein. Du brauchst lediglich eine ebene Arbeitsfläche mit genügend Platz für deine Werkzeuge und Bauelemente. Lege einfach die Hilfsmittel bereit, die du für deine neueste Erfindung brauchst – schon bist du eingerichtet.

Zu jedem Projekt in diesem Buch gehört eine zweckmäßige Liste der elektronischen Bauelemente und Werkzeuge, die du für den Aufbau benötigst. Bevor du in ein Projekt einsteigst, vergewisserst du dich anhand des jeweiligen Einkaufszettels, ob du alle Materialien beisammen hast. Ich habe auch eine vollständige Liste aller Bauelemente und Werkzeuge für sämtliche Projekte in diesem Buch zusammengestellt. Du findest sie über einen Link auf der Webseite zum Buch unter *https://www.dpunkt.de/elektronik-kinderleicht*. Diese Liste sollte immer die aktuellen Bauteilbezeichnungen und Bestellnummern sowie Links zu Bausätzen enthalten, die du mit allen erforderlichen Bauelementen kaufen kannst.

Nützliche Materialien und Hilfsmittel

Ob du nun die Projekte in diesem Buch oder eigene Projekte aufbaust, die folgenden Materialien und Hilfsmittel wirst du immer brauchen:

- ein **Digitalmultimeter**, um Verbindungen zu testen und die korrekte Arbeitsweise eines Projekts zu überprüfen
- einen **Seitenschneider**
- eine **große Spule mit isoliertem Schaltdraht**
- **Isolierband**, um blanke Drähte zu schützen oder Dinge zu befestigen
- **9-V-Blockbatterien** – nahezu jedes Projekt in diesem Buch benötigt eine solche Batterie!
- ein **Sortiment von LEDs**
- ein **Sortiment von Widerständen**
- eine **Schutzbrille**, die du auf jeden Fall tragen solltest, wenn du Anschlüsse von Bauelementen abschneidest, Drähte abisolierst oder lötest

Das meiste kannst du in deinem örtlichen Baumarkt kaufen oder von jedem Online-Elektronikhändler beziehen. Eine Liste der Bestellmöglichkeiten findest du im Abschnitt »Online-Elektronikhändler« auf Seite 288.

Darüber hinaus solltest du auch eine Schere, einen Zettelblock und Bleistifte bereithalten, um dir schnell Notizen machen zu können.

Sicherheit geht vor!

Alle Schaltungen in diesem Buch arbeiten mit einer geringen Spannung. Auch der Aufbau und Umgang mit den Schaltungen ist nicht gefährlich. Dennoch solltest du einige Sicherheitstipps beherzigen, wenn du mit Elektronikbauelementen und Werkzeugen zu tun hast:

- Trage eine Schutzbrille, wenn du Bauelemente zurechtschneidest oder lötest.
- Verwende Werkzeuge nur für den vorgesehenen Zweck. Lötkolben sind heiß und Seitenschneider scharf – bei missbräuchlicher Verwendung kannst du dich verletzen. Wenn du nicht genau weißt, wie ein bestimmtes Werkzeug eingesetzt wird, frage einen Erwachsenen!
- Ein Erwachsener sollte jüngere Kinder beaufsichtigen, wenn sie mit kleinen Bauelementen, Lötzinn, Werkzeugen usw. zu tun haben, um ihnen den richtigen und sicheren Umgang damit zu zeigen.
- Halte elektronische Bauteile außerhalb der Reichweite von Babys und Kleinkindern.
- Die meisten Projekte in diesem Buch verwenden Batterien. Einige Projekte werden aber über ein Steckernetzteil versorgt. Befolge die Anweisungen für diese Schaltungen sorgfältig. Stecke niemals Bauelemente direkt in eine Steckdose, es besteht Lebensgefahr!

Bei manchen Projekten sind Schritte mit besonderer Sorgfalt auszuführen. In den Beschreibungen weise ich deutlich wie folgt darauf hin:

WARNUNG *Wenn du einen derartigen Hinweis siehst, beachte genau die Anweisungen bei den jeweiligen Schritten.*

Immerhin ist Elektronik ein sicheres Hobby, sodass du nicht sehr viele solcher Warnungen sehen wirst. Doch auch wenn eine solche Warnung erscheint, solltest du dich nicht davon abhalten lassen, Spaß zu haben. Wenn du deinen gesunden Menschenverstand einsetzt und den Anweisungen folgst, brauchst du dir keine Sorgen zu machen.

Jetzt aber kann es losgehen!

Teil 1
Spielen mit
Elektrizität

1 Was ist Elektrizität?

Eine Taste auf einem MP3-Player drücken und plötzlich ertönt ein Song aus den Lautsprechern. Eine Taste auf der TV-Fernbedienung drücken und die Lieblingsserie wird sofort lebendig. Diese Wunder passieren durch den Zauber der Elektrizität, einer Energieform, die sämtliche Technik bei dir zu Hause antreibt. Wenn du dieses Buch gelesen hast, wird die Elektronik nichts Geheimnisvolles mehr für dich sein, und du kannst mit diesem Wissen die verschiedensten Dinge bauen, die dir in den Sinn kommen!

Ziel des Buches ist es, dir das Verständnis für Elektrizität zu vermitteln, sodass du verblüffende Dinge damit realisieren kannst. Dieses Kapitel erläutert zunächst, wie Elektrizität funktioniert, und bald schon wirst du in der Lage sein, ein vollständiges Elektronikprojekt aufzubauen: einen Einbruchsalarm, der dich warnt, wenn Eindringlinge einen Raum betreten haben. Nachdem du den Dreh raus hast, wie man Elektrizität verwendet, kannst du alle Arten von Geräten zur Unterhaltung bauen, etwa ein Musikinstrument oder ein Ratespiel mit Lichteffekten, um mit deinen Freunden zu spielen. Letztlich beschreibt dieses Buch, wie du diese Dinge aufbaust.

Projekt #1: Ein Licht einschalten!

Wenn du in einem Zimmer den Lichtschalter betätigst, leuchten die Lampen sofort auf. Sehen wir uns an, wie Elektrizität dieses Leuchten hervorbringt, und beginnen mit einem kleinen Experiment.

Einkaufszettel

Für dieses Projekt brauchst du die folgenden Bauteile:

- eine **9-V-Blockbatterie**, um die Schaltung mit Strom zu versorgen
- eine **kleine Glühlampe** für eine Spannung von 9 bis 12 Volt

Schritt 1: Die Glühlampe untersuchen

Sieh dir die Glühlampe genau an. Du solltest einen dünnen Glühfaden aus Metall innerhalb des Glaskolbens sehen. Ein Ende dieses Glühfadens ist mit der Metallseite des Schraubgewindes verbunden, das andere Ende mit dem Metallkontakt an der Unterseite.

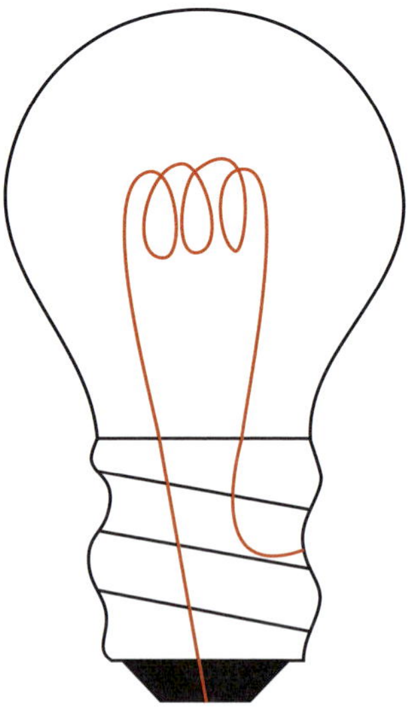

Schritt 2: Die Glühlampe mit der Batterie verbinden

Stelle deine 9-V-Batterie aufrecht auf einen Tisch. Halte die Glühlampe so, dass der Kontakt an der Unterseite einen Pol der Batterie berührt und das Metallgehäuse den anderen Batterieanschluss. Wenn sowohl der untere als auch der seitliche Kontakt mit der Batterie verbunden ist, sollte die Glühlampe leuchten.

Gratulation: Du hast soeben mithilfe von Elektrizität Licht erzeugt! Die Lampe leuchtet, weil beim Berühren der Batteriekontakte der elektrische Strom durch den Glühfaden im Inneren der Lampe fließt. Der Glühfaden erwärmt sich und beginnt zu glühen, wobei Licht erzeugt wird.

Wie bringt Elektrizität eine Glühlampe zum Leuchten?

Aber wie schafft es Elektrizität, den Draht zu erwärmen, und warum leuchtet das Licht sofort auf? Hierbei spielen vier Dinge eine Rolle:

- Elektronen
- Strom
- Spannung
- Widerstand

Alle vier hängen voneinander ab. In diesem Abschnitt untersuchen wir sie im Einzelnen.

Was ist ein Elektron?

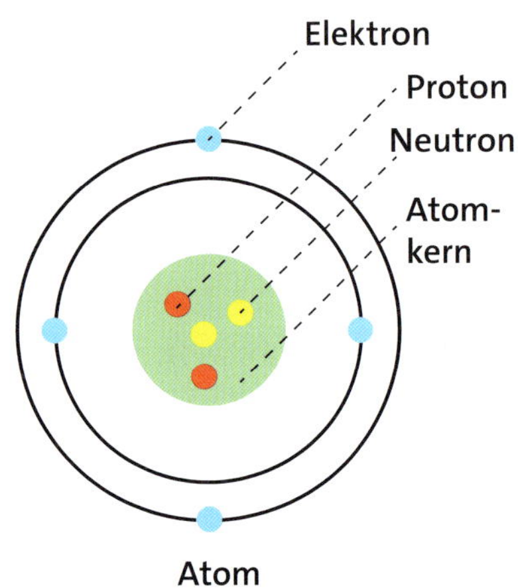

Alles, was du um dich herum siehst, besteht aus *Atomen*. Diese winzig kleinen Teile lassen sich nur mit einem speziellen Mikroskoptyp sichtbar machen. Doch Atome bestehen aus noch kleineren Teilchen, den sogenannten *Protonen*, *Neutronen* und *Elektronen*.

Protonen und Neutronen bilden den *Kern* eines Atoms (seinen Mittelpunkt), und die Elektronen kreisen um den Atomkern wie Planeten um die Sonne. Protonen und Elektronen sind *elektrisch geladen*: Protonen besitzen eine positive Ladung, Elektronen eine negative. In erster Linie deshalb »haften« die Elektronen an einem Atom. Die positiven und negativen Ladungen wirken wie die entgegengesetzten Seiten eines Magneten und ziehen einander an.

Bestimmte Stoffe sind *leitend*: Wenn ihnen Energie zugeführt wird (wie zum Beispiel die in einer Batterie gespeicherte Energie), bewegen sich die Elektronen von einem Atom zum nächsten!

Der Glühfaden in der Glühlampe besteht aus einem leitenden Metall, ist also voll von Elektronen, die nur auf einen Anstoß warten, um sich zu bewegen.

Spannung treibt Elektronen an

Wenn du eine Glühlampe mit einer Batterie verbindest, legst du eine *Spannung* an den Glühfaden in der Glühlampe. Spannung treibt die Elektronen durch den Draht und wird in *Volt* (V) gemessen. Je höher die Spannung, desto mehr Elektronen fließen durch den Draht.

Stelle dir einen Draht als Rohr vor, das mit Murmeln gefüllt ist: Wenn du eine Murmel an der einen Seite in das Rohr steckst, fällt zur gleichen Zeit auf der anderen Seite eine Murmel heraus, ohne jede Verzögerung.

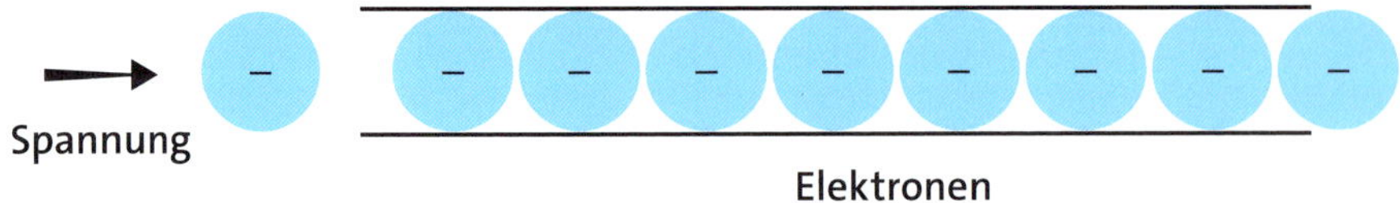

Je mehr Murmeln du auf der einen Seite hineinsteckst, desto mehr fallen auf der anderen Seite heraus. Und genauso verhalten sich Elektronen in einem Draht, wenn an den Draht eine Spannung angelegt wird.

Strom fließt

Bei *Strom* handelt es sich um die Menge der Elektronen, die durch einen Draht fließt. Gemessen wird er in *Ampere* (A). Den Begriff Strom hört man auch im Zusammenhang mit Wasser, wie zum Beispiel in »Der Fluss hat eine starke Strömung«. Das bedeutet, dass sich sehr viel Wasser durch den Fluss bewegt.

Bei elektrischem Strom verhält es sich ähnlich: Ein starker Strom bedeutet, dass sehr viele Elektronen durch einen Draht fließen. Wenn man die Spannung in einem Stromkreis erhöht, steigt auch der Strom an.

Genauso wie Wasser aufgrund der Schwerkraft bergab fließt, geht der elektrische Stromfluss vom positiven Batterieanschluss zum negativen Anschluss. Tatsächlich fließen die Elektronen selbst in die entgegengesetzte Richtung, d.h. von der negativen Seite der Batterie zur positiven Seite.* Doch wenn wir über elektrischen Strom sprechen, sagen wir, dass er von Plus (+) nach Minus (–) fließt.

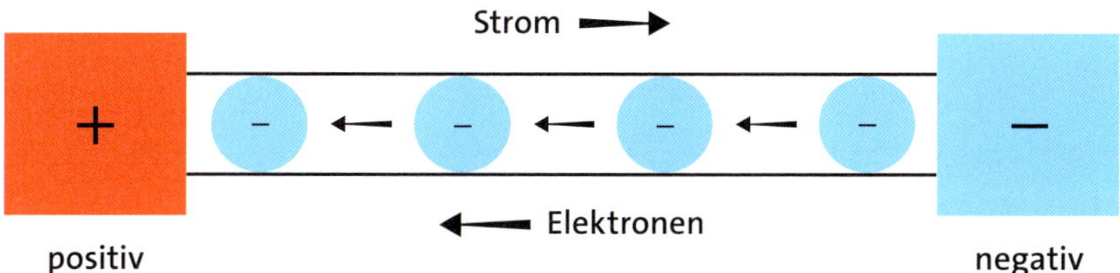

Widerstand verringert den Strom

Spannung treibt Elektronen an, um einen Strom zu bilden, und *Widerstand* schränkt den Strom ein. Es ist wie beim Spielen mit einem Gartenschlauch: Wenn du den Schlauch zusammendrückst, stellst du dem Wasser einen zusätzlichen Widerstand entgegen, sodass weniger Wasser herauskommt. Doch wenn du den Wasserhahn weiter aufdrehst (das entspricht dem Erhöhen der Spannung), steigt der Druck, und mehr Wasser fließt, selbst wenn du den Schlauch noch genauso zusammendrückst. Ähnlich verhält es sich mit dem elektrischen Widerstand. Gemessen wird er in *Ohm* (Ω).

---

* Das Elektron ist ein negatives Teilchen, doch in manchen Stoffen besteht der Strom stattdessen aus positiven Teilchen, und sie fließen in die entgegengesetzte Richtung. Auf der atomaren Ebene können die Teilchen also in beide Richtungen fließen.

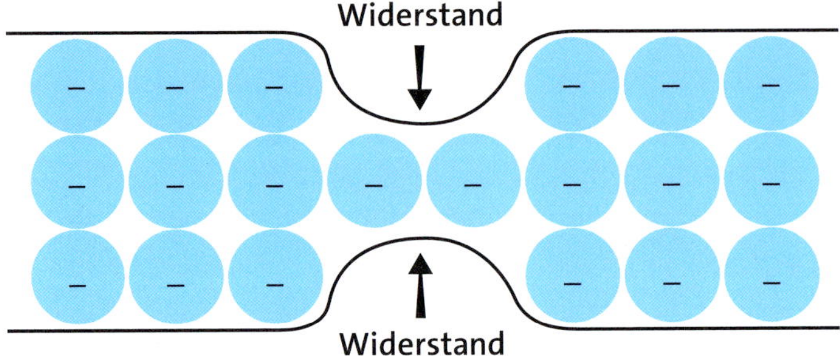

Nachdem du Elektronen, Strom, Spannung und Widerstand kennst, zeige ich, wie sie zusammenwirken, um die Glühlampe zum Leuchten zu bringen.

Die Glühlampe zum Leuchten bringen

Die beiden Enden des Glühfadens innerhalb der Glühlampe sind nach außen geführt: Ein Ende ist mit dem Metallsockel verbunden, das andere Ende mit dem Metallkontakt an der Unterseite. Wenn du eine Batterie an die Glühlampe anschließt, erzeugst du einen sogenannten *Stromkreis*. Ein Stromkreis ist einfach ein geschlossener Pfad, auf dem der Strom vom positiven Anschluss der Spannungsquelle zum negativen Anschluss fließen kann.

Die Batteriespannung treibt die Elektronen durch den Stromkreis, einschließlich des Glühfadens in deiner Glühlampe. Der Glühfaden besitzt einen Widerstand und schränkt den Strom in deinem Stromkreis ein. Wenn sich die Elektronen durch den Widerstand des Glühfadens kämpfen, wird der Glühfaden dabei so heiß, dass er schließlich glüht und Licht abgibt. Damit die Batterie die Elektronen antreiben kann, muss es einen *geschlossenen Kreis* geben, der vom positiven Anschluss der Batterie zum negativen Anschluss geht.

Die Wirkung von Elektrizität setzt immer einen *geschlossenen Stromkreis* voraus. Sobald du nur eine Seite auftrennst, geht die Glühlampe sofort wieder aus! Sehen wir uns Stromkreise etwas genauer an.

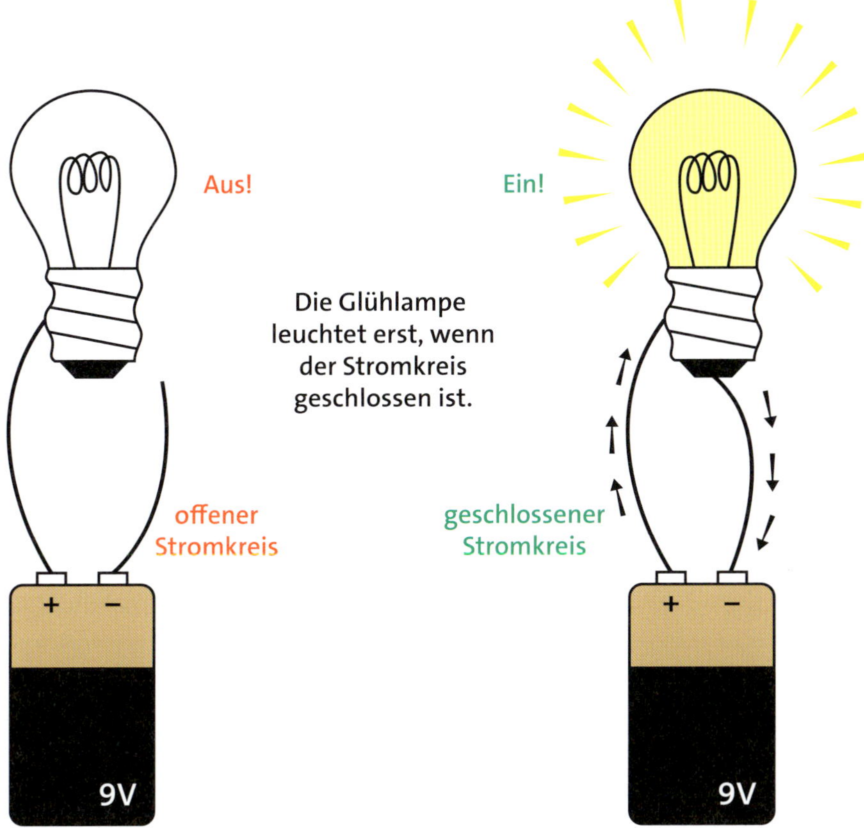

Was hat ein Stromkreis mit einem Röhrensystem gemeinsam?

Auch bei unseren weiteren Überlegungen wollen wir Elektrizität wieder mit Wasser vergleichen. Stelle dir ein Röhrensystem in einer Ringleitung mit einer Pumpe vor und stelle dir außerdem vor, dass das Rohr immer vollständig mit Wasser gefüllt ist. An einer Stelle ist das Rohr etwas enger.

Die Pumpe ist wie eine Batterie, die eine Schaltung mit Energie versorgt. Der enge Teil des Rohres verringert den Wasserfluss. Diese Engstelle ist unser Widerstand. Die Wassermenge, die durch die Rohre fließt, ist der Strom.

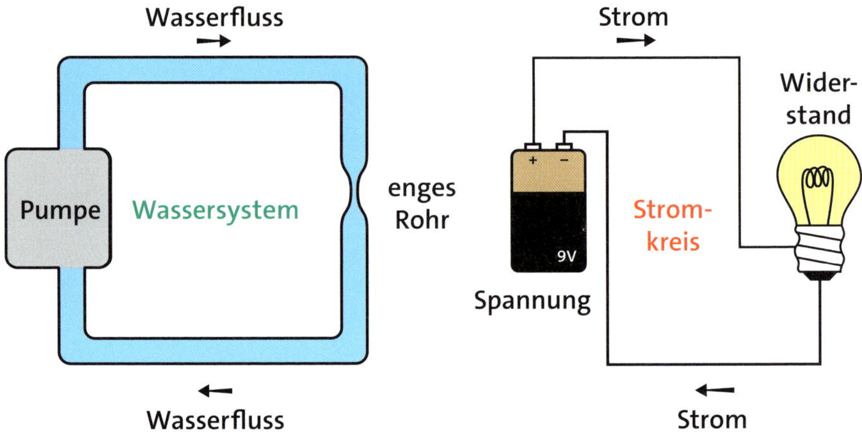

Stelle dir nun vor, dass du irgendwo im Röhrensystem ein Messgerät einbauen könntest, das darüber Auskunft gibt, wie viel Wasser pro Sekunde hindurchfließt. Beachte dabei, dass ich nur von der Wassermenge durch einen zufällig ausgewählten Punkt in den Rohren spreche und nicht von der gesamten Wassermenge in den Rohren. Genauso sprechen wir auch vom Strom in einem elektrischen Stromkreis: Es handelt sich um die Menge der Elektronen, die pro Sekunde durch einen bestimmten Punkt fließen.

Der Schalter

Wenn du dich in deiner Wohnung umsiehst, findest du höchstwahrscheinlich überall Schalter. Du verwendest sie laufend, um die Beleuchtung ein- und auszuschalten! Falls das Licht in einem Zimmer eingeschaltet ist, muss die Lampe Teil eines geschlossenen Kreises sein, weil durch die Glühlampe Strom fließt. Doch was passiert, wenn du den Schalter in die Aus-Stellung bringst? Das hat die gleiche Wirkung, wie einen Draht im Stromkreis aufzutrennen: Der Stromfluss wird gestoppt und das Licht geht aus, genau wie beim offenen Stromkreis, den wir weiter oben gesehen haben.

Welche anderen Schalter kannst du in deiner Umgebung ausmachen? Wahrscheinlich findest du einen Schalter, der einen Computer ein- und ausschaltet, einen Schalter, um die Türklingel einzuschalten, einen Schalter, um festzustellen, ob eine Kühlschranktür geöffnet ist, und viele weitere.

Schalter steuern Elektrizität, und sie sind sehr einfache Bauelemente. Sie verbinden zwei Drähte, um einen Stromkreis zu schließen, oder trennen zwei Drähte, um ihn zu öffnen. Im Inneren eines Schalters befinden sich lediglich einige Metallteile, die die Drähte verbinden oder trennen.

Bei einem geöffneten Schalter ist das Licht aus. Wenn der Schalter geschlossen wird, geht das Licht an! Ein sehr einfaches, aber nützliches Prinzip. Allein mit diesem Wissen kann man einige raffinierte Schaltungen aufbauen. Und das tun wir als Nächstes.

Projekt #2: Einbruchsalarm

In diesem Kapitel haben wir gelernt, dass Elektrizität einen geschlossenen Stromkreis benötigt, damit eine Schaltung irgendetwas Interessantes bewirken kann, und wir haben uns angesehen, wie ein Schalter arbeitet. Bauen wir nun eine Schaltung mit einem Schalter auf!

Einen Schalter kannst du mit vielen verschiedenen Dingen aufbauen – selbst mit einer Tür. In diesem Projekt wandelst du eine Tür in einen gigantischen Schalter um und verwendest ihn für eine Alarmanlage, die dich warnt, wenn jemand versucht, das Zimmer zu betreten.

Um den Alarm zu erzeugen, befestigen wir einige Drähte und Aluminiumfolie an der Tür, sodass bei geschlossener Tür der Stromkreis offen ist und nichts passiert. Wenn aber die Tür schließt, wird der Stromkreis geschlossen und ein Summer ertönt als Alarmsignal.

Über der Tür bringen wir einen blanken Draht an, der bis zur Tür herunterhängt, befestigen einen Streifen Aluminiumfolie an der Oberseite der Tür und verbinden beide Teile mit den verschiedenen Seiten der Schaltung. Wenn dann die Tür geöffnet wird, berührt der blanke hängende Draht die Aluminiumfolie und schließt den Stromkreis, sodass der Summer ertönt.

Einkaufszettel

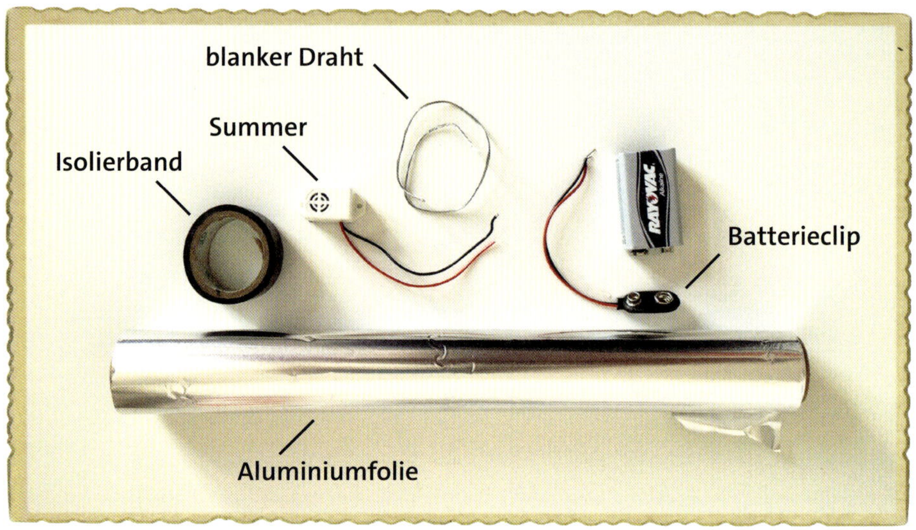

- ein **Summer**, der ein Alarmsignal liefern kann. Summer gibt es in passiven und aktiven Versionen. Passive Summer brauchen ein Tonsignal als Eingabe, während aktive Summer nur eine Betriebsspannung benötigen. Für dieses Projekt ist ein aktiver Summer erforderlich, der mit 9 V arbeitet.
- eine normale **9-V-Batterie**, um die Schaltung zu betreiben
- ein **Anschlussclip** für eine 9-V-Batterie, um die Batterie mit der Schaltung zu verbinden
- **Aluminiumfolie**
- **blanker Draht**, wie zum Beispiel abisolierter Schaltdraht, eine alte Gitarrensaite aus Stahl oder etwas Ähnliches
- **Isolierband**, um alles zu befestigen. Hierfür ist Abdeckband oder sogenanntes Panzerband geeignet.

Werkzeuge

- ein **Seitenschneider**, um Drähte zu schneiden oder die Isolierung zu entfernen
- Eine **Schere** (optional) ist hilfreich, um die Aluminiumfolie sauber zurechtzuschneiden.

TIPP *Wenn du dir das Abisolieren von Drähten erleichtern willst, kannst du eine spezielle Abisolierzange kaufen, um den Draht nicht versehentlich ganz durchzuschneiden.*

Schritt 1: Gibt der Summer ein Signal ab?

Zuerst testen wir, ob der Summer funktioniert. Halte den roten Draht vom Summer an den Pluspol der Batterie (mit + gekennzeichnet) und berühre mit dem schwarzen Draht den Minuspol der Batterie (mit – gekennzeichnet).

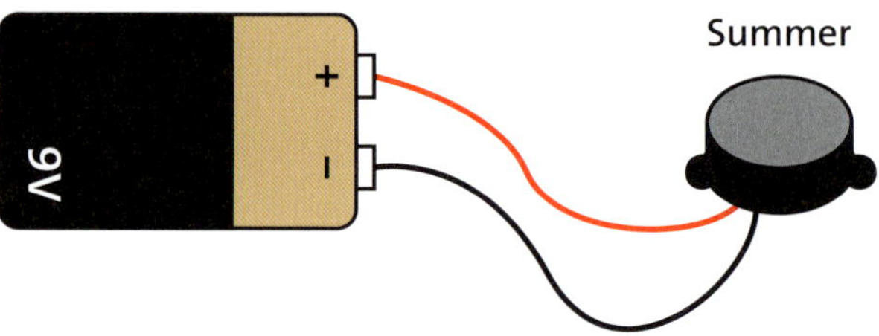

Der Summer sollte nun einen lauten und klaren Ton abgeben, ein Summen oder Piepen. Wenn du einen der Drähte von der Batterie entfernst, sollte der Summer sofort still sein, weil der Stromkreis nun nicht mehr geschlossen ist.

HINWEIS *Wenn dein Summer lediglich ein Klickgeräusch abgibt oder überhaupt nicht zu hören ist, hast du möglicherweise doch einen passiven Summer gekauft. Da ein passiver Summer keinen eigenen Ton erzeugen kann, brauchst du für dieses Projekt einen aktiven Summer. Das auf dem Einkaufszettel (Seite 12) empfohlene Exemplar sollte den Zweck erfüllen.*

Schritt 2: Die Aluminiumfolie vorbereiten

Schneide mit einer Schere einen großen Streifen Aluminiumfolie zurecht, der an der Oberseite der Tür befestigt wird. Der Streifen sollte eine Breite von 2 bis 3 cm haben und so lang sein, wie die Aluminiumfolienrolle breit ist.

Schritt 3: Die Tür mit Folie versehen

Befestige den Streifen Aluminiumfolie an der Oberseite der Tür mithilfe von Isolierband an den Enden des Streifens. Die Folie wirkt als Kontakt für den Draht zur Batterie und zum Summer.

Schritt 4: Einen Auslösedraht vorbereiten

Nimm ein Stück blanken Schaltdraht von etwa 25 cm Länge. Ein *blanker Draht* besitzt keine Kunststoffisolierung im Unterschied zu einem *isolierten Draht*, dessen Metallseele in Kunststoff eingehüllt ist. Such dir einfach ein Stück Draht, das bereits blank ist, etwa eine Stahlsaite von einer Gitarre, oder isoliere ein Stück von der Drahtrolle (siehe Einkaufszettel auf Seite 12) ab. Dies wird dein Auslösedraht.

HINWEIS *Du kannst die Kunststoffisolierung von einem Draht auch mit einem Seitenschneider entfernen oder abstreifen. Dabei solltest du aber einen Erwachsenen um Hilfe bitten!*

Schritt 5: Summer und Auslösedraht anschließen

Verbinde eine Seite des blanken Auslösedrahtes mit dem blanken Ende des schwarzen Anschlussdrahtes am Batterieclip und fixiere die Verbindungsstelle mit Isolierband. Zwei Drähte lassen sich recht leicht miteinander verbinden: Greife dazu die beiden Drähte, die du verbinden willst, und verdrille einfach ihre Enden. Achte drauf, dass sich die blanken Metallteile wirklich berühren! Dann wickelst du Isolierband um die Verbindungsstelle.

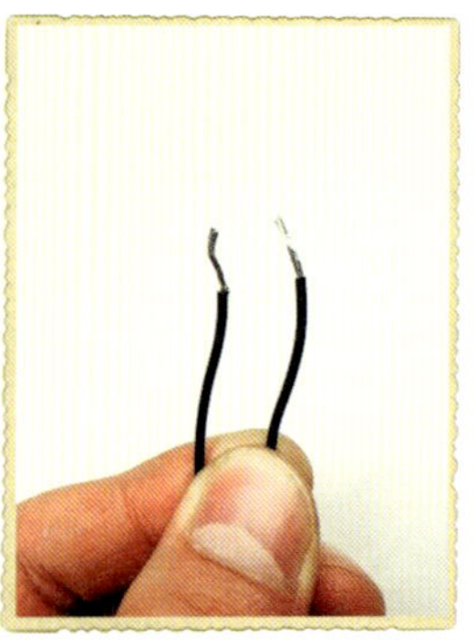

Auf die gleiche Weise verbindest du den roten Draht vom Batterieclip mit dem roten Draht des Summers.

Schritt 6: Summer und Auslösedraht montieren

Bringe nun den Auslösedraht und den Summer über der Tür an. Zuerst befestigst du den Auslösedraht mit Isolierband am Türrahmen über der Tür, sodass er vor der Tür herunterhängt, wenn die Tür geschlossen ist, und auf der Tür und dem Aluminiumstreifen aufliegt, wenn die Tür offen ist.

Als Nächstes befestigst du den Summer am Türrahmen, und zwar so, dass der schwarze Draht die Aluminiumfolie an der Oberseite der Tür berühren kann. Klebe den schwarzen Draht mit Isolierband auf die Folie, sodass der blanke Teil des Drahtes die Folie berührt.

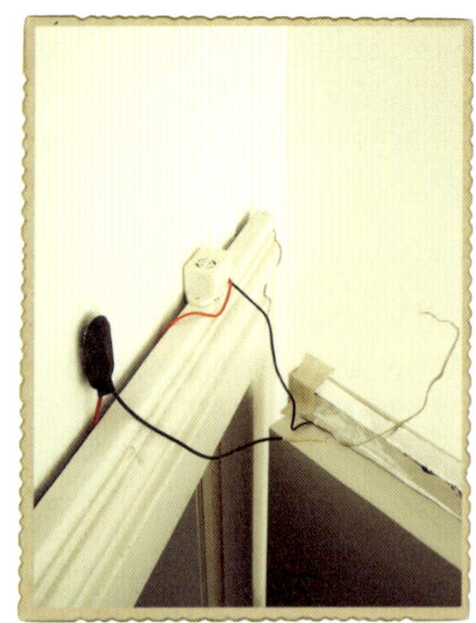

Schritt 7: Eine Energiequelle hinzufügen

Platziere die Batterie über dem Türrahmen in der Nähe des Batterieclips. Fixiere sie bei Bedarf mit Isolierband. Verbinde dann den Batterieclip mit der Batterie.

Nachdem die Batterie angeschlossen ist, sollte dein Einbruchsalarm etwa wie folgt aussehen:

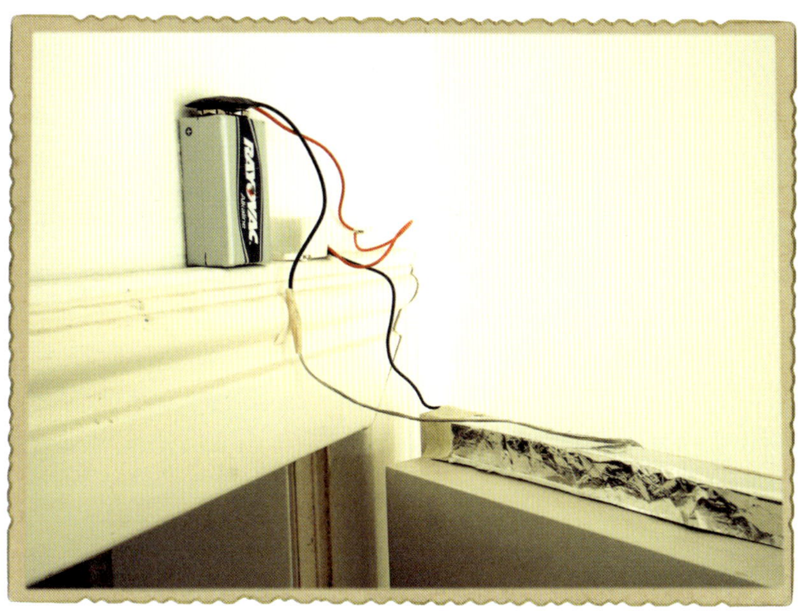

Schritt 8: Einen Einbruchsalarm inszenieren!

Öffne und schließe die Tür, um den Alarm zu testen. Wenn die Tür geöffnet wird, sollte der blanke Draht auf die Folie treffen, sodass der Summer ein lautes Alarmsignal abgibt. Für einen realistischeren Test kannst du stattdessen jemand anderes bitten, die Tür zu öffnen!

Schritt 9: Und wenn der Einbruchsalarm nicht funktioniert?

Wenn der Summer nicht ausgeht, musst du die Position des Auslösedrahtes ein wenig anpassen, um sicherzustellen, dass der Draht den Streifen Aluminiumfolie auch wirklich berührt, wenn die Tür geöffnet wird. Falls der Auslösedraht die Folie ordnungsgemäß berührt, probiere eine andere Batterie aus. Funktioniert auch das nicht, musst du gegebenenfalls die Batterieanschlüsse mit den entsprechenden Drähten neu verbinden.

Was kommt als Nächstes?

Du kennst nun die Grundlagen der Elektrizität – ein Strom von Elektronen fließt durch Drähte und bewirkt etwas, beispielsweise das Leuchten einer Glühlampe oder das Ertönen eines Alarms. Und du weißt auch, dass eine Spannungsquelle (zum Beispiel eine Batterie) und ein geschlossener Stromkreis notwendig sind, damit die Elektronen durch die Schaltung fließen können. Mehr brauchst du nicht, um mit Elektronik zu basteln!

Was kannst du dir mit dem, was du gelernt hast, noch vorstellen zu machen? Es gibt viele andere Dinge, die sich zu Schaltern machen lassen. So könntest du zum Beispiel einen Alarm für deinen Wandschrank bauen, um neugierige Geschwister oder Freunde von deinen persönlichen Dingen fernzuhalten. Oder wie wäre es mit einem stillen Alarm? Ersetze einfach den Summer durch eine Glühlampe!

In den beiden nächsten Kapiteln sehen wir uns an, wie Elektrizität erzeugt wird und wie wir Dinge mithilfe von Elektrizität antreiben/bewegen/in Gang setzen können.

2
Dinge mit Elektrizität und Magneten bewegen

Große Magneten ziehen kleine Metallobjekte an; kleine Magneten haften an großen Metallobjekten. Zum Beispiel sind Kühlschranktüren normalerweise große Blechteile, sodass sie sich ohne Weiteres mit kleinen, dekorativen Magneten bedecken lassen. Wahrscheinlich sind dir Magnete auch schon in Cartoons begegnet: Die Figuren verwenden gern riesige Hufeisenmagneten, um Unheil anzurichten. Das sind normalerweise Magneten, wie man sie in der Natur findet. Du kannst Magneten auch mithilfe von Elektrizität erzeugen. Das sind die sogenannten *Elektromagneten*.

Mit einem Elektromagneten kannst du Dinge in Bewegung versetzen, und dazu musst du nicht einmal ein Superheld sein! Letztlich funktionieren viele Dinge, die du jeden Tag siehst – beispielsweise Motoren, Lautsprecher und automatische Ladentüren –, weil Elektromagneten in ihrem Inneren etwas in Bewegung setzen.

Ein Elektromagnet lässt sich sehr leicht herstellen, und in diesem Kapitel wirst du einen Elektromagneten bauen, den du mit einem Schalter ein- und ausschalten kannst. Dann verwendest du einen Elektromagneten, um deinen ganz eigenen Motor zu bauen!

Wie Magneten funktionieren

Magneten besitzen zwei Pole, den *Nordpol* (N) und den *Südpol* (S), und sie sind von einem Magnetfeld umgeben.

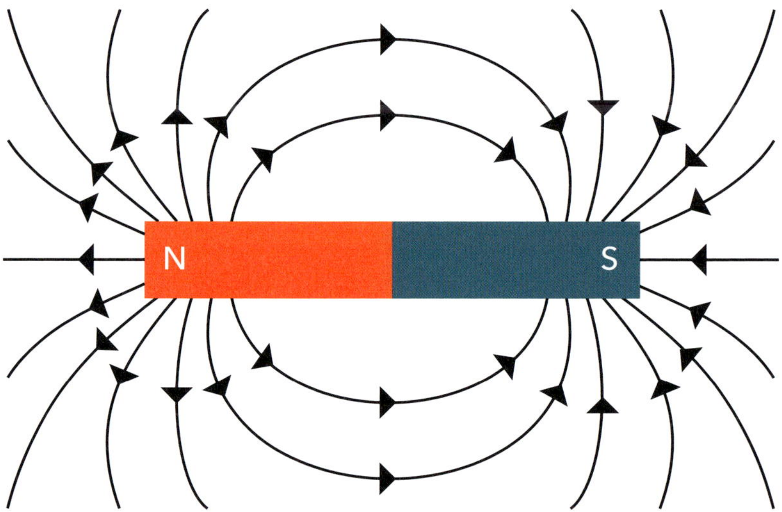

Wenn du zwei Magneten nebeneinanderlegst, zieht der Nordpol des einen Magneten den Südpol des anderen Magneten an bzw. stößt den Nordpol dieses Magneten ab. Versuche einmal, zwei Magneten zusammenzudrücken. Wenn du keine Gewalt anwendest, sollten sie sich von Natur aus an ihren entgegengesetzten Polen anziehen. Probiere nun, zwei gleichnamige Pole gegeneinanderzudrücken. Das ist schon schwerer, oder? Entgegengesetzte Pole ziehen sich an, gleichnamige Pole stoßen sich ab.

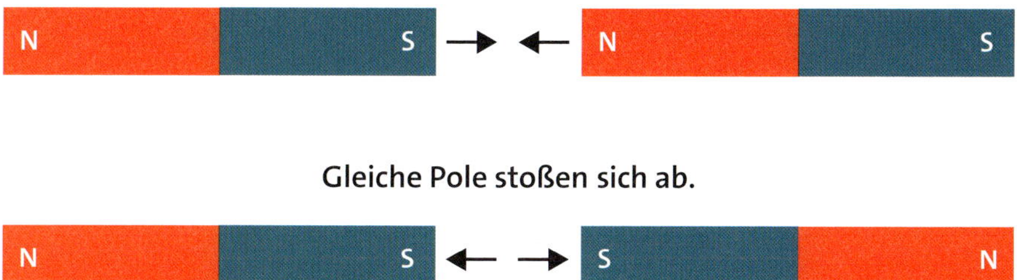

HINWEIS *Dünne, flexible Kühlschrankmagneten haben keine deutlich unterscheidbaren Pole. Stattdessen liegen hier viele Pole entgegengesetzter Polarität nebeneinander, und man kann nur schwer fühlen, wie sie sich anziehen und abstoßen.*

Doch Magneten ziehen nicht alle Stoffe an. Zum Beispiel üben Magneten auf Kunststoffe keine Wirkung aus. Du solltest aber einige Metallobjekte in deiner Umgebung testen.

Probiere es aus: Suche dir magnetische Objekte!

Nimm irgendeinen Magneten und führe ihn über Objekte, die aus unterschiedlichen Materialien bestehen, wie zum Beispiel:

- Aluminiumfolie
- Edelstahllöffel
- Getränkedosen
- Eisennägel
- Metallschmuck
- verschiedenartige Münzen

Welche Objekte zieht der Magnet an, oder an welchen haftet er? Du wirst feststellen, dass der Magnet manche Metalle anzieht, aber nicht alle. Was passiert zum Beispiel bei Aluminiumfolie?

Es zeigt sich, dass man manche Metalle zu Magneten verwandeln kann, wenn man ein wenig Elektrizität anwendet. Hier kommen Elektromagneten ins Spiel.

Der Elektromagnet

Wenn Strom durch einen Draht fließt, passiert etwas Seltsames: Der Strom erzeugt ein Magnetfeld um den Draht herum.

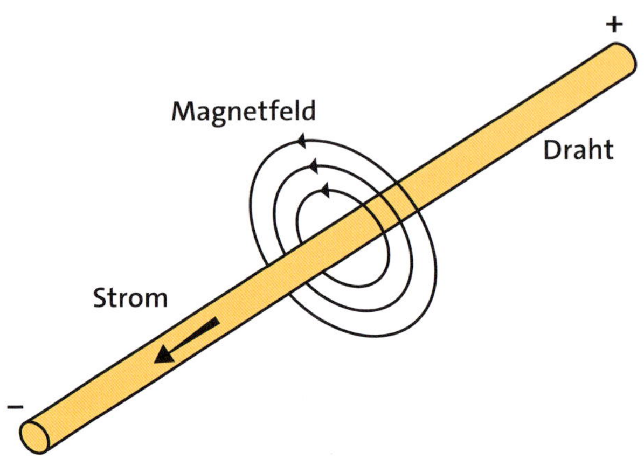

Das Magnetfeld eines einzelnen Drahtes ist allerdings sehr schwach. Um ein starkes Magnetfeld zu erzeugen, musst du den Strom durch Unmengen von Drähten schicken, die unmittelbar nebeneinanderliegen. Aber du brauchst nur einen einzigen Draht: Du kannst diesen Draht zu vielen Schleifen aufwickeln, um eine Spule zu erzeugen und den Strom hier durchzuschicken. Die magnetischen Felder der einzelnen Windungen in der Spule überlappen sich und erzeugen gemeinsam ein stärkeres Magnetfeld. Wenn du den Draht um ein Stück Eisen wickelst – beispielsweise einen Nagel, einen Bolzen oder eine Schraube –, erhältst du ein noch stärkeres Magnetfeld.

Um einen Elektromagneten zu bauen, brauchst du nur noch eine Batterie mit den Enden des aufgewickelten Drahtes zu verbinden, damit ein geschlossener Stromkreis entsteht. Wenn der Strom durch den Draht fließt, verhält sich das Eisenstück, um den er gewickelt ist, wie ein Magnet, wobei der Südpol an dem einen Ende und der Nordpol am anderen Ende liegt. Welcher Pol wo liegt, hängt von der Stromrichtung und der Richtung der aufgewickelten Drahtwindungen ab. Sobald du die Batterie abtrennst, hört der Stromfluss auf und das Magnetfeld verschwindet.

Wenn du einen Elektromagneten baust, hilft dir das beim Verständnis, wie sich mithilfe von Elektrizität praktische Dinge wie zum Beispiel ein Lautsprecher aufbauen lassen. Also los, bau dir einen! Mit genügend Strom, ausreichend Draht und der richtigen Schaltung könntest du einen Supermagneten genau wie in deinem Lieblingscartoon erzeugen, doch fürs Erste beginnen wir mit einem kleinen Exemplar.

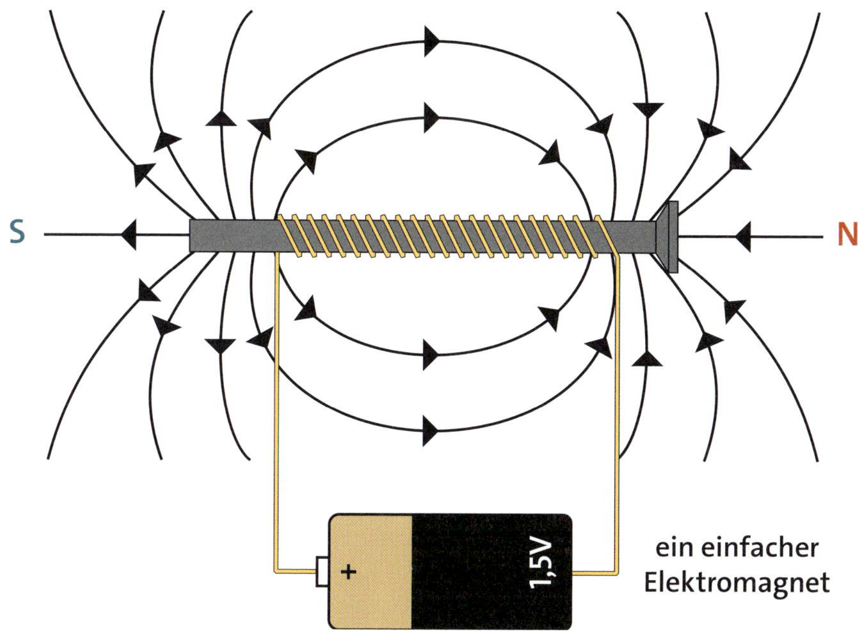

Projekt #3: Einen Elektromagneten bauen

Theoretisch weißt du bereits, wie du einen eigenen Elektromagneten baust. Doch das Lesen theoretischer Ausführungen ist nicht das Gleiche, wie etwas in der Praxis zu erzeugen. Es ist also an der Zeit, loszulegen!

Du baust nun deinen eigenen Elektromagneten mit Draht und einer Schraube. Du brauchst nur den Draht mehrmals um die Schraube zu wickeln und die Batterie an den Draht anzuschließen. Damit du den Elektromagneten leicht ein- und ausschalten kannst, fügst du auch einen Schalter in den Stromkreis ein. So kannst du steuern, ob der Strom durch den Draht fließt oder nicht.

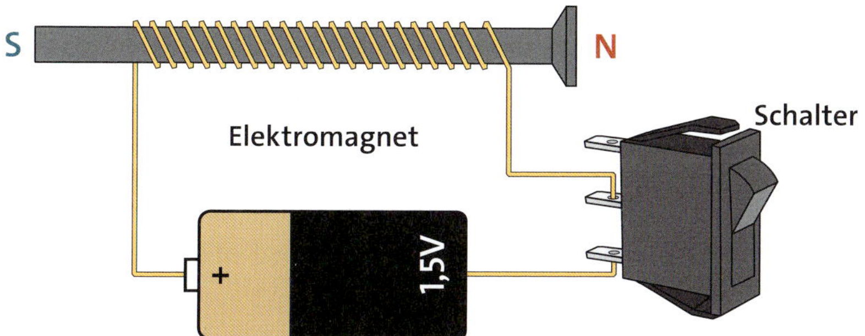

Einkaufszettel

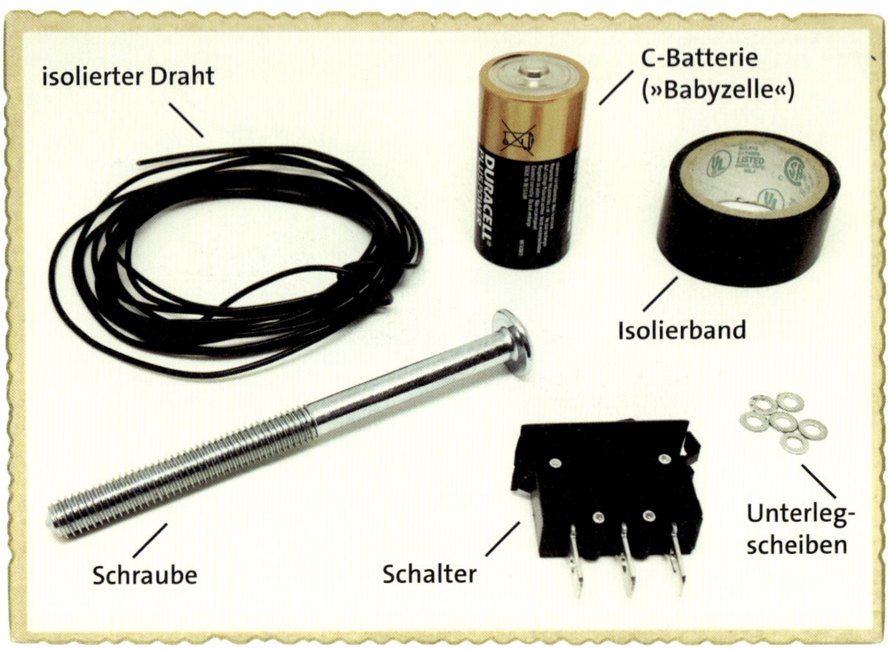

- eine **1,5-V-Alkalibatterie** (Baugröße C, »Babyzelle«). Wiederaufladbare Batterien oder Netzteile sind hier nicht geeignet.
- **isolierter Massivdraht**, etwa 2 Meter. Normaler Schaltdraht ist hierfür gut geeignet.
- **Isolierband** (Klebeband), um alles zu befestigen. Hierfür ist Abdeckband oder sogenanntes Panzerband geeignet.
- **Unterlegscheiben oder Büroklammern**, auch andere kleine Metallobjekte, die dein Elektromagnet anheben kann
- eine **Schraube**, um die der Draht gewickelt wird. Wähle eine große Schraube aus, sodass Platz für viele Drahtwindungen vorhanden ist. Ich habe eine Schraube mit einem Durchmesser von 8 mm und einer Länge von 10 cm verwendet.
- ein **Schalter**, um den Elektromagneten ein- und auszuschalten

Werkzeuge

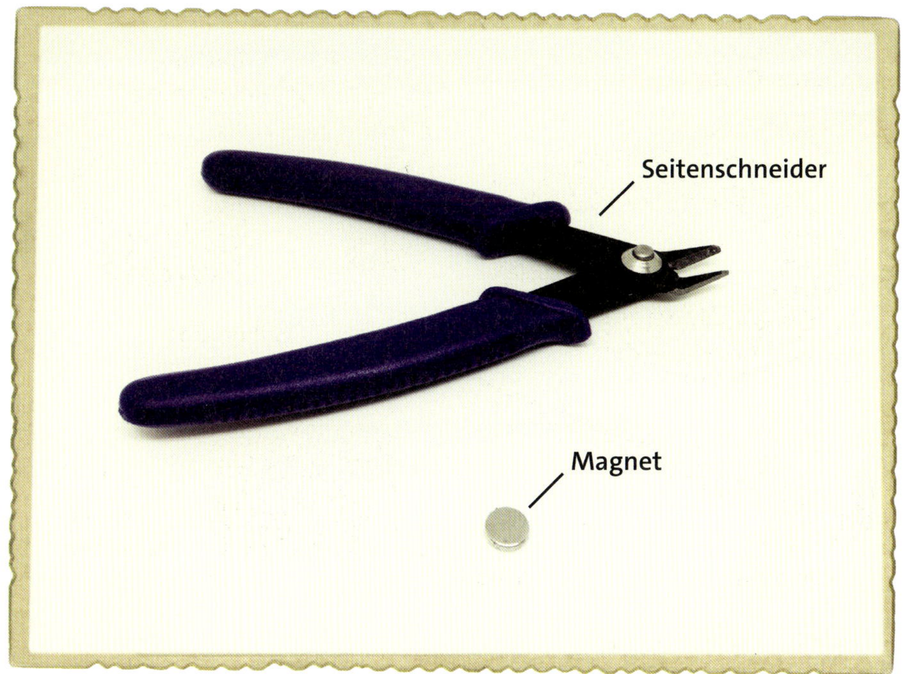

- ein **Seitenschneider**, um den Draht zu schneiden oder seine Isolierung zu entfernen
- ein normaler **Magnet**

Schritt 1: Die Schraube überprüfen

Die Schraube bildet den Kern deines Elektromagneten, um ihn kräftiger zu machen. Doch nicht alle Materialien eignen sich als Kern eines Elektromagneten! Die meisten Metallschrauben sollten funktionieren, doch wenn du unglücklicherweise eine Schraube aus nichtmagnetischem Material findest, wäre dein Elektromagnet nicht sehr wirksam.

Um zu überprüfen, ob eine Schraube für dieses Projekt geeignet ist, hältst du sie nahe an einen Standardmagneten. Wenn der Magnet die Schraube anzieht, kommt die Schraube infrage.

Schritt 2: Die Isolierung von einem Ende des Spulendrahtes entfernen

Um den Spulendraht mit der Batterie und dem Schalter zu verbinden, musst du das Metall des Drahtes an beiden Enden freilegen. Dazu ziehst du mit einem Seitenschneider etwa 1 cm der Isolierung vom Anfang des Drahtes ab. Nachdem du die Spule aufgewickelt hast, machst du das Gleiche mit dem Ende des Drahtes. Das Abisolieren von Drähten ist anfangs etwas schwierig, wenn du es noch nie gemacht hast. Bitte also deine Eltern oder einen Lehrer um Hilfe.

Zuerst greifst du vorsichtig das Ende des Drahtes mit dem Seitenschneider.

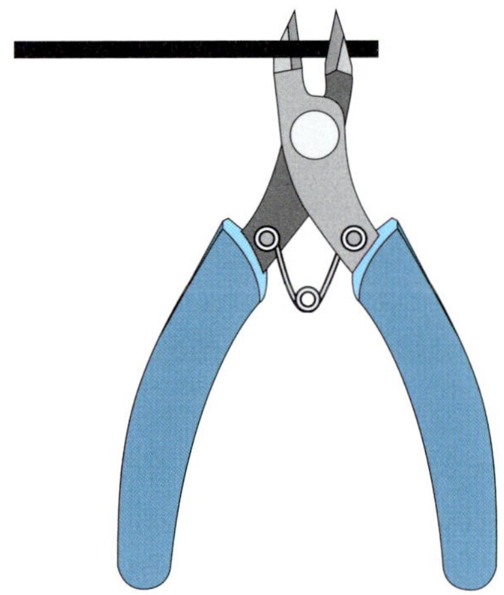

Drücke nun den Seitenschneider gerade so weit zusammen, dass du zwar die Kunststoffisolierung um den Draht, aber nicht den Draht selbst schneidest. Wenn du die Isolierung durchgetrennt hast, sollte der Draht etwa wie folgt aussehen:

Setze dann den Seitenschneider an dem Schnitt an, den du eben ausgeführt hast. Drücke den Seitenschneider so weit zusammen, um den losen Kunststoff mit den Klingen zu greifen. Ziehe den Kunststoff mit dem Seitenschneider vorsichtig ab, ohne in das Metall des Drahtes zu schneiden.

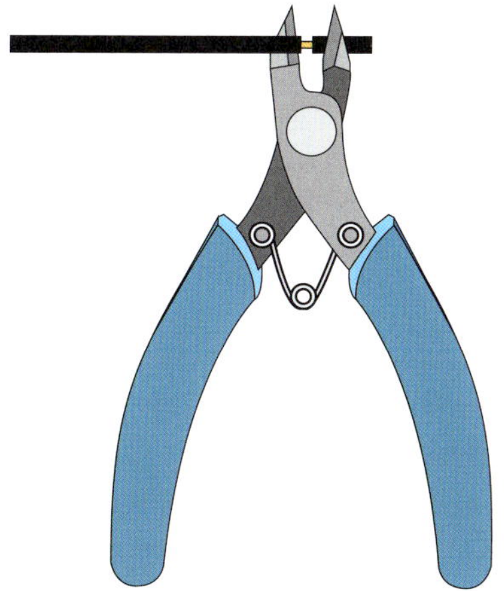

Du solltest nun einen Draht haben, bei dem am Ende etwas Metall freigelegt ist, wie folgende Abbildung zeigt:

Am Anfang gestaltet sich das Abisolieren von Drähten möglicherweise etwas kompliziert, doch keine Angst: Mit etwas Übung geht es dir leichter von der Hand.

Schritt 3: Den Draht aufwickeln

Wickle den Draht mit etwa 50 bis 100 Windungen um die Schraube. Lasse an jedem Ende etwa 8 cm Draht frei hängen und verwende nicht den gesamten Draht für die Wicklung; später brauchst du noch ein etwa 10 cm langes Stück.

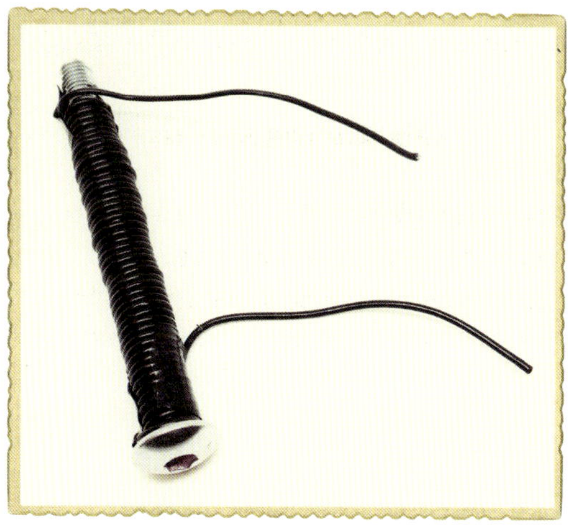

Wickle den Draht so eng wie möglich und fixiere das Ende mit Isolierband, damit die Windungen nicht verrutschen. Diesen aufgewickelten Draht nennen wir die *Spule* des Elektromagneten.

Wiederhole Schritt 2, um die Isolierung vom anderen Ende deiner Spule zu entfernen.

Schritt 4: Den Minuspol der Batterie mit der Spule verbinden

Verbinde ein Ende der Spule – egal welches – mit dem Minuspol der Batterie. Klebe den Draht mit Isolierband an der Batterie fest.

WARNUNG *Achte darauf, die empfohlene 1,5-V-Batterie zu verwenden! Bei stärkeren Spannungsquellen besteht die Gefahr, dass zu viel Strom durch die Spule fließt. Dadurch könnte sich sowohl die Batterie als auch die Spule erhitzen, und du verbrennst dich möglicherweise.*

Schritt 5: Den Schalter anschließen

In Kapitel 1 habe ich dir gezeigt, wie du deinen eigenen Schalter baust und damit etwas ein- und ausschalten kannst. Jetzt verbindest du einen fertigen Schalter mit dem Elektromagneten, um diesen ein- und auszuschalten. Ein Schalter hat oftmals drei *Anschlüsse*, die zu den Schaltkontakten im Inneren führen.

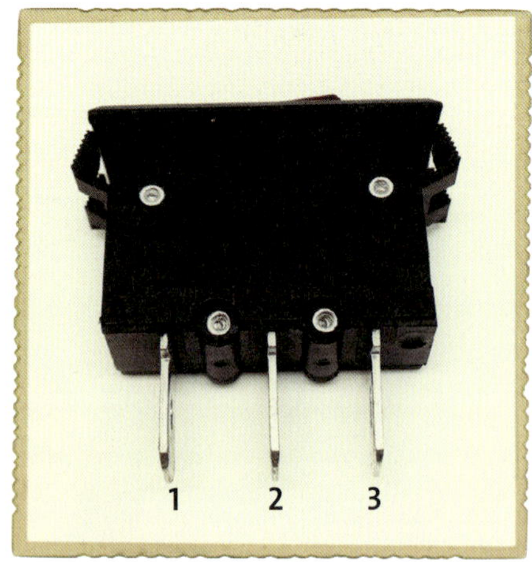

Beim Schalter, der auf dem Einkaufszettel für dieses Projekt steht (Seite 24), ist Anschluss 2 der *gemeinsame Anschluss*, der – je nach Stellung der Wippe – entweder mit Anschluss 1 oder Anschluss 3 verbunden ist. Wenn die Wippe bei Anschluss 1 niedergedrückt ist, sind die Anschlüsse 2 und 1 miteinander verbunden. Ist die Wippe gegen Anschluss 3 gedrückt, sind die Anschlüsse 2 und 3 verbunden.

Manche Schalter haben nur zwei Anschlüsse. In diesem Fall sind die beiden Anschlüsse verbunden, wenn sich die Wippe in der einen Position befindet, und nicht verbunden in der anderen – genau wie bei dem Schalter, den du in »Projekt #2: Einbruchsalarm« (auf Seite 11) aufgebaut hast.

Befestige das andere Ende des Spulendrahtes mit Anschluss 1 des Schalters und achte darauf, dass die Wippe des Schalters gegen Anschluss 3 gedrückt ist. Schneide dann ein neues Stück Draht, etwa 10 cm lang, von deiner Spule ab und entferne etwas Isolierung von beiden Enden, um das Metall freizulegen. Verbinde das eine Ende des neuen Drahtes mit dem Pluspol der Batterie und das andere Ende mit dem mittleren Anschluss des Schalters. Sorge mit Isolierband dafür, dass die Drähte ordnungsgemäß verbunden sind und an Ort und Stelle bleiben.

Schritt 6: Deinen Super-Elektromagneten testen

Damit hast du die ganze Schaltung schon aufgebaut! Nun wollen wir sie testen. Wenn du alles richtig verbunden hast, sollte der Elektromagnet jetzt ausgeschaltet sein.

Suche dir zunächst ein Metallstück, das der Elektromagnet anziehen kann. Ich habe einen Stapel kleiner Unterlegscheiben aus Stahl verwendet, Büroklammern sollten auch funktionieren. Da Magneten nicht alle Metalle anziehen – zum Beispiel ist Aluminiumfolie nicht magnetisch –, solltest du zunächst mit einem normalen Magneten prüfen, ob dein Metallstück magnetisch ist.

Lege dann den Schalter um und halte den Elektromagneten in die Nähe der Büroklammer oder des Metallstücks, das du dir ausgesucht hast. Wenn du die Stellung *Ein* des Schalters gefunden hast, sollte die Schraube das Metallstück zu sich heranziehen.

Falls nichts passiert, legst du den Schalter in die andere Stellung um – jetzt sollte die Schraube den Metallgegenstand anziehen.

Der Elektromagnet verbraucht ziemlich viel Energie. Wenn du also den Schalter zu lange eingeschaltet lässt, verliert die Batterie schnell ihre Ladung. Außerdem wirst du feststellen, dass Batterie und Spule heiß werden. Du solltest also die Einschaltdauer deines Elektromagneten auf wenige Sekunden beschränken und die Schaltung immer von der Batterie trennen, bevor du die Schaltung weglegst.

Schritt 7: Was ist, wenn der Elektromagnet nicht funktioniert?

Für die Windungen um die Schraube ist nur isolierter Draht geeignet. Die Metallseele muss von einer isolierenden Schicht umgeben sein, sonst funktioniert die Spule nicht. Denn ohne die isolierende Schicht folgt der Stromfluss nicht den Windungen um die Schraube herum. Stattdessen sucht er sich den Weg durch die Schraube, sofern die Schraube leitend ist, oder zur benachbarten Drahtwindung, wenn sich die Windungen berühren. In jedem Fall verhält sich der Strom so, als hättest du einen einzigen dicken Draht verwendet.

Es kann auch sein, dass die Batterie erschöpft ist. Versuche es mit einer anderen Batterie, von der du sicher weißt, dass sie voll ist.

Wenn der Draht isoliert und die Batterie voll geladen ist, kontrolliere die Verbindungen zwischen Schalter und Batterie, wie ich sie in den Schritten 4 und 5 beschrieben habe. Falls du dir nicht ganz sicher bist, stellst du die Verbindungen am besten noch einmal neu her.

Der Elektromotor

Ein Draht, durch den Strom fließt, erzeugt ein Magnetfeld, wie ich es in »Der Elektromagnet« (auf Seite 22) beschrieben habe. Sobald du die Spannung zuschaltest, erzeugt die Spule von Projekt #3 ein Magnetfeld mit Süd- und Nordpol, genau wie jeder andere Magnet. Gleichnamige Pole stoßen sich ab und entgegengesetzte Pole ziehen sich an. Wenn du also eine magnetisierte Drahtspule über einen normalen Magneten legst und die gleichnamigen Pole dabei eng nebeneinanderliegen, versucht die Spule, sich zu drehen.

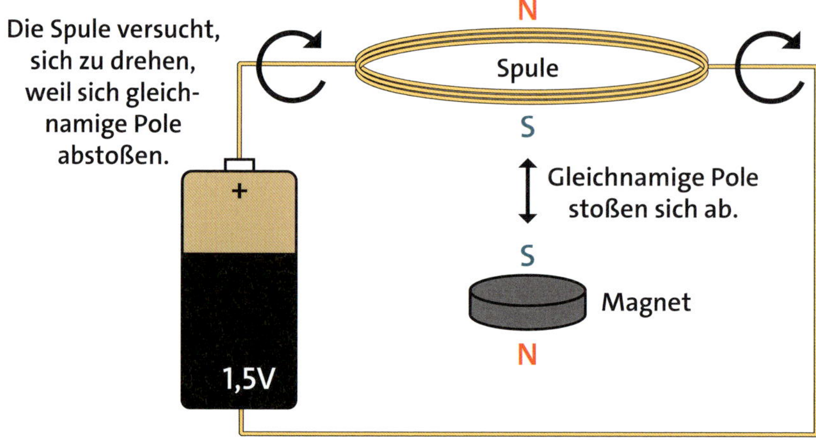

Wenn du die Drahtspule auf eine Art Gestell gelegt hast, sodass sie sich über dem Magneten ungehindert drehen kann, würde sie hin und her kippen, ohne eine vollständige Drehung auszuführen. Denn wenn die Spule eine halbe Drehung absolviert hat, liegen sich die ungleichnamigen Pole gegenüber und ziehen sich an, was die Spule wieder in die andere Richtung zwingt.

Wie kann man die Spule dazu bringen, sich nur in eine Richtung zu drehen? Du musst nur einen Weg finden, um die Batterie nach einer halben Drehung der Spule abzuschalten, und wenn sich die Spule wieder in ihrer Ausgangsposition befindet, wieder zuzuschalten. Dann passiert Folgendes: Die Spule beginnt sich zu drehen, wenn die Batteriespannung angelegt wird, und führt eine halbe Umdrehung aus. Da du die Batterie bei einer halben Drehung abschaltest, bewegt sich die Spule aufgrund der Trägheit bis zur vollen Umdrehung weiter. Wenn sie ihre ursprüngliche Position erreicht hat, wird die Batterie erneut angeschlossen und verleiht der Spule einen weiteren Stoß nach vorn. Das Ganze wiederholt sich nun in der gleichen Weise.

Elektromotoren beruhen auf diesem grundlegenden Prinzip, dass sich Magnetpole anziehen bzw. abstoßen.

Projekt #4: Einen Motor bauen

In diesem Kapitel hast du deinen eigenen Elektromagneten gebaut und gelernt, wie Motoren funktionieren. Jetzt ist es an der Zeit, diese beiden Konzepte miteinander zu verknüpfen. In diesem Projekt baust du dir einen Motor von Grund auf selbst auf!

Dabei verwendest du einen Magneten zusammen mit einer Drahtspule. Da sich die Spule drehen wird, bezeichnet man sie als den *Rotor* (von lateinisch *rotare* – im Kreis herumdrehen) des Motors. Den Motor baust du so auf, dass der Strom nur für eine halbe Umdrehung durch die Rotorspule fließt. Der Magnet sollte den Elektromagneten für eine halbe Umdrehung anstoßen, und die Rotorspule sollte die zweite Hälfte ihrer Drehung mit der Energie absolvieren, die sie vom ersten Anstoß erhalten hat.

Einkaufszettel

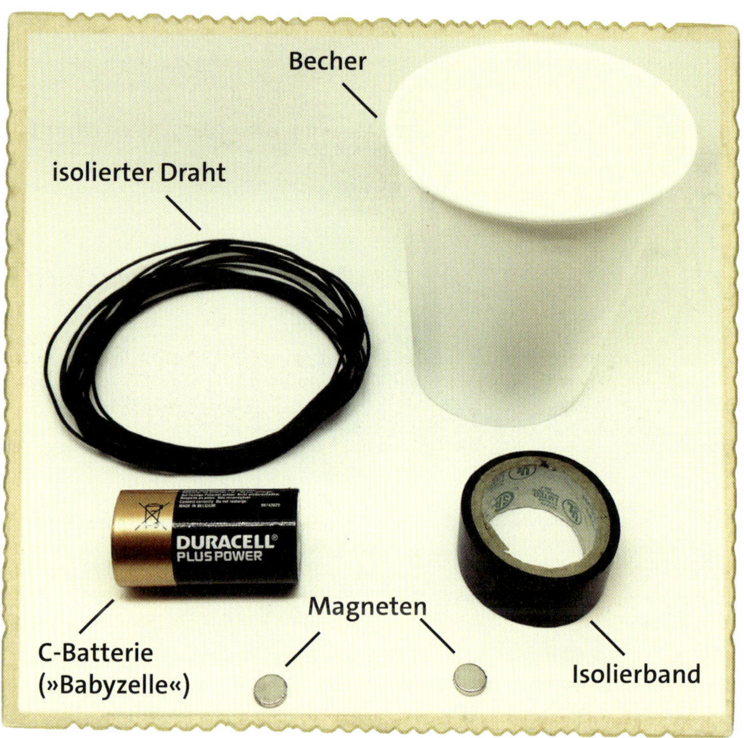

- eine **1,5-V-Alkalibatterie** (Baugröße C), wie die großen, runden Exemplare, die in älteren Blitzlichtgeräten verwendet wurden
- **isolierter Massivdraht**, etwa 4 Meter. Der massive Draht wird sowohl für die Spule selbst als auch zur Versteifung der Spule verwendet.
- **Isolierband** (Klebeband), um alles zu befestigen. Hierfür ist Abdeckband oder sogenanntes Panzerband geeignet.
- ein **Papp- oder Plastikbecher**, um alles an Ort und Stelle zu halten
- zwei **Scheibenmagneten**, je stärker, desto besser

WARNUNG *Halte kleine Supermagneten wie diese unbedingt von Babys und Kleinkindern fern. Diese Magneten sind sehr gefährlich, wenn sie verschluckt werden.*

Werkzeuge

- ein **Seitenschneider**, um Draht zu schneiden oder die Isolierung zu entfernen

Schritt 1: Den Rotor bauen

Zuerst bauen wir eine neue Spule, die wir für den Rotor – den drehenden Teil – des Motors verwenden. Hierzu nimmst du die Drahtrolle und entfernst am freien Ende etwa 4 cm von der Isolierung. Wickle dann den Draht um die Batterie.

Wenn du den Draht kaufst, den der Einkaufszettel (Seite 34) für dieses Projekt empfiehlt, kannst du versuchen, 30 Windungen zu wickeln; ist der Draht dünner, wickle einfach mehr. Es geht darum, die Spule so magnetisch wie möglich zu machen, ohne dass sie zu schwer wird. Mehr Windungen bedeuten zwar eine größere Magnetkraft für den Rotor, aber auch mehr Gewicht.

Ziehe deine Drahtspule vorsichtig von der Batterie ab. Fasse die Windungen in einer Schleife zusammen und schlage die Drahtenden auf jeder Seite mehrmals um die Schleife, sodass die Spulenwindungen zusammenbleiben. Schneide diese Schleife von der Drahtspule ab, wobei am anderen Ende noch etwa 4 cm übrigbleiben sollten. Entferne dann auch an diesem Ende die Isolierung, sodass die Metallseele des Drahtes freigelegt wird. Bei Drähten mit Kunststoffisolierung kannst du einen Seitenschneider zu Hilfe nehmen, wie Schritt 2 von Projekt #3 beschreibt (Seite 26).

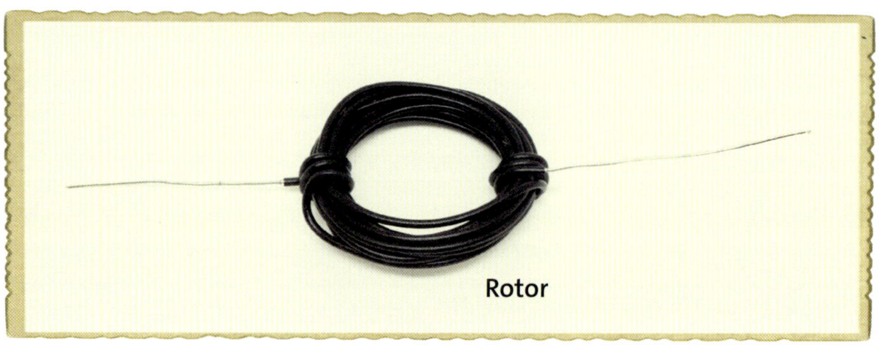

Schritt 2: Das Gestell des Motors bauen

Lege die Spule zunächst beiseite und nimm den Pappbecher zur Hand. In eine Seite des Bechers stanzt du ein Loch etwa 1 cm von oben entfernt und ein anderes etwa 1 cm von unten. Durch diese beiden Löcher steckst du ein Stück aus steifem Draht von etwa 20 cm Länge. Das Gleiche machst du dann auf der anderen Seite des Bechers. Stelle den Becher mit der Öffnung nach unten auf, entferne die Isolierung von beiden Enden der Drähte und fixiere die Drähte mit Isolierband am Becher.

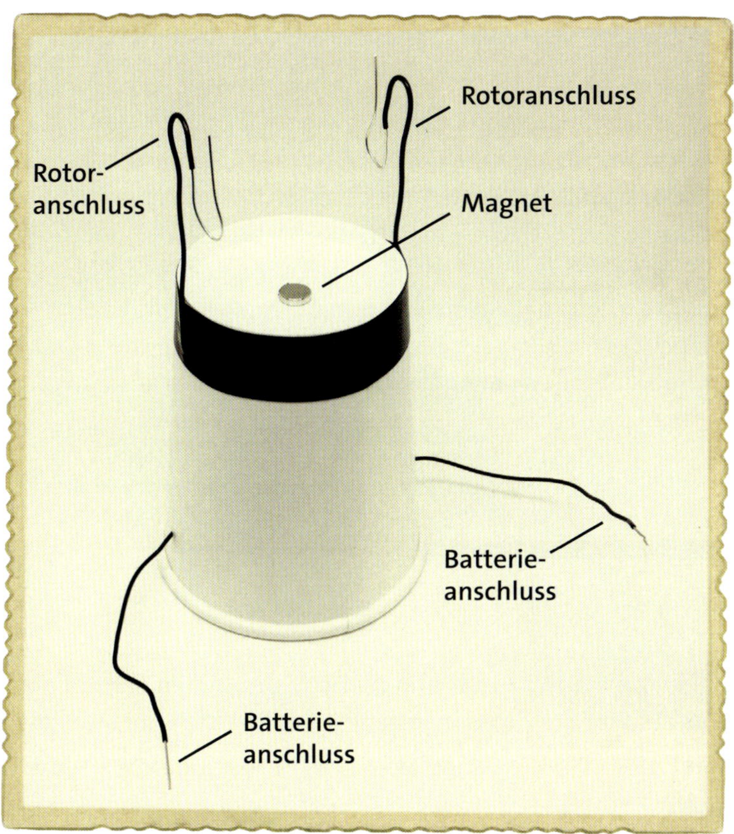

Die Drahtenden, die sich jetzt unten befinden, werden mit der Batterie verbunden, die oberen Enden führen zum Rotor und unterstützen ihn. Biege die oberen Enden der beiden Drähte zu zwei U-Formen, die den Rotor halten können. Achte darauf, dass die Metallseele bei den unteren Abschnitten der U-Formen freigelegt ist, sodass sie die abisolierten Rotordrähte berührt. Diese U-Struktur dient als Verbindung der Batterie mit dem Rotor.

Schritt 3: Die Magneten platzieren

Lege einen Magneten auf den oben liegenden Boden des Bechers. Bringe dann einen Magneten im Becher unter, sodass sich die beiden Magneten durch den Becherboden hindurch anziehen. Platziere deinen Rotor in die U-Struktur und passe die Position der Magneten an, dass sie sich in der Mitte genau unter der Spule befinden.

Schritt 4: Einen Teil der Spule wieder isolieren

Wenn du die Batterie jetzt anschließt, würde der Motor nicht funktionieren. Beim angeschlossenen Spulenrotor siehst du zwar eine Bewegung, doch der Rotor würde nur in entgegengesetzten Richtungen vor und zurück angestoßen, weil er ständig mit der Batterie verbunden ist. Man braucht eine Möglichkeit, die Spule auf halbem Weg von der Batterie zu trennen, sodass sie zuerst vom Magneten angestoßen und dann freigegeben wird, bis sie sich die restliche Runde gedreht hat. Dann kann man sie wieder mit dem Magneten verbinden, erneut anstoßen usw. Um dies zu erreichen, isolierst du eine Seite des Drahtes mit einem Permanentmarker, und zwar nur auf einem Arm des Rotors.

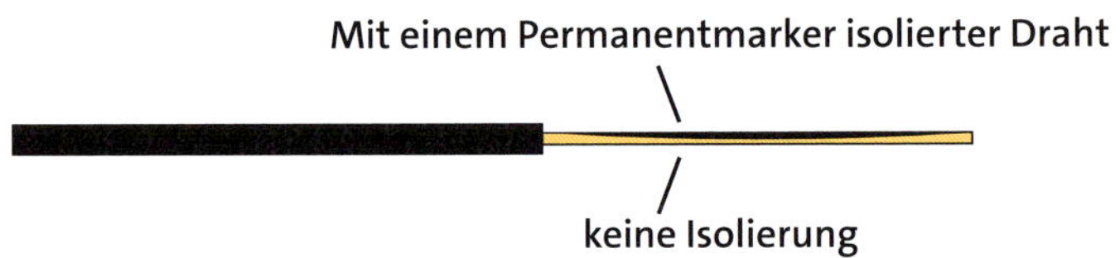

Lege deine Spule flach auf Tisch und streiche mit einem Permanentmarker über eine Drahtseite, um diese nichtleitend zu machen. Ziehe die Linie so, dass der Rotor von der Batterie getrennt ist, wenn die Schleife waagerecht über dem Magneten liegt.

Schritt 5: Den Motor in Gang bringen

Wir wollen nun den Motor zum Laufen bringen! Befestige dazu die Drähte mit Klebeband im Pluspol und Minuspol der Batterie.

Führe nun den Rotor in die U-Struktur ein. Der Motor sollte sich sofort drehen. Gegebenenfalls musst du ihn ein wenig anstoßen. Er wird zwar keine Autos antreiben, doch wenn er funktioniert, hast du zweifellos etwas mit Elektrizität in Bewegung gebracht. Gratulation!

Schritt 6: Was tun, wenn der Motor nicht funktioniert?

Kannst du irgendeine Bewegung wahrnehmen? Wenn du viel Glück hast, klappt alles gleich auf Anhieb. Doch höchstwahrscheinlich musst du einige Anpassungen vornehmen. Hier einige Anhaltspunkte für den Anfang:

1. Achte darauf, die Spule so zu legen, dass sie zuerst mit dem blanken Draht – d.h., nicht mit dem Teil, den du mit dem Permanentmarker abgedeckt hast – den freiliegenden Draht der U-förmigen Struktur berührt. Somit wird die Spule magnetisch, wenn du die Batterie anschließt.
2. Finde heraus, mit welcher Polarität die Batterie angeschlossen sein sollte. Möglicherweise dreht sich der Rotor in der einen Richtung schneller als in der anderen. Schließe die Batterie in umgekehrter Polarität an, um festzustellen, wie es für den Motor besser ist.
3. Wenn deine Spule etwas zu schwer ist, genügt ihr Magnetismus möglicherweise nicht, um die Spule für eine gesamte Umdrehung anzustoßen. Wickle dann einige Windungen ab, um die Spule leichter zu machen.
4. Eventuell musst du die Position der Magneten unter dem Rotor korrigieren. Die Magneten sollten möglichst mittig unter dem Rotor liegen.

Wenn dein Motor immer noch nicht läuft, braucht der Rotor vielleicht nur einen kleinen Startimpuls. Tippe ihn leicht mit dem Finger an, um zu probieren, ob dies seine Lebensgeister weckt.

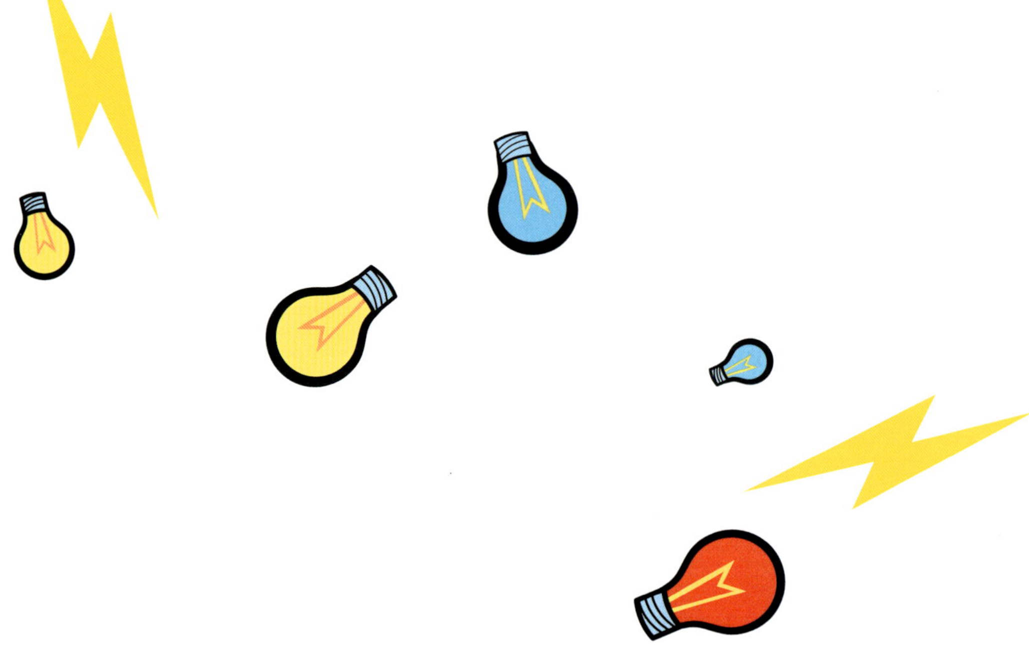

Was kommt als Nächstes?

In diesem Kapitel hast du gelernt, dass du einen Magneten erzeugen kannst, indem du einen Draht um eine Schraube wickelst und ihn mit einer Batterie verbindest. Du hast dies auch getestet, indem du deinen eigenen Elektromagneten gebaut hast. Schließlich hast du gelernt, wie Elektromotoren arbeiten, und du hast sogar einen eigenen Motor gebaut. Du hast die Dinge wirklich bewegt!

Auf diesem Wissen aufbauend wirst du dich nun näher mit Elektrizität befassen. Probiere beispielsweise, noch mehr Magneten unter dem Rotor deines Motors anzubringen. Wickle dann eine Rotorspule, die doppelt so groß oder sogar noch größer ist. Für den Motor kannst du eine wesentlich größere Struktur aufbauen. Auf welche Geschwindigkeit bringst du den Motor?

Bislang hast du Elektrizität nur verwendet, doch du kannst sie auch selbst erzeugen. Im nächsten Kapitel lernst du verschiedene Möglichkeiten kennen, um Elektrizität zu erzeugen. Außerdem wirst du wieder mit Magneten zu tun haben.

3 Wie Elektrizität erzeugt wird

Kapitel 1 hat beschrieben, warum ein geschlossener Kreis erforderlich ist, damit Strom durch eine Schaltung fließen kann, und Kapitel 2 hat gezeigt, wie du einen Elektromagneten und einen Motor baust. Die Projekte in diesen Kapiteln haben die Elektrizität von einer Batterie bezogen, doch in diesem Kapitel baust du eigene Elektrizitätsquellen!

Insbesondere erfährst du, wie du einen eigenen Generator aufbaust, der Elektrizität aus der Bewegung erzeugt, und deine eigene Batterie, die Elektrizität über chemische Reaktionen erzeugt. Dies sind die beiden gebräuchlichsten Methoden, um Elektrizität zu erhalten.

Elektrizität mit Magneten erzeugen

Wenn du Strom durch einen Draht schickst, erzeugt er ein Magnetfeld um den Draht herum. Es gibt aber noch eine andere Verbindung zwischen Elektrizität und Magnetismus. Du kannst Elektrizität auch mit einem Draht und einem Magneten erzeugen!

Ein sich änderndes Magnetfeld erzeugt Elektrizität

Wenn du einen Magneten über einem Draht in einem geschlossenen Stromkreis hin- und herbewegst, erzeugst du im Draht einen Strom. Die Bewegung des Magneten verändert das Magnetfeld um den Draht und das sich ändernde Magnetfeld treibt die Elektronen durch den Draht.

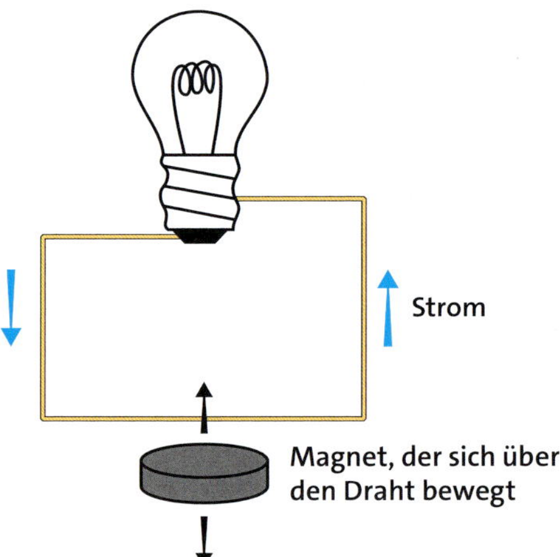

Sobald du den Magneten nicht mehr bewegst, hört auch der Strom auf zu fließen – selbst wenn sich der Draht noch im Magnetfeld befindet –, weil sich das Magnetfeld nicht mehr ändert.

Wenn du die beiden Enden des Drahtes mit einer Glühlampe verbindest und somit einen geschlossenen Stromkreis herstellst, kann der Strom fließen. Leider reicht der Strom, der durch die Bewegung eines Magneten über einem einzelnen Draht entsteht, bei Weitem nicht aus, um die Glühlampe tatsächlich zum Leuchten zu bringen. Um eine Glühlampe oder einen ähnlichen Verbraucher zu betreiben, muss man nach einer Möglichkeit suchen, mehr *Leistung* zu erzeugen, d.h. mehr Energie in einer bestimmten Zeit.

Wie funktioniert ein Generator?

Ein Generator ist ein Gerät, das Bewegung – wie zum Beispiel die Bewegung eines Magneten über einem Draht – in Elektrizität umwandelt. Um mehr Leistung mit einem Draht und einem Magneten zu erzeugen, kannst du den Draht zu einer Spule aufwickeln. Der aufgewickelte Draht wirkt wie eine Gruppe von Drähten, und wenn das Magnetfeld hindurchgeht, fließt ein Strom durch jede Windung, sodass mehr Leistung erzeugt wird, als es mit einem einzelnen geraden Draht möglich wäre.

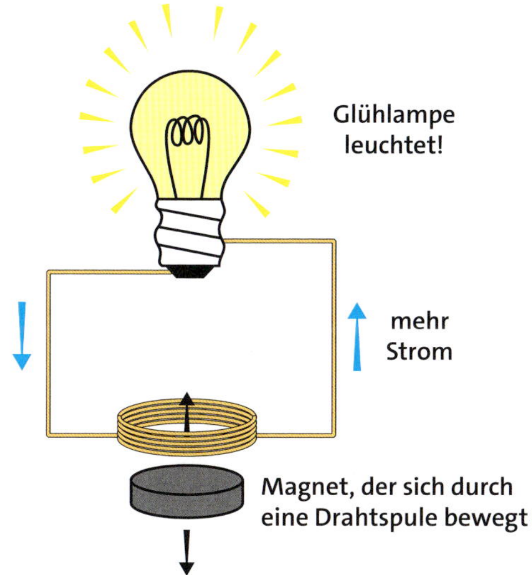

Elektrizität aus Wasser- oder Windkraft erzeugen

Wenn du eine Spule in einem Magnetfeld platzierst und die Spule mit einer Kurbel drehst, wandelst du deine eigene Bewegung in Elektrizität um. Ersetzt man die Kurbel durch ein Wasserrad, das in einem Wasserstrom liegt, treibt das Wasser das Rad an, sodass sich die Spule im Magnetfeld dreht und einen Strom erzeugt. Auf diese Weise erzeugen Wasserkraftwerke Elektrizität! Im Kraftwerk strömt das Wasser über ein Rad, das mit einem Generator verbunden ist. Die erzeugte Elektrizität wird dann über Fernleitungen bis zu den Steckdosen zu Hause übertragen.

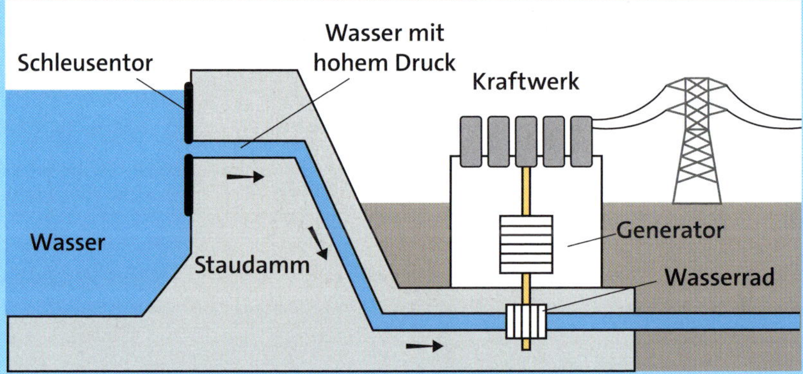

Auf ähnliche Art und Weise lässt sich Elektrizität auch aus anderen natürlichen Kräften gewinnen. Um zum Beispiel Windenergie in Elektrizität umzuwandeln, verbindet man die Spule mit einem Windrad. Wenn der Wind bläst, dreht das Windrad die Spule.

Das Multimeter

Mit einem normalen *Multimeter* kannst du genau messen, wie viel Energie ein einfacher Generator erzeugt. Multimeter sind praktisch, wenn man eine Schaltung aufbaut, weil sie verschiedene elektrische Kenngrößen – unter anderem Widerstand, Strom und Spannung – messen können.

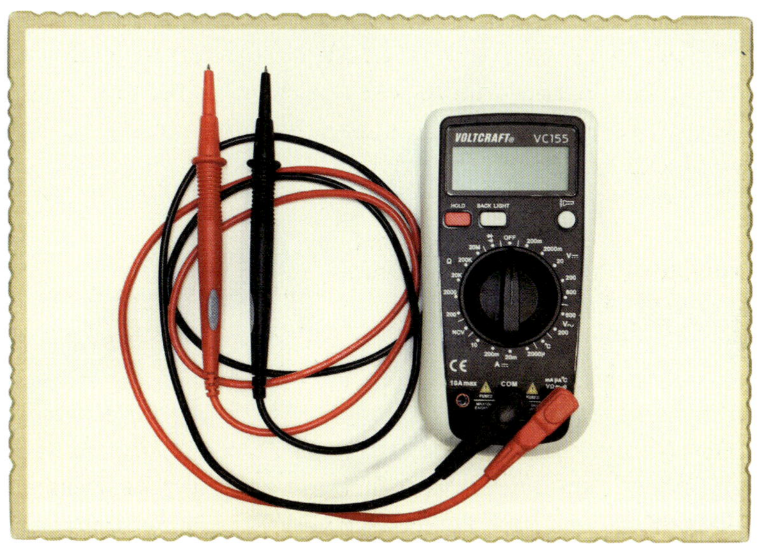

Die rote Buchse des Messgeräts ist der Anschluss für die positive Seite, die schwarze Buchse der Anschluss für die negative Seite. Mit dem großen Drehschalter in der Mitte sagst du dem Multimeter, was du messen willst. Wenn du Probleme mit einer Schaltung hast, kannst du die Ursache oftmals schnell herausfinden, wenn du die Spannung an verschiedenen Punkten in der Schaltung misst.

Wie man die Spannung misst

Um mit einem Multimeter die Spannung zu messen, stellst du zunächst den Wahlschalter auf einen der mit V beschrifteten Bereiche ein. (In diesem Buch sage ich dir, welche Einstellung du wählen sollst, doch in eigenen Projekten musst du den richtigen Bereich selbst finden. Wähle dazu einen Bereich, dessen Zahl auf der Skala größer ist als die höchste Spannung, die du in deiner Schaltung erwartest.) Dann verbindest du im unteren Teil des Multimeters die schwarze Messleitung mit der COM-Buchse und die rote Messleitung mit der V-Buchse. Schließlich klemmst du die Messspitzen der Messleitungen an die beiden Seiten der Stelle in der Schaltung, über der du die Spannung messen willst.

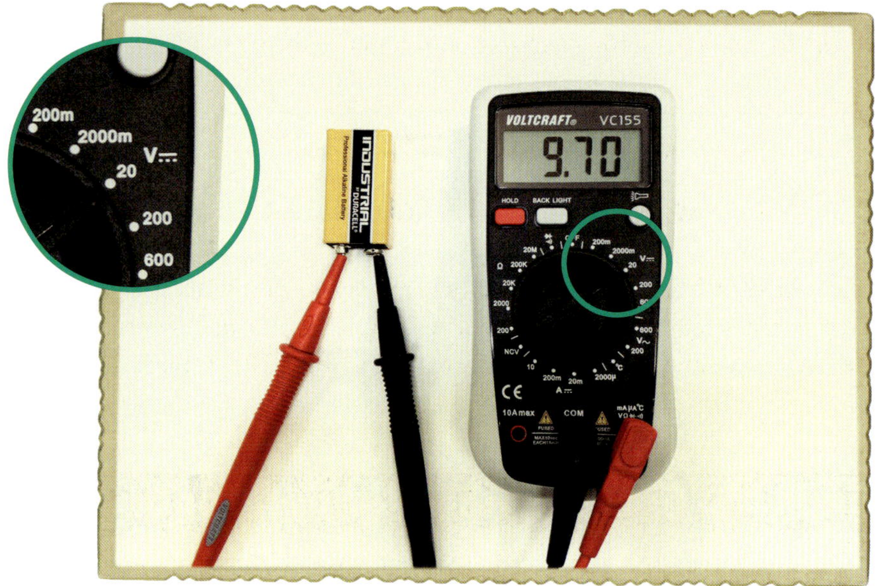

In diesem Beispiel misst das Multimeter die Spannung zwischen dem Pluspol und dem Minuspol einer 9-V-Batterie. Der Drehschalter steht auf 20 V, d.h. auf der Zahl 20 im Bereich, der ein V mit einer geraden Linie zeigt. Auf dem Multimeter gibt es noch einen anderen V-Bereich, bei dem das Symbol aus einer Wellenlinie besteht. Sehen wir uns an, was diese Symbole bedeuten.

Was sind AC und DC?

Wie du dein Multimeter einstellst, hängt davon ab, ob du die Spannung von einer Batterie oder von einem Generator messen willst. Eine Batterie hat eine positive Seite (Pluspol) und eine negative Seite (Minuspol). Bei einem Generator gibt es keine solche feste Zuordnung. Die beiden Anschlüsse an einem Generator wechseln zwischen positiv und negativ, weil der Strom in der Spule in der einen Richtung fließt, wenn eine Seite des Magneten die Spule passiert hat, und in die andere Richtung, wenn die andere Seite des Magneten die Spule passiert.

Wechselt die Stromrichtung auf diese Weise, sprechen wir von *Wechselstrom*, für den man üblicherweise die englische Abkürzung AC (*alternating current*) verwendet. Bleibt die Stromrichtung immer gleich, handelt es sich um *Gleichstrom*, für den man die englische Abkürzung DC (*direct current*) verwendet.

Auf deinem Multimeter findest du normalerweise die folgenden Symbole, die die Messbereiche für Wechselstrom und Gleichstrom kennzeichnen:

AC (Wechselstrom) DC (Gleichstrom)

Um den korrekten Messwert zu erhalten, musst du den Wahlschalter des Multimeters entweder auf AC oder DC stellen. Zum Beispiel liefern Batterien eine Gleichspannung, sodass die Messung in einem DC-Bereich stattfinden muss.

Projekt #5: Einen Schüttelgenerator bauen

Nimm dein Multimeter – dieses Projekt zeigt dir, wie du einen Generator baust und dessen Spannung misst. Ein einfacher Generator lässt sich schnell bauen, wenn man einen Magneten in einer Spule hin- und herbewegt. In diesem Projekt steckst du einen Magneten in ein Rohr und wickelst um das Rohr eine Spule. Wenn du das Rohr schüttelst, sollte sich der Magnet innerhalb der Spule hin- und herbewegen und eine Spannung erzeugen.

Einkaufszettel

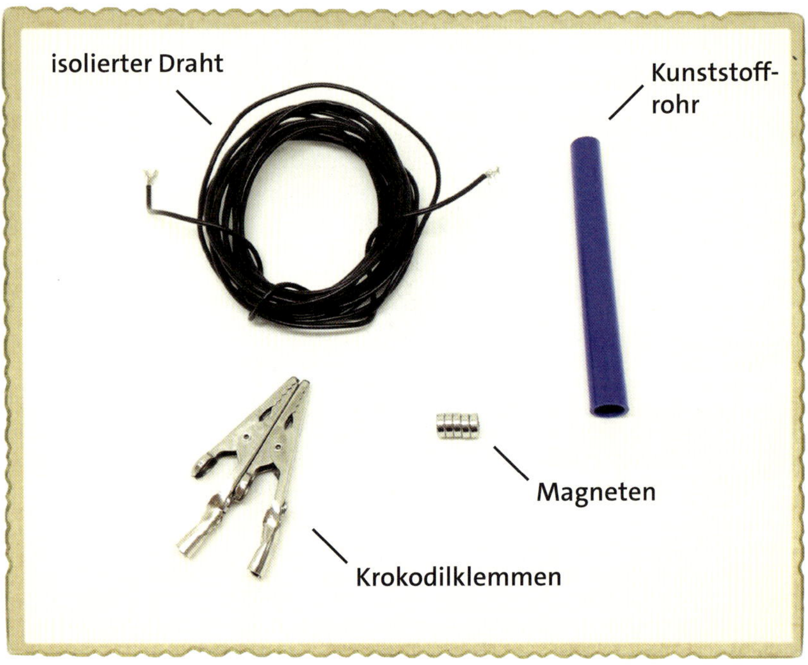

- **isolierter massiver Draht**, etwa 3 Meter. Normaler Schaltdraht ist gut geeignet.
- ein **kleines Kunststoffrohr**, beispielsweise ein alter Stift
- fünf **Scheibenmagneten**, die übereinandergestapelt einen Magnetstab bilden
- zwei **Krokodilklemmen**, um das Multimeter mit der Spule zu verbinden

Werkzeuge

- ein **Multimeter**, um die Spannung des Generators zu messen. Das Multimeter sollte in der Lage sein, sehr geringe Wechselspannungen bis herab zu 0,01 V oder weniger zu messen. Hinweise auf geeignete Multimeter findest du unter http://www.dpunkt.de/elektronik-kinderleicht. Zwar sind diese Multimeter ein wenig teurer als die billigsten Ausführungen, doch sie werden dir noch für viele Jahre gute Dienste leisten.

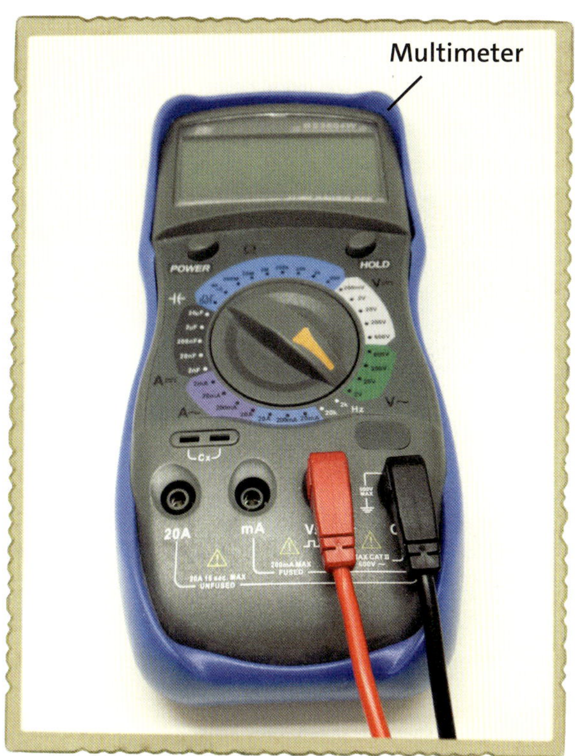

Schritt 1: Das Kunststoffrohr vorbereiten

Suche dir ein ausreichend großes Rohr, in dem die Magneten leicht hin- und hergleiten können. Wenn du einen Stift verwendest, zerlegst du ihn und achtest darauf, dass die Magneten gut in das Rohr passen.

Schritt 2: Die Spule wickeln

Wickle etwa 50 Windungen Draht um den mittleren Bereich des Rohres. Zum Abschluss machst du mit den beiden Drahtenden einen einfachen Knoten, um die Spule zusammenzuhalten. Entferne dann die Isolierung von den beiden Drahtenden, wie es in der Abbildung zu sehen ist.

Schritt 3: Das Multimeter anschließen

Schließe das Multimeter mithilfe der Krokodilklemmen an die beiden Enden der Spule an und stelle den Drehschalter auf AC. Wähle den kleinsten Wechselspannungsbereich, den das Multimeter zu bieten hat.

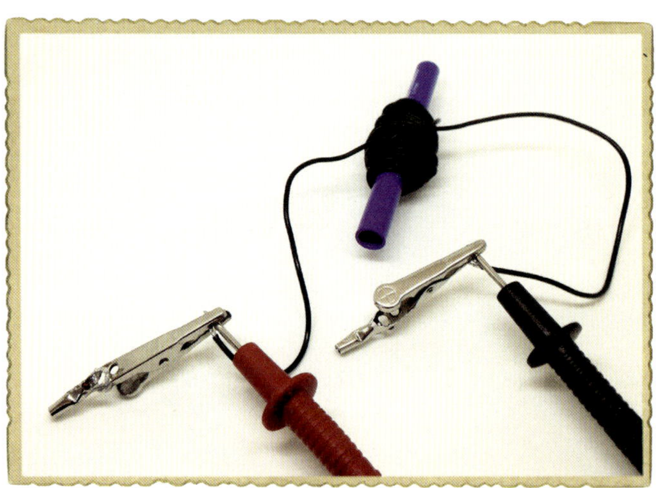

Schritt 4: Schütteln, bitte!

Als Nächstes schiebst du die Magneten in das Rohr. Sie sollten gut hineinpassen, ohne auseinanderzufallen.

Halte das Rohr und die Messleitungen mit der Hand fest und lege dabei auf jede Seite des Rohres einen Finger, sodass die Magneten nicht herausfallen können. Schüttle das Ganze dann, so stark du kannst!

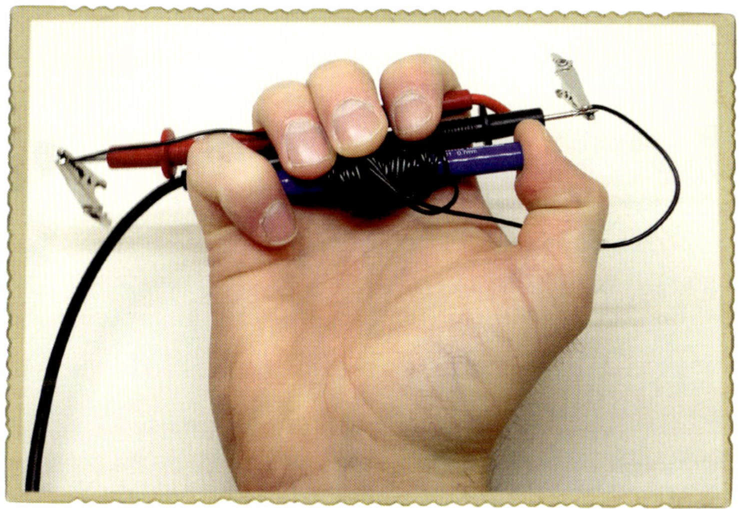

Beobachte nun den Spannungswert am Multimeter. Wie viel Spannung bekommst du? Mit meinem Generator konnte ich nur 0,02 V erzeugen. Er ist also nicht gerade leistungsstark.

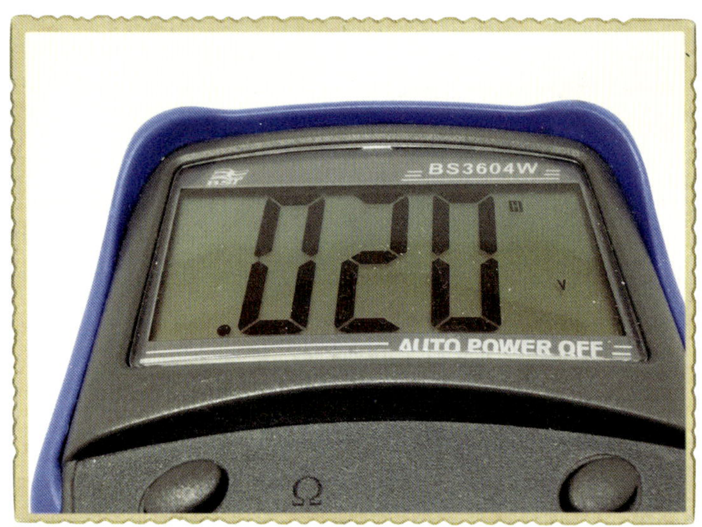

Schritt 5: Was ist, wenn keine Spannung entsteht?

Wenn du keine Spannung an deinem Generator messen kannst, prüfst du zunächst, ob die Messleitungen vom Multimeter ordnungsgemäß mit den freigelegten Spulendrähten verbunden sind. Erscheint immer noch keine Spannung größer als 0 V, kontrollierst du, ob das Multimeter auf das Messen wirklich kleiner Spannungen eingestellt ist; bei mir stand der Drehschalter auf 2 V Wechselspannung. Von diesem einfachen Generator wirst du keine große Spannung bekommen. Wenn also das Multimeter nicht auf der niedrigstmöglichen Stellung steht, bleibt der Ablesewert bei 0 V. Allerdings sind nicht alle Multimeter in der Lage, solche geringen Spannungen zu messen.

Dieser Generator ist nicht gerade leistungsstark. Wie kann man ihn leistungsfähiger machen? Um mehr Spannung aus dem Generator herauszuholen, kannst du ihn heftiger schütteln, mehr Drahtwindungen auf die Spule wickeln oder einen leistungsstärkeren Magneten verwenden.

HINWEIS *Normaler Schaltdraht ist etwas voluminös; selbst 50 Windungen können sehr viel Platz beanspruchen! Wenn du viele Windungen mehr aufbringen willst, solltest du stattdessen Kupferlackdraht verwenden. Dieser Draht ist mit einer dünnen Beschichtung versehen, die isolierend wirkt.*

Probiere es aus: Einen Motor als Generator verwenden

Ein Motor besitzt bereits einen Magneten und eine Drahtspule, die sich im Magnetfeld des Magneten drehen kann. Wenn du den Rotor mit deiner Hand drehst, kannst du eine Spannung in den Drähten des Motors erzeugen.

Du könntest einen Generator bauen, indem du die Funktion des Motors von Kapitel 2 umkehrst, doch würde die damit erzeugte Leistung kaum messbar sein. Stattdessen kannst du es mit einem alten Motor aus einem Computerlüfter oder einem ausgedienten funkferngesteuerten Spielzeugauto probieren. Stelle dann das Multimeter auf einen kleinen Gleichspannungsbereich ein, beispielsweise 2 V DC. Verbinde die Messleitungen des Multimeters mit den Motoranschlüssen, genau wie beim Schüttelgenerator, und drehe den Rotor mit deinen Fingern. Bei manchen Motoren verhindern interne Steuerschaltungen, dass die im Motor erzeugte Elektrizität nach außen zu den Anschlüssen gelangt. Doch wenn du einen Motor findest, der keine solchen Steuerschaltungen hat, solltest du am Multimeter eine Spannung ablesen können. Wenn sich im Gleichspannungsbereich des Multimeters nichts tut, kannst du auch einen kleinen Wechselspannungsbereich ausprobieren.

Wie funktionieren Batterien?

Ich habe gezeigt, wie du Elektrizität manuell erzeugen kannst, doch das erklärt nicht, wie du bis jetzt die Schaltungen in diesem Buch betrieben hast. Du hast Batterien verwendet, und in diesem Abschnitt sehen wir uns an, wieso diese Batterien Elektrizität erzeugen können.

Was enthält eine Batterie?

Um eine Batterie zu bauen, sind drei Dinge erforderlich:

- eine positive Elektrode
- eine negative Elektrode
- ein Elektrolyt

Eine *Elektrode* ist ein Draht, der einen Kontakt zu etwas Nichtmetallischem herstellt, wie zum Beispiel zu den Innereien einer Batterie. Ein *Elektrolyt* ist eine Substanz, die Elektronen abgeben oder aufnehmen kann. In einer typischen Batterie sind diese drei Dinge wie folgt vereint:

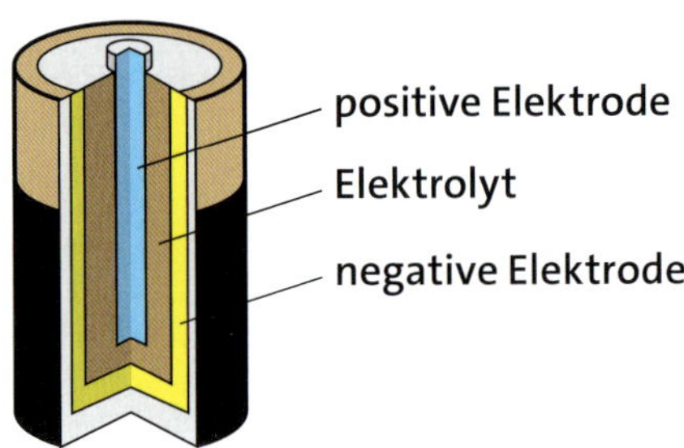

Du kannst deine eigene Batterie bauen, indem du für die eine Elektrode einen einfachen Nagel und für die andere einen Kupferdraht verwendest. Stecke beide Elektroden in eine Zitrone. Der Zitronensaft ist dein Elektrolyt.

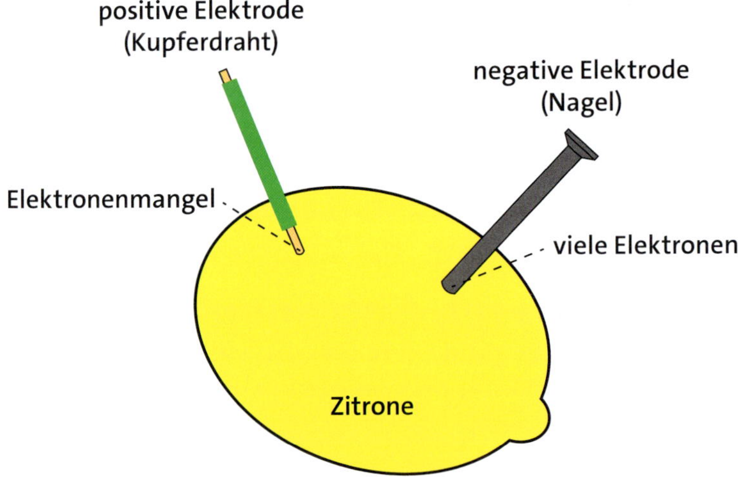

Der Kupferdraht wird zum Pluspol der Batterie, der Nagel zum Minuspol.

Die Chemie von Batterien

Wenn du die Zitrone, den Kupferdraht und den Nagel zusammenbringst, laufen zwei chemische Reaktionen ab: eine zwischen dem Zitronensaft und dem Nagel und die andere zwischen dem Zitronensaft und dem Kupferdraht. Bei der ersten Reaktion sammeln sich Elektronen auf dem Nagel an, bei der zweiten Reaktion verlassen Elektronen den Kupferdraht. Mittlerweile ist der Nagel mit Elektronen überladen, während am Kupferdraht Elektronen fehlen. Elektronen halten sich nicht gern an überfüllten Plätzen auf, sodass die Elektronen auf dem Nagel zum Kupferdraht übergehen wollen, um alles auszugleichen. Doch die chemischen Reaktionen mit dem Zitronensaft stoßen die Elektronen in die andere Richtung.

Was wird passieren, wenn du eine Glühlampe zwischen Nagel und Kupferdraht schaltest? Da die Elektronen auf dem Nagel zum Kupferdraht wandern wollen, nehmen sie den leichtesten Weg, den sie finden können. Und wenn du diesen geschlossenen Stromkreis aufgebaut hast, fließen sie vom Nagel über die Glühlampe zum Kupferdraht. Wie schon erwähnt, handelt es sich bei Strom einfach um Elektronen, die in einem Draht fließen. Wenn genügend Strom durch die Glühlampe fließt, leuchtet sie auf!

Nach einiger Zeit hören die chemischen Reaktionen in der Batterie auf. Wenn dies passiert, ist die Batterie erschöpft (oder »tot«). Manche Batterien lassen sich von diesem Zustand aus wieder laden, andere muss man entsorgen. Die Materialien, die für die Elektroden und den Elektrolyten gewählt werden, bestimmen, ob sich die Batterie wieder aufladen lässt oder nicht.

Natürlich bestehen die Batterien, die du im Baumarkt kaufst, nicht aus Zitronen! Moderne Batterien setzen sich immer aus verschiedenen Materialien zusammen, und Forscher suchen ständig nach neuen Möglichkeiten, Batterien mit mehr Energie zu erzeugen. Außerdem sollen die Batterien klein und leichtgewichtig sein.

Was bestimmt die Spannung einer Batterie?

Die für die Elektroden und den Elektrolyten verwendeten Materialien bestimmen die Spannung, die dir eine Batterie liefert, wobei aber die Größe der Elektroden und die Menge des Elektrolyten in Bezug auf die Spannung keine Rolle spielen.

Um höhere Batteriespannungen zu erzeugen, schaltet man mehrere Batteriezellen *in Reihe*. Das Verbinden von zwei Batteriezellen in Reihe bedeutet, dass man den Pluspol der einen Batterie mit dem Minuspol der anderen verbindet. Die beiden nicht verbundenen Anschlüsse werden zu den neuen Plus- und Minuspolen der größeren Batterie, und die resultierende Spannung ist die Summe der Spannungen der Einzelbatterien. So besteht zum Beispiel eine normale 9-V-Batterie aus sechs 1,5-V-Batteriezellen, wie in der Abbildung gezeigt. Beachte, dass die Verbindungen nach außen nur zu zwei Anschlüssen führen.

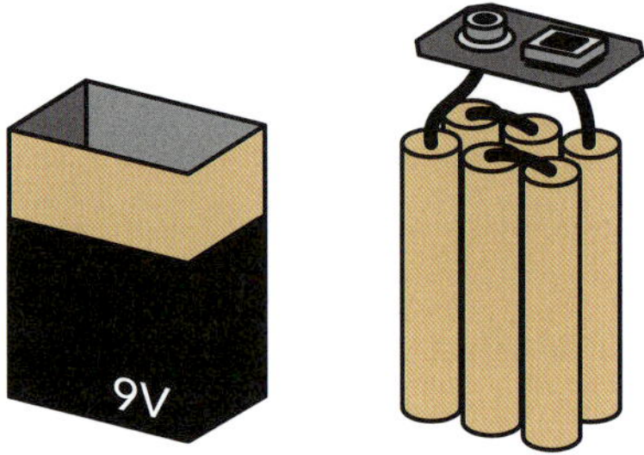

Projekt #6: Ein Licht mit Zitronenkraft einschalten

Eine Batterie kannst du aus den verschiedensten Dingen herstellen. Zum Beispiel habe ich im Abschnitt »Was enthält eine Batterie?« (Seite 55) gezeigt, wie eine Zitronenbatterie funktionieren könnte. In diesem Projekt lernst du, wie du selbst eine Zitronenbatterie baust und damit eine Lampe zum Leuchten bringst.

WARNUNG *Nach Abschluss dieses Projekts solltest du die Zitronen entsorgen. Die chemischen Reaktionen mit dem Nagel und dem Kupferdraht machen die Zitronen praktisch ungenießbar.*

Die Leuchtdiode (LED)

Eine Zitronenbatterie kann nicht sehr viel Elektrizität erzeugen. Du musst also die Batterie an etwas anschließen, das mit sehr wenig Leistung auskommt, um eine Wirkung zu zeigen. Da die meisten Glühlampen mehr Leistung brauchen, als du in diesem Projekt erzeugen kannst, mache ich dich mit einem neuen Bauelement bekannt, einer *Leuchtdiode*, kurz *LED* (vom Englischen *light-emitting diode*).

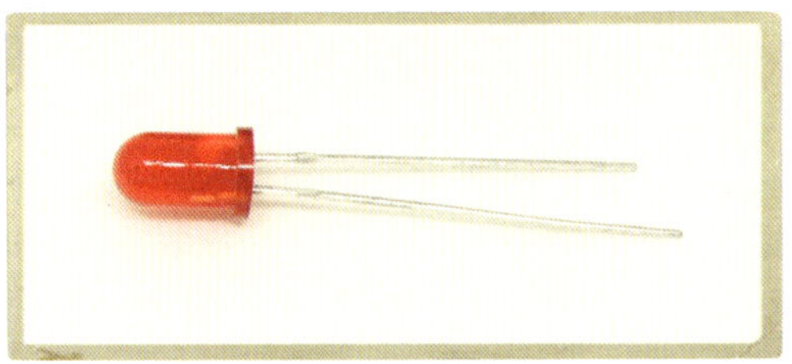

Dieses kleine elektronische Bauelement gibt Licht ab, wenn du ihm ein wenig Leistung zuführst. LEDs gibt es in vielen Farben: unter anderem Rot, Grün, Gelb und Blau. Mehr über dieses Bauelement lernst du in Kapitel 4, und LEDs wirst du noch an vielen Stellen in diesem Buch einsetzen. Zunächst einmal verwendest du eine LED, um die Leistung sichtbar zu machen, die deine Zitronenbatterie erzeugt.

Einkaufszettel

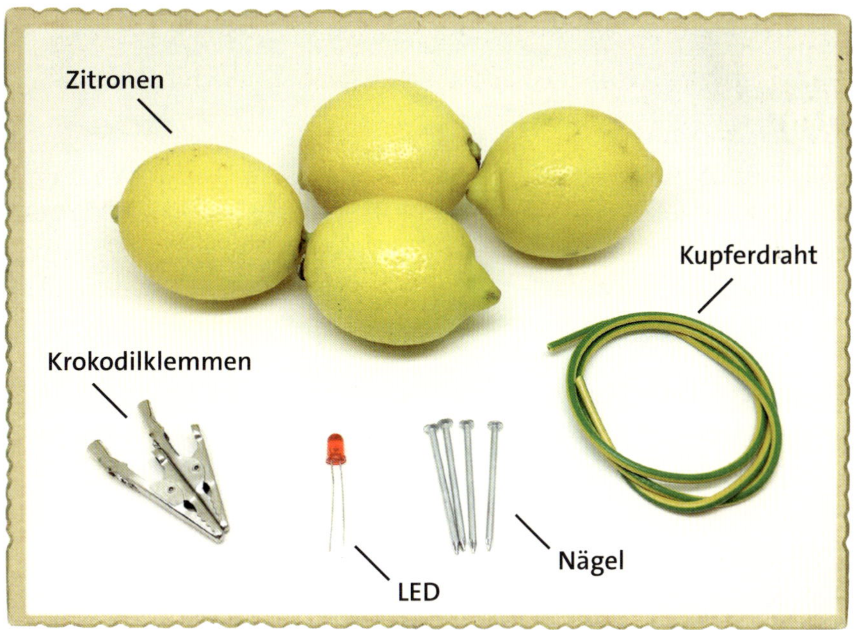

- vier **Zitronen** oder eine Zitrone, die geviertelt wird
- 60 cm **Kupferdraht** (hier ist jeder beliebige Draht geeignet, nur aus Kupfer muss er sein)
- vier **galvanisierte Nägel** (die meisten Nägel für den Außenbereich sind galvanisiert)
- zwei **Krokodilklemmen**, um die LED festzuklemmen
- eine **Standard-LED**. Da du für die Projekte in diesem Buch ohnehin mehrere LEDs brauchst, kannst du gleich 10 Stück oder ein ganzes Sortiment bestellen.

Werkzeuge

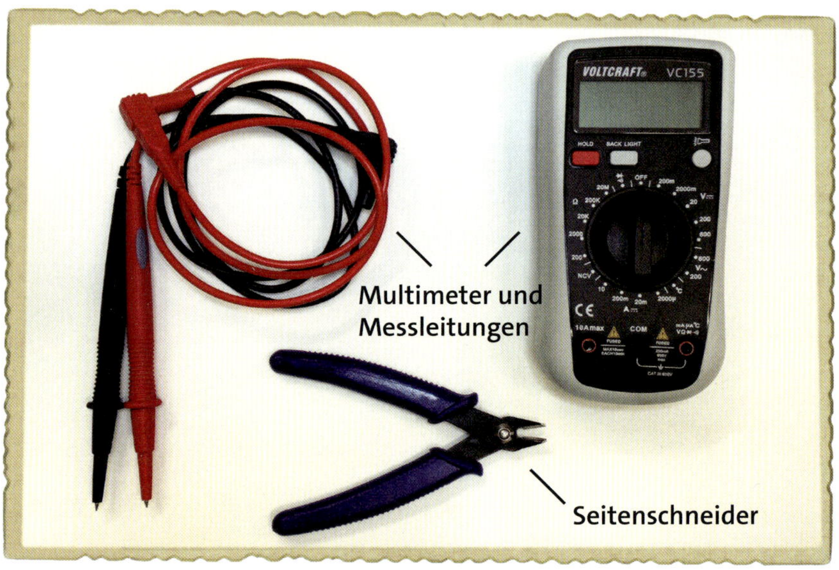

- ein **Seitenschneider**, um den Kupferdraht vorzubereiten
- ein **Multimete**r, um festzustellen, ob die Batterie ordnungsgemäß funktioniert

Schritt 1: Die Drähte vorbereiten

Schneide zuerst vier je 15 cm lange Kupferdrähte zu. Entferne an beiden Seiten der Drähte die Isolierung auf einer Länge von 2,5 cm. Diese dienen als Elektroden.

Schritt 2: Elektroden in eine Zitrone einführen

Rolle und quetsche eine Zitrone, um die kleinen Saftpakete im Inneren aufzubrechen, aber nicht so stark, dass die Schale aufreißt. Bohre dann mit einem Nagel in das eine Ende der Zitrone ein Loch, stecke einen Kupferdraht in dieses Loch und stecke den Nagel in das andere Ende, wie die Abbildung zeigt. Dies ist die erste Zitronenbatterie!

Stelle nun dein Multimeter auf Gleichspannungsmessung und überprüfe die Zitronenbatterie. Schließe die Messleitung für die positive Seite an den Kupferdraht und die Messleitung für die negative Seite an den Nagel an. Wenn alles richtig funktioniert, solltest du am Multimeter eine Spannung von etwa 1 Volt ablesen können.

Schritt 3: Vier Zitronenbatterien erzeugen

Selbst wenn die Zitrone 1 Volt liefert, reicht das nicht, um eine LED zum Leuchten zu bringen. Bauen wir also mehrere Zitronenbatterien, sodass wir mehr Elektrizität erhalten!

Wiederhole einfach den in Schritt 2 beschriebenen Vorgang für die anderen Zitronen; jede wird zu einer Batterie. (Falls du keine vier Zitronen erübrigen kannst, schneidest du eine Zitrone in vier Teile.) Jetzt solltest du vier Zitronenbatterien haben.

Schritt 4: Die Zitronen in Reihe verbinden

Um eine höhere Spannung aus den Zitronenbatterien zu erhalten, musst du sie in Reihe schalten. Dazu verbindest du die positive Seite der einen Zitrone mit der negativen Seite der anderen. Wie du inzwischen weißt, ist der Kupferdraht positiv und der Nagel negativ.

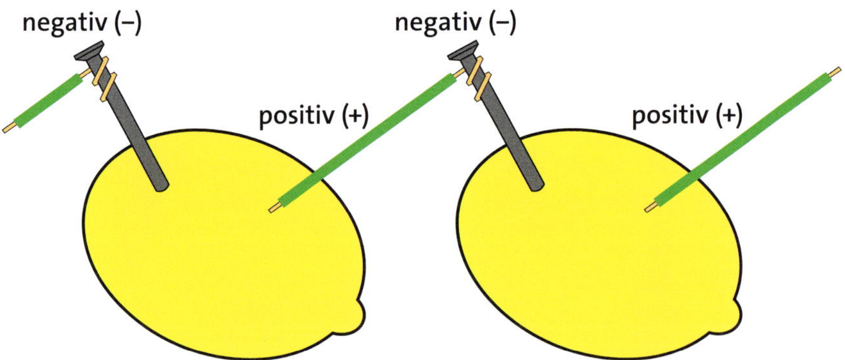

Bei vier Zitronen wiederholst du diese Verbindung entsprechend mehrmals. Lege vier Zitronen in einer Reihe vor dich hin, wobei die Kupferdrähte nach rechts zeigen, und nummeriere die Zitronen von links beginnend mit 1 bis 4. Verbinde den Kupferdraht von Zitrone 1 mit dem Nagel in Zitrone 2. Verdrille den Draht auf dem Nagel, sodass sich die Metallteile berühren, ohne wieder auseinanderzufallen.

Verbinde den Kupferdraht von Zitrone 2 mit dem Nagel in Zitrone 3 und den Kupferdraht von Zitrone 3 mit dem Nagel in Zitrone 4. Damit hast du eine Reihe von vier Zitronen, bei denen der Nagel auf Zitrone 1 und der Kupferdraht auf Zitrone 4 noch keine Verbindungen haben. Das ist der positive bzw. negative Anschluss für deine große Zitronenbatterie.

Wenn du Batterien in Reihe schaltest, addieren sich ihre Einzelspannungen zu einer Gesamtspannung. Vier 1-V-Zitronenbatterien sollten also insgesamt 4 V liefern. Überprüfe mit deinem Multimeter die Spannung zwischen den beiden Enden. Damit stellst du fest, ob alles richtig verbunden ist. Es sollte eine Spannung von etwa 3,5 bis 4 Volt zu messen sein.

Schritt 5: Die Zitronenbatterie testen

Schließe nun die LED an die Zitronen an! Verbinde das lange Beinchen der LED mit dem Kupferdraht und das kurze Beinchen mit dem Nagel, wie es in der Abbildung zu sehen ist. Die LED sollte nun leuchten.

Zitronen geben keine Höchstleistungsbatterien ab (zum Beispiel wirst du noch niemand gesehen haben, der seinen Computer mit Zitronen betreibt), und deine LED wird wahrscheinlich nur sehr schwach leuchten. Schalte das Licht im Zimmer aus, wenn du die Zitronen-betriebene Schaltung aufgebaut hast, und du solltest die LED glimmen sehen.

Zur Erinnerung: Wenn du dieses Zitronenbatterie-Projekt beendet hast, wirf die Zitronen in den Müll – iss sie bitte nicht!

**Probiere es aus:
Andere Batterien aus Nahrungsmitteln!**

Nachdem du die Zitronenbatterien gebaut hast, kannst du auch probieren, ob sich Batterien mit anderen Frucht- oder Gemüsesorten erzeugen lassen. Wie wäre es zum Beispiel mit einer Kartoffelbatterie? Kannst du damit mehr Spannung herausholen, oder ist die Spannung die gleiche wie bei der Zitronenbatterie?

Schritt 6: Was tun, wenn das Zitronenlicht nicht funktioniert?

Solltest du auch in einem dunklen Raum kein Licht von der LED sehen, überprüfst du zunächst, ob die LED richtig angeschlossen ist. Das lange Beinchen sollte mit der positiven Seite der Batterie verbunden sein, d.h. mit dem Kupferdraht.

Achte darauf, dass die Zitronen nur über die Drähte und Nägel miteinander verbunden sind. Wenn deine Zitronen beispielsweise in einer Lache aus Zitronensaft liegen, könnten sie auch dadurch verbunden sein. Trockne sie gründlich ab und lege sie an eine saubere Stelle. Als Nächstes vergewisserst du dich, dass die Kupferdrähte ordnungsgemäß mit den Nägeln verbunden sind und die Nägel und Kupferdrähte auch wirklich in den Saft der Zitronen eintauchen. Überprüfe auch, dass die Nägel und Kupferdrähte innerhalb der einzelnen Zitronen nicht miteinander in Kontakt kommen.

Wenn die Schaltung immer noch nicht funktioniert, trennst du alle Zitronenbatterien voneinander. Miss dann mit dem Multimeter, ob die einzelnen Zitronenbatterien überhaupt eine Spannung abgeben. Verbinde zwei Zitronenbatterien in Reihe und stelle fest, ob die Gesamtspannung höher ist. Schalte eine dritte Zitrone in Reihe dazu – die Spannung müsste sich wieder erhöht haben. Schließe dann die vierte Zitrone an und miss die Gesamtspannung, die jetzt am höchsten sein müsste.

Sollte eine Spannung zu messen sein, die LED aber nicht leuchten, brauchst du höchstwahrscheinlich mehr Leistung. Hole dir dann noch eine oder zwei Zitronen, baue mehr Batterien auf und verbinde sie mit den übrigen Zitronenbatterien in Reihe.

Was kommt als Nächstes?

In diesem Kapitel hast du gelernt, wie du Elektrizität aus Magnetismus und chemischen Reaktionen selbst erzeugen kannst. Du hast einen Schüttelgenerator gebaut und mithilfe einer Zitronenbatterie eine LED zum Leuchten gebracht.

Wenn du noch mehr Generatoren untersuchen möchtest, solltest du dir einen Dynamo von einem alten Fahrrad besorgen. Im Unterschied zu dem Generator, den dieses Kapitel beschrieben hat, ist ein Dynamo ein Generator, der eine Gleichspannung liefert (wie bei einer Batterie). Schneide einige Windmühlenflügel aus steifem Karton oder Kunststoff aus, verbinde sie mit dem Dynamo und probiere, ob du Energie aus Wind ernten kannst.

Du hast nun schon einige elektronische Bauelemente kennengelernt, einschließlich Schalter, LEDs und Motoren. In den folgenden Kapiteln lernst du weitere Bauelemente kennen und wirst allmählich richtige elektronische Schaltungen aufbauen, beispielsweise ein Blinklicht, einen berührungsempfindlichen Schalter und sogar dein eigenes elektronisches Musikinstrument!

Teil 2

Schaltungen aufbauen

4 Licht mit LEDs erzeugen

Leuchtmittel, insbesondere LEDs, werden in der Elektronik sehr häufig verwendet. Manchmal sind es einfach Indikatoren, die anzeigen, ob ein Gerät an oder aus ist, sie können aber auch Teil komplexerer Bauelemente sein, beispielsweise in Computerdisplays. Tatsächlich bestehen manche Displays aus Tausenden von winzigen LEDs.

In diesem Kapitel lernst du, wie die in der Elektronik gebräuchlichsten Bauelemente funktionieren: der Widerstand und die Leuchtdiode (LED). Ich zeige dir, wie du eine LED ins Jenseits beförderst, doch keine Angst: Du lernst auch, wie du LEDs mithilfe von Widerständen am Leben erhältst. In den Projekten dieses Kapitels setzen wir auch ein neues Hilfsmittel – ein sogenanntes *Steckboard* – ein, um Schaltungen zusammenzustecken. Viele Projekte in diesem Buch verwenden Steckboards, und du kannst sie auch nutzen, um eigene coole Projekte darauf aufzubauen.

Der Widerstand

Wie du bereits weißt, wird der freie Stromfluss in einem Stromkreis durch eine Gegenwirkung eingeschränkt. Ein *Widerstand* ist ein Bauelement, das diese Gegenwirkung in einem Stromkreis verkörpert. Je größer der Widerstand im Stromkreis ist, desto geringer ist der fließende Strom.

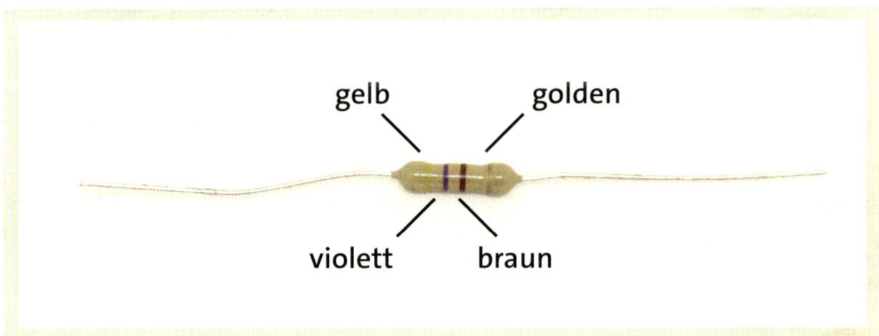

Farbcodierung von Widerständen

Ein Widerstand ist oftmals mit mehreren Farbringen gekennzeichnet. Anhand der Farben kannst du den Wert des Widerstands ermitteln. Gemessen wird der Widerstand in *Ohm*. Diese Maßeinheit kürzt man mit dem Symbol Ω ab, dem griechischen Buchstaben *Omega*. Mehr Ohm bedeutet mehr Widerstand.

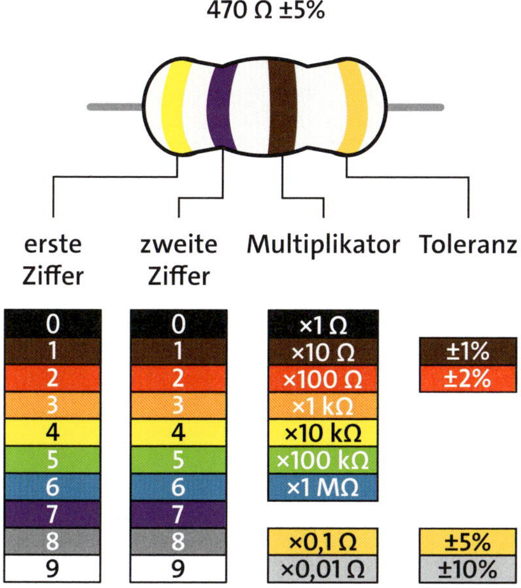

Die meisten Widerstände haben vier Farbringe. Von links nach rechts gelesen liefert der erste Ring die erste Ziffer des Widerstandswerts. Im Beispiel ist der erste Ring gelb, die erste Ziffer lautet also 4. Der zweite Ring steht für die zweite Ziffer, im Beispiel violett für 7. Damit erhalten wir 47 als Basiswert. Als Nächstes multiplizieren wir 47 mit dem Wert des dritten Rings – dem *Multiplikator*. Da der braune Ring im Beispiel für »mal 10 **Ω**« steht, multiplizieren wir 47 mit 10:

$$47 \times 10\,\Omega = 470\,\Omega$$

HINWEIS *Wenn ein Widerstand mit fünf statt vier Ringen versehen ist, geben die ersten drei Ringe die Ziffern an und der vierte den Multiplikator.*

Der tatsächliche Wert eines Widerstands stimmt aber normalerweise nicht genau mit dem aufgedruckten Wert überein! Das klingt irgendwie verrückt, oder? Es ist relativ schwierig, Widerstände mit genau dem gewünschten Wert herzustellen. Deshalb produziert man Widerstände, deren Werte zumindest in der Nähe der Zielwerte liegen, und gibt an, wie weit der tatsächliche Wert vom aufgedruckten Wert entfernt sein kann.

Hier kommt die *Toleranz* ins Spiel. Unser Beispielwiderstand ist als 470 Ω mit einer Toleranz von 5 Prozent gekennzeichnet. Das bedeutet, dass der wirkliche Wert des Widerstands jeder Wert im Bereich von 5 Prozent niedriger bis 5 Prozent höher als 470 Ω sein kann. Da 5 Prozent von 470 etwa 24 ist, liegt der wirkliche Wert des Widerstands irgendwo zwischen 446 Ω und 494 Ω.

Normalerweise liegen die drei Farbringe für den Widerstandswert unmittelbar nebeneinander, und der vierte Farbring für die Toleranz ist von dieser Gruppe etwas abgesetzt. Manchmal aber sind die Abstände zwischen allen Ringen gleich und so klein, dass man kaum erkennen kann, welche drei Ringe den Wert angeben. Da aber der vierte Ring zum Glück in der Regel golden oder silbern ist, kannst du getrost davon ausgehen, dass mit diesem Ring die Toleranz gemeint ist.

Wie man große Werte schreibt

In der Tabelle der Widerstandsfarben steht bei manchen Werten vor dem Ω-Symbol ein *k* oder ein *M*. Mit diesen sogenannten Einheitenvorsätzen lassen sich große Werte einfacher und kürzer schreiben. So ist es bei einem Widerstand von 300.000 Ω üblich, den Wert als 300 kΩ abzukürzen, wobei *k* für *Kilo* steht und Tausend bedeutet. Das Symbol *M* ist die Abkürzung für *Mega* und bedeutet eine Million. Statt 3.000.000 Ω schreibt man also 3 MΩ.

Woraus bestehen Widerstände?

Um einen Widerstand zu erzeugen, könnte man einfach ein wirklich langes Stück von normalem Draht nehmen. Auch Drähte besitzen einen gewissen Widerstand, und je länger der Draht ist, desto höher ist sein Widerstand. Doch es ist nicht gerade wirtschaftlich, den Strom mithilfe von kilometerlangen Drähten zu reduzieren. Besser geeignet ist ein Material wie zum Beispiel Kohlenstoff, das bereits einen hohen Widerstand besitzt. Handelsübliche Widerstände bestehen häufig aus Kohlenstoff, der von einem Isolator umhüllt ist.

Widerstände wirken auf Strom und Spannung

Auf den ersten Blick mag es so aussehen, dass der Widerstand eine langweilige Angelegenheit ist. Wenn du ihn mit einer Batterie verbindest, siehst du möglicherweise keine Reaktion; der Widerstand erwärmt sich lediglich, und du fragst dich, was daran spannend sein soll. Verwendest du aber einen Widerstand mit einem sehr niedrigen Wert, beispielsweise 10 Ω, kann er *richtig heiß* werden – heiß genug, um sich daran zu verbrennen –, und die Batterie geht schnell in die Knie.

WARNUNG *Einen kleinen Widerstand direkt zwischen Plus- und Minuspol zu schalten, kann bei manchen Batteriearten gefährlich sein. Denn wenn die Batterie genügend Strom liefern kann, geht der Widerstand möglicherweise in Flammen auf. Sei also bitte vorsichtig!*

Wirklich interessant bei Widerständen ist aber, dass du damit die Spannungen und Ströme in deiner Schaltung ändern kannst! Du wirst also zum Meister deiner Schaltung und entscheidest, wie sie sich verhalten soll.

Das Ohmsche Gesetz – eine Einführung

Der Schlüssel dazu, Strom und Spannung in einer Schaltung zu steuern, ist eine Formel, die als *Ohmsches Gesetz* bezeichnet wird. Es setzt Widerstand, Spannung und Strom wie folgt in Beziehung zueinander:

$$U = I \times R$$

Die Buchstaben haben dabei folgende Bedeutung:

- U Spannung, gemessen in Volt (V)
- I Strom, gemessen in Ampere (A)
- R Widerstand, gemessen in Ohm (Ω)

Mit diesen Definitionen liest sich das Ohmsche Gesetz so: »Spannung ist gleich Strom mal Widerstand.« Das Ohmsche Gesetz kannst du auch in den beiden folgenden Formen schreiben:

$$R = \frac{U}{I} \qquad I = \frac{U}{R}$$

Wenden wir das Ohmsche Gesetz an. Stell dir vor, du hast einen Widerstand und eine 9-V-Batterie. Durch den Widerstand soll ein Strom von 0,05 A fließen. Wie groß muss der Widerstand sein? Dies lässt sich mit dem Ohmschen Gesetz herausfinden:

$$R = \frac{U}{I}$$

$$R = \frac{9\ \mathrm{V}}{0{,}05\ \mathrm{A}}$$

$$R = 180\ \Omega$$

Wenn du die Spannung der Batterie (9 V) durch den Strom, der durch den Widerstand fließen soll (0,05 A), dividierst, erhältst du einen Wert von 180 Ω für den Widerstand.

Projekt #7: Zerstören wir eine LED!

In fast allen elektronischen Geräten findest du LEDs, die ich in Kapitel 3 beschrieben habe. Wo LEDs eingebaut sind, gibt es auch Widerstände. Sieh dich bei dir zu Hause um. Es ist sehr wahrscheinlich, dass du einige LEDs findest, beispielsweise am Computer, an der Waschmaschine, am Fernseher oder am WLAN-Router. Siehst du blinkende Lichter, wenn du Tasten drückst? Das sind höchstwahrscheinlich LEDs in Reihe mit Widerständen.

In »Projekt #6: Ein Licht mit Zitronenkraft einschalten« (Seite 58) hast du eine LED einfach mit deiner Selbstbauzitronenbatterie verbunden und fertig! In den meisten Schaltungen musst du aber etwas mehr Aufwand treiben, um sicherzustellen, dass die LEDs nicht kaputtgehen. Wenn nämlich zu viel Strom durch eine LED fließt, erhitzt sie sich stark und brennt schließlich durch. Die Zitronenbatterie war zu schwach, der von ihr gelieferte Strom konnte der LED nicht schaden.

Natürlich könnte ich das immer wieder herbeten, doch die Dinge in der Praxis auszuprobieren, ist beste Weg zum Lernen! Ich musste selbst einige LEDs ins Jenseits befördern, bevor ich akzeptiert hatte, dass ich sie nicht direkt ohne Serienwiderstand an eine Batterie anschließen darf. Die gleiche

Erfahrung sollst du nun auch machen. Deshalb wirst du in diesem Projekt eine LED zerstören!

Einkaufszettel

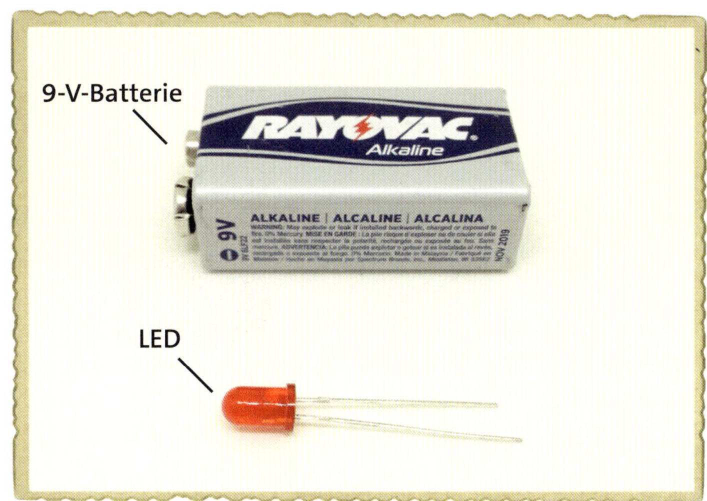

- eine **Standard-LED**
- eine **9-V-Blockbatterie**, um die Schaltung zu betreiben

Schritt 1: Die Anschüsse einer LED identifizieren

Wenn du dir die LED genauer ansiehst, wirst du feststellen, dass der eine Anschluss länger als der andere ist. LEDs sind *gepolt*, d.h., der Strom kann nur durch eine LED fließen, wenn sie in der Schaltung richtig herum eingebaut ist. Das längere Beinchen ist die sogenannte *Anode*; das ist der Anschluss, den du mit dem Pluspol der Batterie verbindest. Das kürzere Beinchen heißt Kathode; diesen Anschluss verbindest du mit dem Minuspol der Batterie.

Bei manchen LEDs sind die Anschlüsse gleich lang. In diesem Fall ist die Kathode durch eine abgeflachte Stelle am Gehäuse der LED gekennzeichnet, d.h., der Anschluss an der abgeflachten Seite ist die Kathode.

Schritt 2: Zerstöre diese LED!

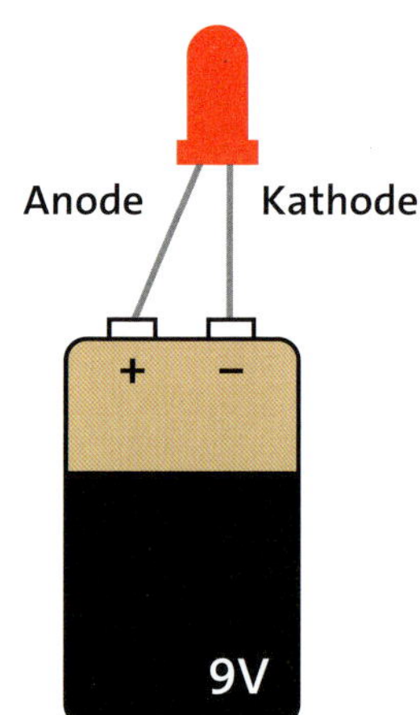

Damit du dir die Finger nicht verbrennst, hältst du die LED an einem der Beinchen fest. Stelle dann die 9-V-Batterie auf den Tisch und halte die Beinchen der LED direkt an die Batterieanschlüsse.

Die LED sollte für einen kurzen Moment hell aufleuchten, heiß werden und dann dunkel werden. Teile der LED können jetzt tatsächlich schwarz aussehen. Glückwunsch: Du hast gerade deine erste LED kaputtgemacht!

HINWEIS *Bei manchen LEDs dauert es nur eine Sekunde, bis sie ausfallen, wenn man sie direkt an eine Batterie anschließt. Andere LEDs leuchten mehrere Sekunden.*

Schritt 3: Was ist, wenn mit der LED nichts passiert?

Wenn nichts passiert, gibt es drei wahrscheinliche Ursachen:

- Du hast die LED verkehrt herum angeschlossen.
- Die LED ist bereits kaputt.
- Die Batterie ist erschöpft.

Schließe die LED zunächst in umgekehrter Richtung an die Batterie an. Wenn du dir sicher bist, dass sie in der richtigen Weise angeschlossen ist, dann ist entweder die LED bereits kaputt oder die Batterie verbraucht. Ersetze dann zuerst die Batterie, und wenn das nicht hilft, ersetze die LED. Jetzt solltest du in der Lage sein, die LED zu zerstören.

Wie man eine LED richtig verwendet

Auch wenn es ganz unterhaltsam ist, LEDs zu zerstören, ist es besser zu wissen, wie man es *vermeidet*, dass LEDs kaputtgehen. Deine LED ist durchgebrannt, weil zu viel Strom durch sie geflossen ist. Doch mit deinem zuverlässigen Freund, dem Widerstand, kannst du das verhindern. Widerstände wirken dem Stromfluss entgegen, und wenn du den richtigen Widerstandswert auswählst, begrenzen sie den Strom gerade auf die richtige Größe für deine LED.

Wie man kleine Werte schreibt

In Elektronikprojekten hat man es oftmals mit sehr kleinen Werten zu tun, insbesondere wenn es darum geht, Ströme zu messen oder zu berechnen. Zum Beispiel liegen die meisten Stromwerte in den Schaltungen dieses Buches unterhalb von 0,1 A und viele näher an 0,02 A. Um diese Werte einfacher notieren zu können, verwendet man den Einheitenvorsatz *Milli*, der mit dem Symbol m abgekürzt wird und ein Tausendstel bedeutet. Somit ist 1 mA gleich 0,001 A. Da 1.000 mA das Gleiche ist wie 1 A, kann man 0,02 A auch als 20 mA und 0,1 A als 100 mA schreiben.

Die LED mit einem Widerstand schützen

In einer Schaltung sollte man eine LED normalerweise mit einem Serienwiderstand betreiben. Natürlich gibt es Widerstände mit den verschiedensten Werten, und man muss schon ein wenig rechnen, um den richtigen Widerstand für die jeweilige Schaltung zu finden.

Die meisten Standard-LEDs benötigen eine Spannung von ungefähr 2 V und einen Strom von etwa 20 mA, um normal zu leuchten. Diese beiden Werte und die Spannung deiner Batterie sind alles, was du für die Berechnung des richtigen Widerstands brauchst. Setze diese Werte einfach in die folgende Formel ein:

$$R = \frac{U_{\mathrm{BAT}} - U_{\mathrm{LED}}}{I_{\mathrm{LED}}}$$

Wenn dir diese Formel bekannt vorkommt, dann deshalb, weil sie tatsächlich nur eine andere Version des Ohmschen Gesetzes ist. Die beiden U und das I bezeichnen nach wie vor Spannung und Strom, wobei aber U_{BAT} die Batteriespannung, U_{LED} die von der LED zum Leuchten benötigte Spannung (oftmals 2 V) und I_{LED} der von der LED benötigte Strom (oftmals 20 mA) sind. Diese Formel ist wie folgt zu lesen: »Um den Widerstand zu ermitteln, subtrahierst du die LED-Spannung von der Batteriespannung und dividierst das Ergebnis durch den LED-Strom.«

Den erforderlichen Widerstand berechnen

Nehmen wir an, du hast eine 9-V-Batterie, einen Widerstand und eine Standard-LED. Welchen Wert sollte der Serienwiderstand haben? Mithilfe der Formel aus dem vorherigen Abschnitt berechnest du den Widerstand in folgenden Schritten:

❶ $$R = \frac{U_{\text{BAT}} - U_{\text{LED}}}{I_{\text{LED}}}$$

❷ $$R = \frac{9\ \text{V} - 2\ \text{V}}{20\ \text{mA}}$$

❸ $$R = \frac{7\ \text{V}}{0{,}02\ \text{A}}$$

❹ $$R = 350\ \Omega$$

Du brauchst also einen Widerstand von 350 Ω, um den richtigen Strom, der durch die Schaltung fließen soll, einzustellen.

Projekt #8: Eine LED betreiben

Wir wollen nun eine Standard-LED mit einem Schutzwiderstand ansteuern, damit die LED nicht durchbrennt. Wie wir eben berechnet haben, ist ein Widerstand von 350 Ω erforderlich, um eine LED an einer 9-V-Batterie zu betreiben.

Doch wie ich im Abschnitt »Farbcodierung von Widerständen« (Seite 70) erläutert habe, entsprechen die Standardwerte von Widerständen nicht immer genau dem benötigten Wert. Wenn du einen 350-Ω-Widerstand kaufst, hat er nicht unbedingt den Wert 350 Ω, sondern vielleicht 370 Ω. Und nicht alle Widerstandswerte sind stets greifbar. Für einen Widerstand in einer LED-Schaltung spielt der genaue Wert aber auch keine Rolle. Zum Glück, denn in einem Standardsortiment wirst du kaum einen 350-Ω-Widerstand finden. Stattdessen kannst du einen 330-Ω-Widerstand nehmen. Das ist ein Standardwert, der leichter aufzutreiben ist.

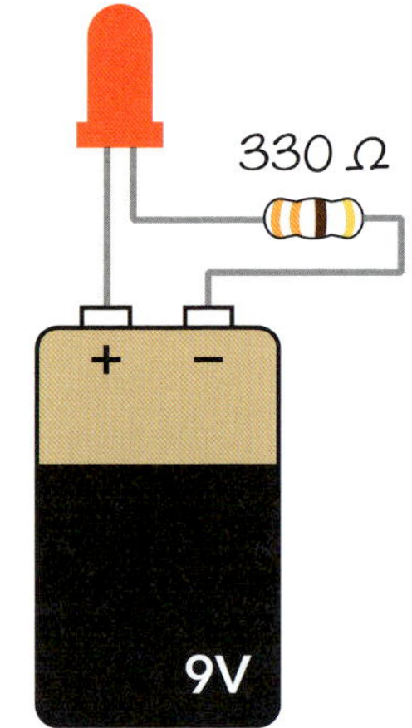

Einkaufszettel

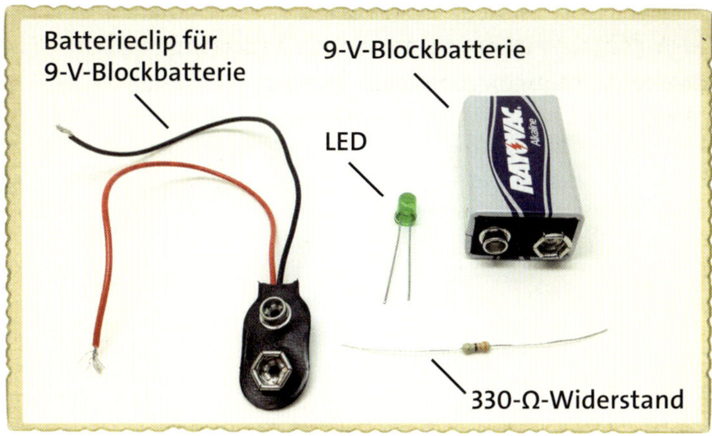

- eine **9-V-Blockbatterie**, um die Schaltung zu betreiben
- ein **Batterieclip für eine 9-V-Blockbatterie**, um die Batterie mit der Schaltung zu verbinden
- eine **Standard-LED**
- ein **330-Ω-Widerstand**, um den Strom durch die LED zu begrenzen

Schritt 1: Widerstand und LED miteinander verbinden

Verbinde zuerst das kurze Beinchen – die Kathode – der LED mit einer Seite des Widerstands. Welche Seite des Widerstands du nimmst, spielt keine Rolle; wickle einfach den Anschlussdraht des Widerstands um das Beinchen der LED.

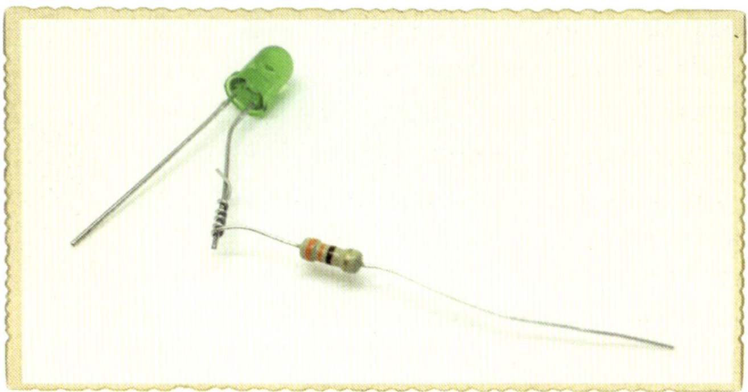

Schritt 2: Den Batterieclip verdrahten

Zunächst verdrillst du den roten Anschluss des Batterieclips mit dem langen Beinchen der LED und dann den schwarzen Draht mit der noch nicht verbundenen Seite des Widerstands.

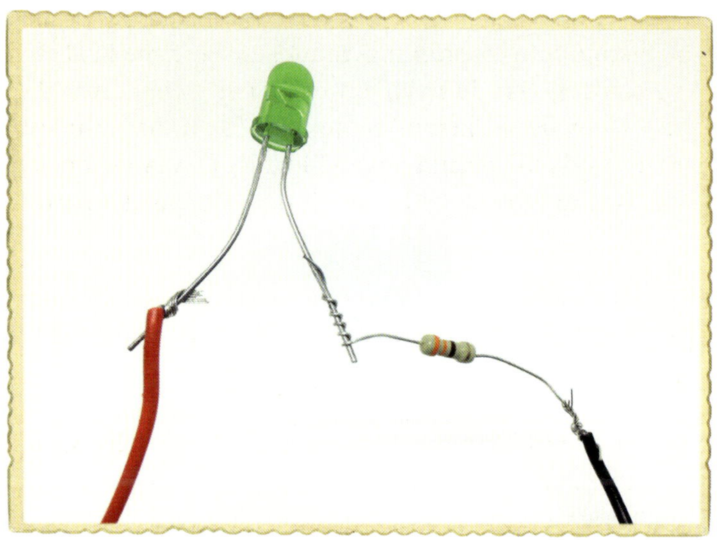

Schritt 3: Es werde Licht!

Wenn du nun die Batterie auf den Clip steckst, sollte die LED leuchten!

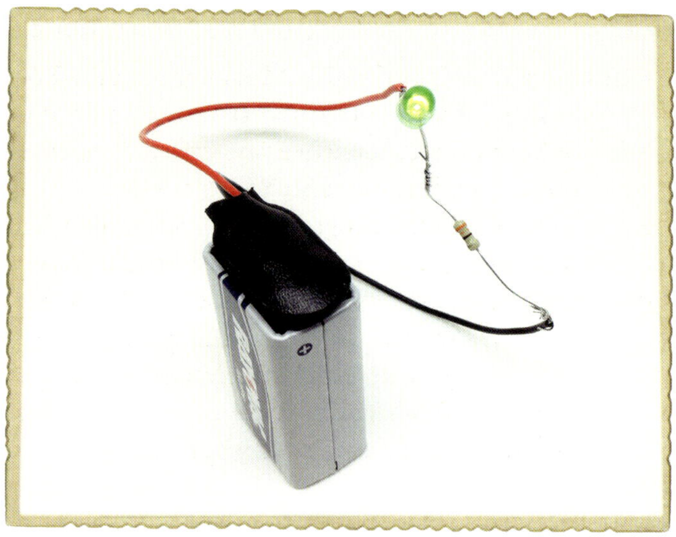

Schritt 4: Was tun, wenn die LED nicht funktioniert?

Wenn deine LED nicht leuchtet, klemmst du zuerst die Batterie ab und überprüfst, ob die Bauelemente genauso wie in den Schritten 1 bis 3 beschrieben miteinander verbunden sind. Es kann hilfreich sein, wenn dir jemand bei der Verdrahtungskontrolle assistiert; frage beispielsweise deine Eltern, Geschwister oder Freunde.

Sehen die Verbindungen ordnungsgemäß aus und die LED bleibt immer noch dunkel, kontrollierst du noch einmal genau, wie herum die LED eingebaut ist; fast jeder, der Elektronikprojekte aufbaut, hat mindestens schon einmal eine LED verkehrt herum angeschlossen. Das lange Beinchen ist die Anode, und in diesem Projekt sollte sie mit dem Pluspol der Batterie verbunden sein.

Schaltungen auf einem Steckboard aufbauen

Bis jetzt hast du Verbindungen mit Isolierband fixiert oder die Bauelementeanschlüsse miteinander verdrillt. Allerdings ist das unpraktisch, wenn eine Schaltung nicht nur aus zwei oder drei Bauelementen besteht. Mit einem *Steckboard* lassen sich die Verbindungen leichter herstellen. Die Bauelemente steckt man in die Löcher des Steckboards, um Schaltungen aufzubauen. Wenn man die Schaltung nicht mehr benötigt, kann man einfach alle Bauelemente wieder herausziehen und in anderen Projekten wiederverwenden!

Wie man Bauelemente und Drähte verbindet

Im Inneren eines Steckboards verbinden Metallstreifen die Kontaktlöcher, die man von außen sieht, in einem bestimmten Muster. Sehen wir uns ein Steckboard mit vier Verbindungsbereichen an – zwei Verteilern für die Versorgungsspannung und zwei Bereichen für Bauelemente.

In den Verteilern für die Versorgungsspannung auf beiden Seiten sind alle Löcher in jeder *Spalte* miteinander verbunden. Normalerweise steckt man den Pluspol der *Stromversorgung* – wie zum Beispiel bei den bisher verwendeten Batterien – in die roten Spalten und den Minuspol der Stromversorgung in die blauen Spalten. Im gesamten Buch bezeichne ich die Spalte, die mit einer roten Linie markiert ist, als *positiven Verteiler* und die Spalte, die mit einer blauen Linie gekennzeichnet ist, als *negativen Verteiler*.

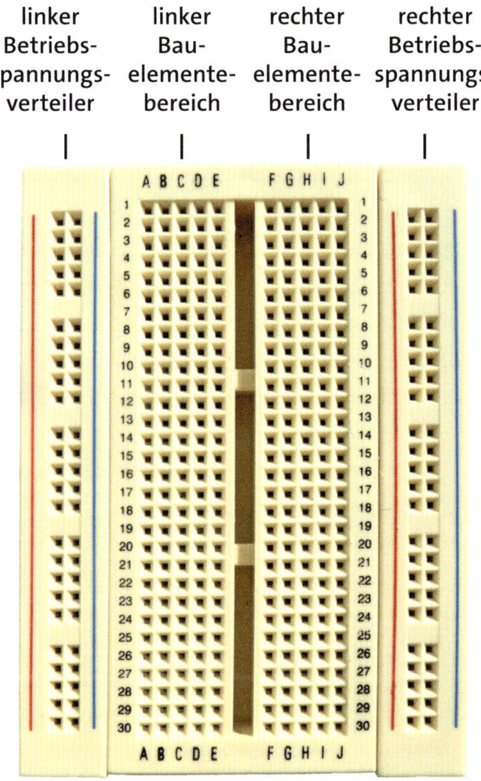

In den Bauelementebereichen sind alle Löcher in jeder *Zeile* untereinander verbunden, die Spalten sind nicht verbunden. Die linken und rechten Bauelementebereiche sind getrennt, zwischen ihnen besteht keine Verbindung. Zum Beispiel sind die Löcher A, B, C, D und E in Zeile 1 und die Löcher F, G, H, I und J in Zeile 1 miteinander verbunden. Es gibt aber keine Verbindung zwischen den Löchern E und F in Zeile 1.

Um ein Bauelement in ein Steckboard zu stecken, drückst du es einfach in das Loch, wo du die Verbindung haben möchtest. Soll zum Beispiel die eine Seite eines Widerstands mit der positiven Seite einer LED verbunden werden, steckst du einfach sowohl den Anschluss vom Widerstand als auch das Beinchen von der LED in zwei Löcher derselben Zeile im linken oder rechten Bauelementebereich. Hast du zwei Bauelementeanschlüsse oder Drähte, die nicht verbunden sein sollen, achte einfach darauf, dass sie entweder in verschiedenen Zeilen eines Bauelementebereichs oder in gegenüberliegenden Bauelementebereichen stecken.

Drähte für ein Steckboard

Irgendwann wirst du eine Zeile auf deinem Steckboard mit einer anderen Zeile verbinden. Hierfür nimmst du einen Draht, wobei aber nicht alle Drahtsorten für ein Steckboard geeignet sind. Der Draht muss steif genug sein, dass du ihn in das Loch stecken kannst, ohne ihn zu verbiegen, und er muss dick genug sein, damit er fest an den Kontaktfedern im Loch des Steckboards anliegt, ohne herauszufallen. Um Schaltungen auf einem Steckboard aufzubauen, sind *einadrige* Drähte am besten geeignet, weil sie eine massive Seele besitzen und nicht aus vielen winzigen Drähten bestehen, die miteinander verdrillt sind. Der richtige Drahtdurchmesser hängt vom jeweiligen Steckboard ab, wobei in der Regel Durchmesser von 0,4 bis 0,7 mm passen sollten. Es gibt fertig zugeschnittene und abisolierte Drähte speziell für Steckboards zu kaufen, doch mit einem Seitenschneider kannst du deine Drähte auch selbst zuschneiden und abisolieren.

Eine andere Möglichkeit ist es, *Steckbrücken* zu verwenden. Die Drähte sind mit steifen Endstücken versehen, die sich gut in ein Steckboard einstecken lassen. Willst du auf einem Steckboard viele Schaltungen aufbauen (und das solltest du!), halte ein ganzes Bündel von Steckbrücken bereit, um dir die Arbeit zu erleichtern.

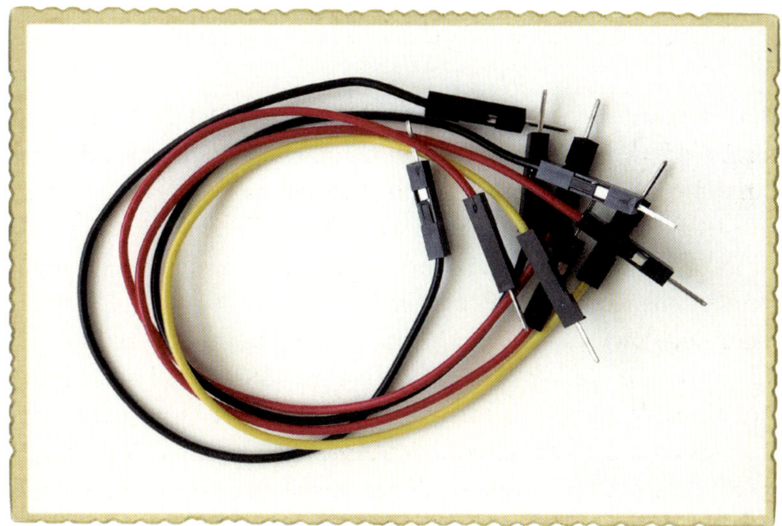

Projekt #9: Deine erste Steckboard-Schaltung

Verbinden wir nun eine einfache Schaltung auf einem Steckboard! Genau wie in »Projekt #8: Eine LED betreiben« auf Seite 78 bringt diese Schaltung eine LED zum Leuchten, doch diesmal bauen wir die Schaltung auf einem Steckboard auf. In diesem Projekt machen wir keinen Gebrauch von den Verteilerleisten an den Seiten des Steckboards, weil es bei dieser einfachen Schaltung sinnvoller ist, alles im Bauelementebereich zu verbinden.

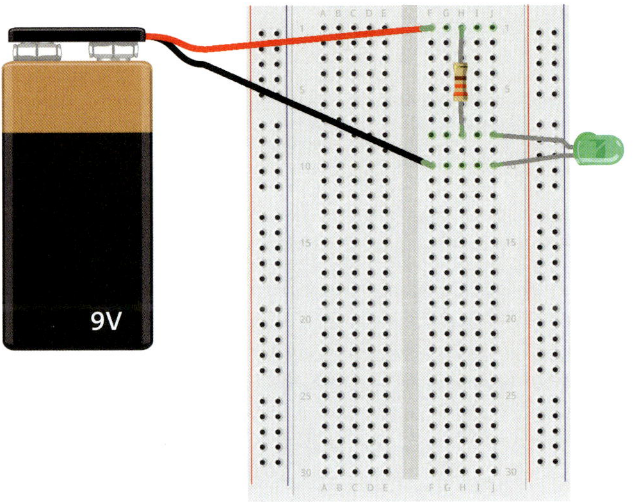

Einkaufszettel

- ein **Steckboard** mit mindestens 30 Kontaktreihen
- eine **9-V-Blockbatterie**, um die Schaltung zu betreiben
- ein **Batterieclip für eine 9-V-Blockbatterie**, um die Batterie mit der Schaltung zu verbinden
- eine **Standard-LED**
- ein **330-Ω-Widerstand**, um den Strom durch die LED zu begrenzen

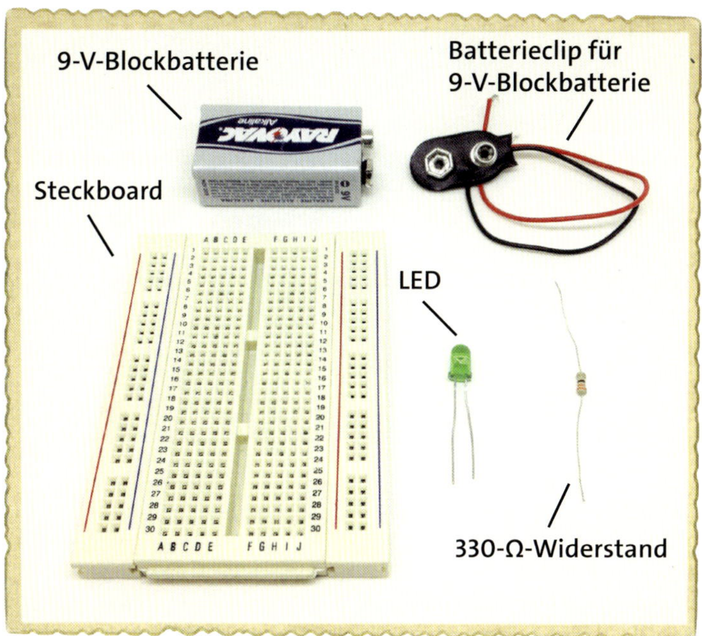

Schritt 1: Den Widerstand platzieren

Stecke zuerst ein Beinchen des Widerstands in Reihe 1 und das andere in Reihe 8.

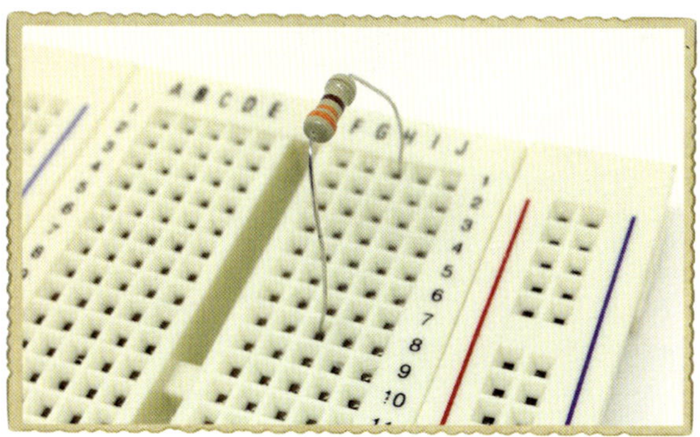

Schritt 2: Die LED platzieren

Wie du inzwischen weißt, sind LEDs gepolte Bauelemente und müssen richtig herum angeschlossen werden, damit sie funktionieren. Stecke das lange Beinchen der LED in Reihe 8, in der sich bereits der eine Widerstandsanschluss befindet. Das andere Beinchen der LED steckst du in Reihe 10.

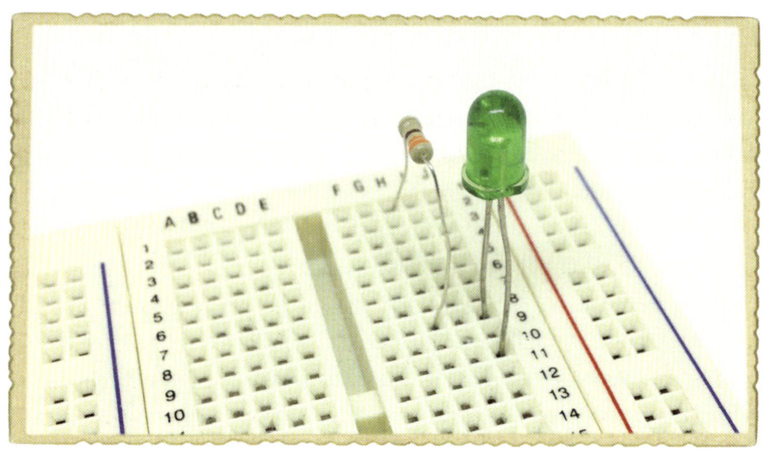

Schritt 3: Den Batterieclip platzieren

Schließe nun die Batterie an die LED und den Widerstand an. Verbinde den roten Draht des Batterieclips mit Reihe 1 und den schwarzen Draht mit Reihe 10. Wenn du dann die Batterie in den Clip steckst, sollte deine LED leuchten!

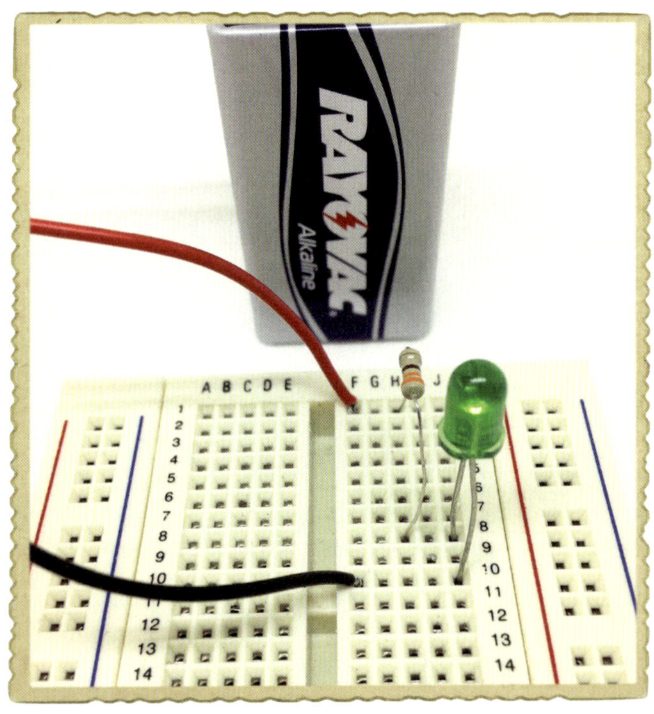

Schritt 4: Was tun, wenn das nicht funktioniert?

Falls die LED nicht leuchtet, ziehst du zuerst die Batterie ab. Prinzipiell solltest du bei jeder Änderung an einer Schaltung immer zuerst die Batterie abklemmen. Kontrolliere dann, ob das kurze Beinchen der LED mit der negativen Seite der Batterie verbunden ist.

Wenn die LED nicht leuchtet, obwohl sie richtig herum eingebaut ist, überprüfst du, ob deine Bauelemente genau wie in den Schritten 1 bis 3 beschrieben verbunden sind. Stecken das lange Beinchen der LED und einer der Widerstandsanschlüsse in Reihe 8? Führt der Pluspol der Batterie zur selben Reihe wie der andere Widerstandsanschluss? Befindet sich der Draht vom Minuspol der Batterie in Reihe 10 zusammen mit dem kurzen LED-Beinchen? Bitte auch jemanden, sich die Schaltung anzusehen. Außenstehende erkennen ein Problem oftmals leichter.

Was kommt als Nächstes?

In diesem Kapitel hast du zwei sehr gebräuchliche Bauelemente kennengelernt: den Widerstand und die Leuchtdiode (LED). Außerdem weißt du jetzt, wie du mit dem Ohmschen Gesetz die Werte von Widerstand, Strom und Spannung berechnen kannst. Dieses Wissen bildet die Grundlage für viele Aspekte der Elektronik, denen du noch in diesem Buch begegnen wirst.

Das Steckboard, das in diesem Kapitel vorgestellt wurde, ist ein nützliches Hilfsmittel. Um etwas Übung beim Aufbau von Schaltungen auf einem Steckboard zu bekommen, solltest du versuchen, die weiter vorn in diesem Buch vorgestellten Projekte auf dem Steckboard aufzubauen, d.h. ohne Klebeband! Wie würdest du beispielsweise »Projekt #2: Einbruchsalarm« (Seite 11) auf einem Steckboard aufbauen?

Im nächsten Kapitel lernst du zwei weitere Bauelemente kennen: den Kondensator und das Relais. Dann zeige ich, wie du eine meiner Lieblingsschaltungen aufbaust – eine Blinklichtschaltung!

5
Zum ersten Mal – ein Blinklicht!

Ich kann mich noch gut an meine Kindheit erinnern, als ich eines meiner ersten Elektronikprojekte aufgebaut hatte – ein Blinklicht. Es war verblüffend zu sehen, wie die Schaltung funktionierte, und nun möchte ich diese Erfahrung mit dir teilen. In diesem Kapitel lernst du, wie Kondensatoren und Relais arbeiten. Mit diesen gebräuchlichen und sehr interessanten Bauelementen werde ich dir zeigen, wie du unterhaltsame Dinge anstellen kannst. Am Ende wirst du dein eigenes Blinklicht aufbauen!

Der Kondensator

Der *Kondensator* verhält sich wie eine wiederaufladbare Batterie; du kannst einen Kondensator aufladen und mit der gespeicherten Energie etwas antreiben. Allerdings kann eine Batterie viel mehr Energie speichern als ein Kondensator. So ist eine Batterie in der Lage, tagelang eine Leuchtdiode zu betreiben, während die meisten Kondensatoren die erforderliche Energie höchstens für einige Sekunden liefern können.

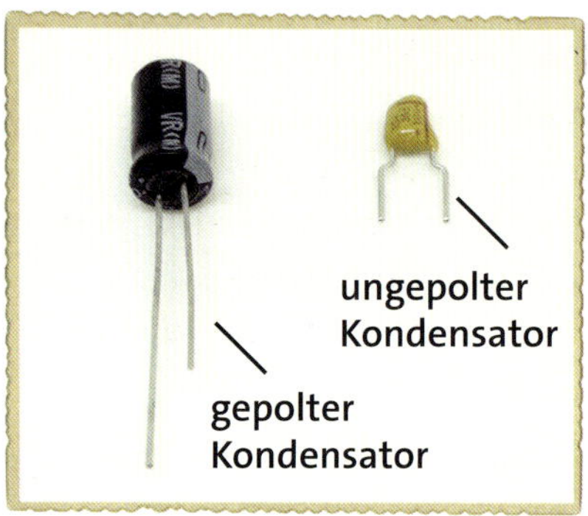

Kondensatoren setzt man auch ein, um in einer Schaltung Zeitverzögerungen zu realisieren. Da ein Kondensator Energie speichert, kann man beispielsweise erreichen, dass eine LED für eine gewisse Zeit weiterleuchtet, nachdem der ansteuernde Strom abgeschaltet wurde. Mit diesem kleinen Kniff lassen sich zusammen mit anderen Bauelementen auch interessante Ergebnisse erzielen.

Wie Kondensatoren arbeiten

Prinzipiell sind Kondensatoren sehr einfache Bauelemente. Sie bestehen aus zwei Metallplatten, die sehr eng aneinanderliegen und durch ein Material wie zum Beispiel Papier voneinander getrennt sind. Um Platz zu sparen, faltet oder rollt man die Metallplatten und das dazwischenliegende Material zu einem kompakten Paket zusammen.

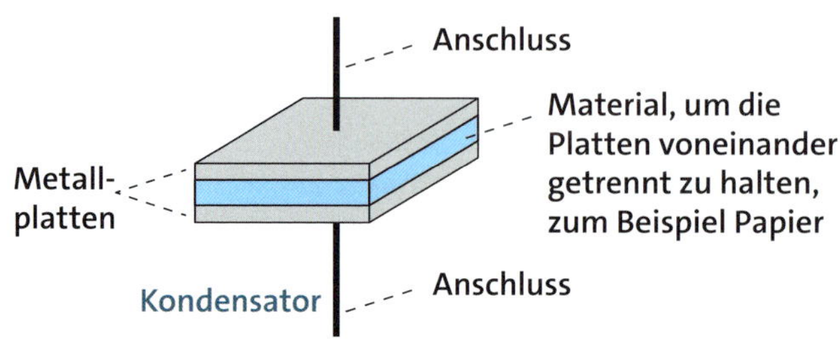

Wenn du eine Batterie an die beiden Seiten eines Kondensators anschließt, fließt ein Strom, da die Batterie versucht, Elektronen durch den Kondensator hindurchzutreiben. Da aber die Elektronen nicht über die Lücke zwischen den Platten fließen können, sammeln sich stattdessen auf der einen Plattenseite die Elektronen an, während sie die andere Platte verlassen. Schließlich kann die eine Platte keine Elektronen mehr aufnehmen und der Strom hört auf zu fließen; an diesem Punkt sagen wir, dass der Kondensator *vollständig aufgeladen* ist.

Doch wie die Elektronen in einer Batterie mögen es die Elektronen im Kondensator nicht, auf der einen Platte zusammengedrängt zu sein. Sie wollen auf die Seite mit weniger Elektronen hinübergehen. Das heißt nichts anderes, als dass du potenzielle Energie in deinem Kondensator gespeichert hast. Wenn du die Batterie abklemmst und zum Beispiel einen Widerstand an die beiden Seiten des Kondensators anschließt, fließen die Elektronen, die auf der einen Platte gespeichert sind, in der entgegengesetzten Richtung über den Widerstand, um zu der Platte mit weniger Elektronen zu gelangen.

Gepolte und ungepolte Kondensatoren

Kondensatoren können entweder *gepolt* oder *ungepolt* sein. Wie eine LED hat ein gepolter Kondensator einen positiven und einen negativen Anschluss, und sein positiver Anschluss muss immer zum Pluspol der Batterie weisen. Der in der Abbildung gezeigte schwarze Kondensator ist ein polarisierter Typ. Sein negativer Anschluss ist mit einem Streifen und Minuszeichen von oben nach unten gekennzeichnet. Der gelbe Kondensator ist ungepolt, sodass es keine Rolle spielt, welcher Anschluss mit welcher Seite zu verbinden ist.

WARNUNG *Achte genau darauf, wie herum du die polarisierten Kondensatoren in den Projekten dieses Buches und in deinen eigenen Projekten einbaust. Du musst sie in der richtigen Richtung anschließen, da sie andernfalls Schaden nehmen können.*

In allen Schaltungen, in denen ein Kondensator erforderlich ist, kannst du einen ungepolten Kondensator einsetzen, sofern du einen mit der richtigen *Kapazität* findest. Die Kapazität wird in Farad (Einheitenzeichen F) gemessen. Je größer die Kapazität eines Kondensators ist, desto mehr Energie kann er speichern. Ungepolte Kondensatoren werden nur mit relativ geringen Kapazitäten hergestellt, da große Kapazitäten auch ein großes Volumen bedeuten. Gepolte Kondensatoren können zwar mehr Energie auf kleinerem Raum speichern, doch sie haben den Nachteil, in der richtigen Weise angeschlossen werden zu müssen.

Wenn du Schaltungen mit großen Kapazitätswerten aufbaust, wirst du gepolte Kondensatoren einsetzen. Achte immer darauf, dass der positive Anschluss eines gepolten Kondensators mit der Seite zu verbinden ist, die dem Pluspol der Batterie am nächsten liegt.

Kondensatorwerte

Die Kondensatoren für die Projekte in diesem Buch haben Kapazitäten im Bereich μF (Mikrofarad), nF (Nanofarad) oder pF (Pikofarad). Das Farad stellt eine sehr große Kapazität dar. In der Elektronik verwendet man normalerweise viel kleinere Kapazitäten, die sich mit den eingangs genannten Einheitenvorsätzen schreiben lassen:

- μ (Mikro) bedeutet Millionstel, sodass 1.000.000 μF = 1 F
- n (Nano) bedeutet Milliardstel, sodass 1.000.000.000 nF = 1 F
- p (Piko) bedeutet Billionstel, sodass 1.000.000.000.000 pF = 1 F

Gepolte Kondensatoren sind meistens so groß, dass ihre Werte im Klartext aufgedruckt sind. Bei ungepolten Kondensatoren sieht die Sache etwas komplizierter aus. Normalerweise sind sie sehr klein, sodass man sie mit kryptischen Codes wie *104* oder *202* beschriftet. Da ich immer vergesse, was sie bedeuten, sehe ich einfach in einer Tabelle nach, wenn ich einen bestimmten Code herausfinden muss. Eine Tabelle der gebräuchlichsten Codes findest du in »Kondensatorcodes« auf Seite 285.

Doch wie bei vielen Dingen ist es auch bei Kondensatoren interessanter, damit zu spielen, als darüber zu lesen. Wenn du also das nächste Projekt aufbaust, siehst du selbst, wie ein Kondensator funktioniert.

Projekt #10: Einen Kondensator testen

Dieses Projekt demonstriert, dass ein Kondensator Energie speichert. Die Schaltung ist fast die gleiche wie in »Projekt #9: Deine erste Steckboard-Schaltung« auf Seite 84. Dieses Mal fügst du aber einen Kondensator hinzu. Wenn du die Batterie von der Schaltung (siehe Abbildung) abklemmst, leuchtet die LED noch eine oder zwei Sekunden weiter. Das hängt damit zusammen, dass der Kondensator die LED mit seiner gespeicherten Energie versorgt.

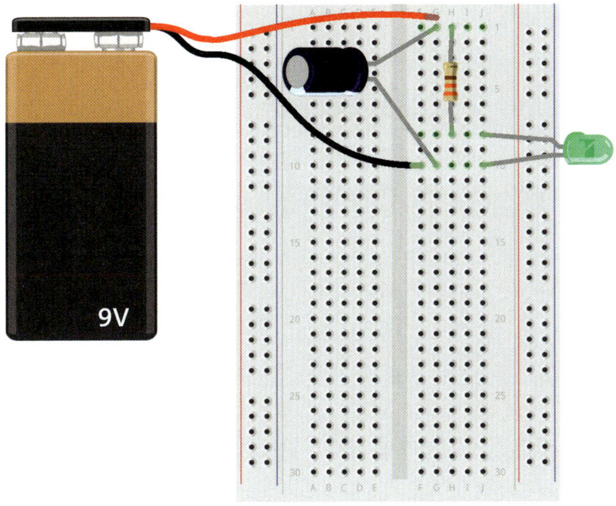

Einkaufszettel

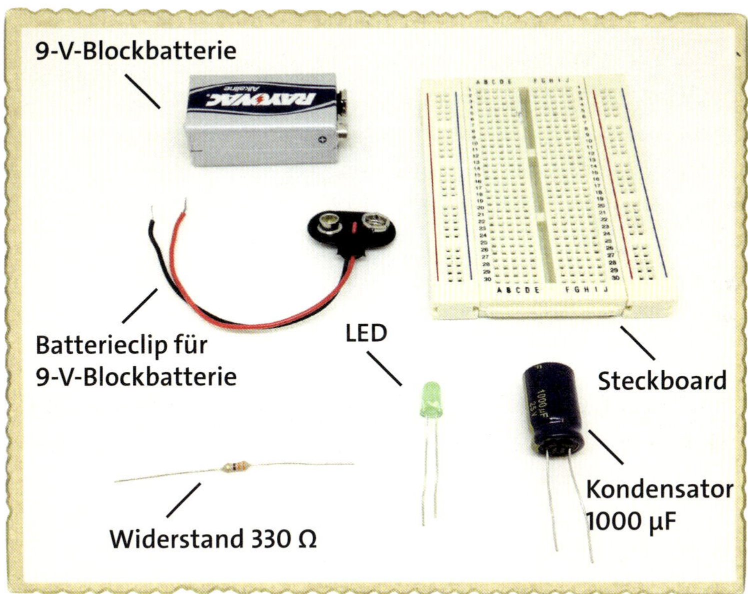

- ein **Steckboard** mit mindestens 30 Reihen
- eine **9-V-Blockbatterie**, um die Schaltung zu betreiben
- ein **Batterieclip für eine 9-V-Blockbatterie**, um die Batterie mit der Schaltung zu verbinden

- eine **Standard-LED**
- ein **330-Ω-Widerstand**, um den Strom durch die LED zu begrenzen
- ein **gepolter 1000-μF-Kondensator**

Schritt 1: Mit der LED-Schaltung beginnen

Folge den Anweisungen von »Projekt #9: Deine erste Steckboard-Schaltung« auf Seite 84 und achte darauf, dass du am Ende eine funktionsfähige Schaltung hast, die eine LED leuchten lässt. Trenne dann die Batterie von der Schaltung und gehe zum nächsten Schritt über.

Schritt 2: Den Kondensator hinzufügen

Verbinde den Kondensator mit der Batterie. Da der Kondensator gepolt ist, steckst du den Anschluss, der mit einem Minuszeichen oder einer Null markiert ist, in dieselbe Reihe des Steckboards wie den Minuspol der Batterie. Den anderen Anschluss verbindest du mit derselben Reihe, zu der der Pluspol der Batterie führt (siehe Abbildung).

Schritt 3: Den Kondensator laden

Wenn du die Batterie mit dem Clip verbindest, sollte die LED leuchten. Gleichzeitig wird der Kondensator recht schnell von der Batterie geladen.

Schritt 4: Der Kondensator lässt die LED leuchten

Beobachte die LED, wenn du die Batterie abklemmst. Die LED wird nicht sofort dunkel, wenn du die Batterie getrennt hast. Vielmehr sollte sie noch für eine oder zwei Sekunden weiterleuchten und dann langsam dunkler werden, bis die Energie aus dem Kondensator verbraucht ist.

Schritt 5: Was ist, wenn die Schaltung nicht funktioniert?

Prüfe zuerst, ob die Schaltung ohne den Kondensator funktioniert. Wenn das nicht der Fall ist, gehe zurück zu Schritt 1 und bringe erst einmal die LED-Schaltung zum Funktionieren, bevor du weitermachst.

Leuchtet die LED bei angeschlossener Batterie, erlischt aber sofort, wenn du die Batterie entfernst, dann stimmt mit dem Kondensatorteil der Schaltung etwas nicht. Kontrolliere, ob der positive Anschluss des Kondensators mit dem Pluspol der Batterie verbunden ist (Reihe 1 in der Abbildung) und ob der andere Anschluss mit dem Minuspol der Batterie verbunden ist (Reihe 10 in der Abbildung).

Wenn die Schaltung korrekt aussieht, überprüfe, ob der Kondensator einen Wert von mindestens 1000 μF hat. Der Wert sollte auf dem Kondensator aufgedruckt sein. Ist er kleiner als 1000 μF, kannst du einen größeren Kondensator ausprobieren.

Schaltungen mit Symbolen beschreiben

Bisher hast du Schaltungen mit nur wenigen Bauelementen aufgebaut. Um interessantere Elektronikprojekte zu realisieren, brauchst du normalerweise mehr Bauelemente. Wenn man aber in einer großen Schaltung jedes Bauelement bildlich darstellen würde, wäre das unübersichtlich und zeitaufwendig. Hier kommen uns *Schaltpläne* mit vereinfachten *Schaltzeichen* zu Hilfe.

In einem Schaltplan hat jedes Bauelement ein eigenes einfaches Symbol, sodass sich die gesamte Schaltung recht schnell zeichnen lässt. Wie bei Wörtern und Büchern ist es aber auch bei Schaltplänen so, dass sie zunächst kompliziert aussehen, bis man genau weiß, was die verschiedenen Symbole bedeuten. Deshalb ist es am besten, wenn du dich gleich mit einigen Symbolen vertraut machst! Die folgende Abbildung zeigt eine Schaltung mit einer LED, einem Widerstand und einer Batterie und den dazugehörenden Schaltplan.

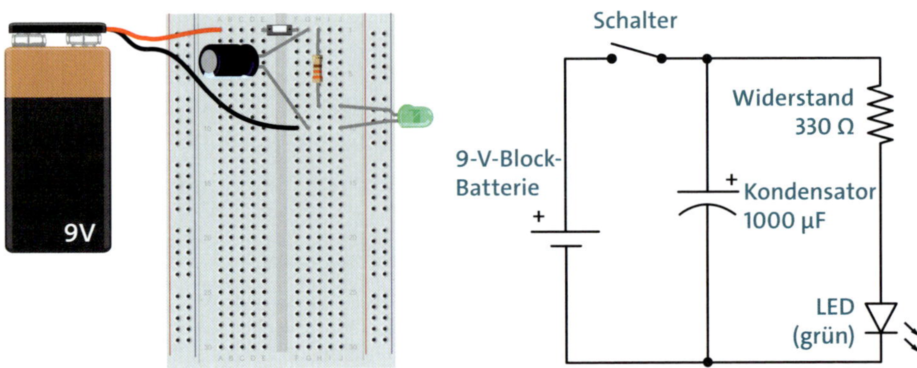

Das Batteriesymbol, das pro Zelle aus einem langen und einem kurzen Strich besteht, zeigt mit einem Pluszeichen an, wo sich der Pluspol der Batterie befindet. Das Batteriesymbol ist auch ohne das Pluszeichen gebräuchlich. In jedem Fall kennzeichnet der längere der beiden Striche die Seite mit dem Pluspol.

HINWEIS *Das Batteriesymbol kann mit zwei, vier und manchmal sogar noch mehr Linien dargestellt werden. Prinzipiell ist die Anzahl der Linien nicht ausschlaggebend, du musst immer auf die angegebene Spannung achten und eine Batterie mit eben dieser Spannung verwenden.*

Das Schaltersymbol ist sehr einfach, und es spielt keine Rolle, in welcher Richtung es gezeichnet wird. Beim LED-Symbol kennzeichnet die Linie auf der Dreiecksspitze die negative – *Kathode* genannte – Seite der LED. Ein Vergleich mit der »echten« Version zeigt, dass der positive Anschluss der LED in beiden Zeichnungen tatsächlich mit dem Widerstand verbunden ist. Der Widerstand ist dagegen ungepolt, und sein Symbol hat keinerlei Richtungsmarkierungen. Bei Kondensatoren gibt es Symbole sowohl für gepolte als auch ungepolte Typen, unsere Beispiele zeigen aber nur die gepolte Version, deren positive Seite mit einem Pluszeichen gekennzeichnet ist. Sieh dir die Schaltung und den Schaltplan an – stimmst du zu, dass sie beide gleich sind?

Wenn du einmal gelernt hast, anhand eines Schaltplans zu erkennen, wie etwas aufzubauen ist, wird sich dir eine ganz neue Welt auftun. Heutzutage findest du Schaltpläne für fast alles im Internet, beispielsweise Radios, MP3-

Player, Funksprechgeräte oder was auch immer du bauen möchtest! Mehr Schaltzeichen lernst du im Verlauf dieses Buches kennen, wenn wir andere Bauelemente einsetzen.

Das Relais

Ich war ein sehr neugieriges Kind und habe mich immer gefragt, wie die Dinge funktionieren. Für mich waren elektronische Geräte wie Radios oder Fernseher einfach magisch. Ich hatte keine Vorstellung davon, wie sie funktionierten, und ich glaubte auch nicht daran, dass ich irgendwann einmal verstehen würde, wie man so ein Gerät baut.

Eines Tages aber habe ich meinen Vater gefragt, wie es möglich ist, dass ein Licht automatisch blinkt. Wenn ich erst einmal dies verstehen würde, dachte ich, könnte ich auch mehr verstehen. Zum Glück war mein Vater Ingenieur, und er konnte Dinge auch verständlich erklären. Als ich ihn fragte, wie ein Licht blinkt, zeigte er mir ein Relais, wie es hier in der Abbildung zu sehen ist.

Kapitel 1 hat beschrieben, wie du mithilfe von Schaltern Dinge ein- und ausschalten kannst. Kapitel 2 hat gezeigt, wie sich Dinge mit einem Elektromagneten bewegen lassen. Stell dir nun vor, den Elektromagneten mit einem Schalter zu kombinieren: Anstatt einen Hebel umzulegen, um die Stellung des Schalters zu ändern, könntest du einen Elektromagneten hinzufügen, der die Schalterposition für dich ändert. Das ist das Konzept eines Relais, und die folgende Zeichnung zeigt, wie es funktioniert.

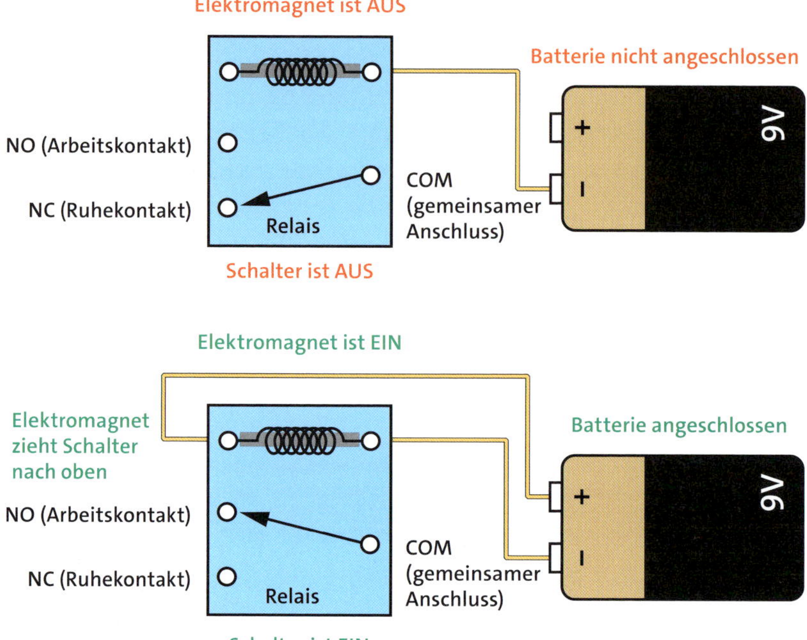

Die weißen Punkte stellen die Anschlüsse (Pins) des Relais dar. Die Verbindungen sind mit *gemeinsamer Anschluss*, *Ruhekontakt* und *Arbeitskontakt* beschriftet, wofür man häufig englische Abkürzungen mit folgenden Bedeutungen verwendet:

- **COM** (common, gemeinsam): entweder mit NC oder mit NO verbunden
- **NC** (normally closed, Ruhekontakt): mit COM verbunden, wenn kein Strom durch die Spule fließt
- **NO** (normally open, Arbeitskontakt): mit COM verbunden, wenn Strom durch die Spule fließt

Wenn die Batterie nicht mit der Relaisspule verbunden ist, zieht der Elektromagnet nicht, und der Anschluss COM des Schalters ist mit NC verbunden. Schließt man die Batterie an die Relaisspule an, zieht der Elektromagnet die Kontaktzungen an, und der Schalter wird so gestellt, dass COM mit NO verbunden ist. Um die Stellung des Schalters zu ändern, kannst du also die Spannung einer Batterie an den Elektromagneten anlegen oder nicht!

Mit dem Relais ein Blinklicht bauen

Wenn du eine Batterie so an ein Relais anschließt, dass der Elektromagnet über die Schaltkontakte COM und NC mit der Batterie verbunden ist, schaltet der Elektromagnet ständig ein und aus. Als Beispiel zeigt die Abbildung eine Relaisschaltung, die zudem eine Glühlampe enthält.

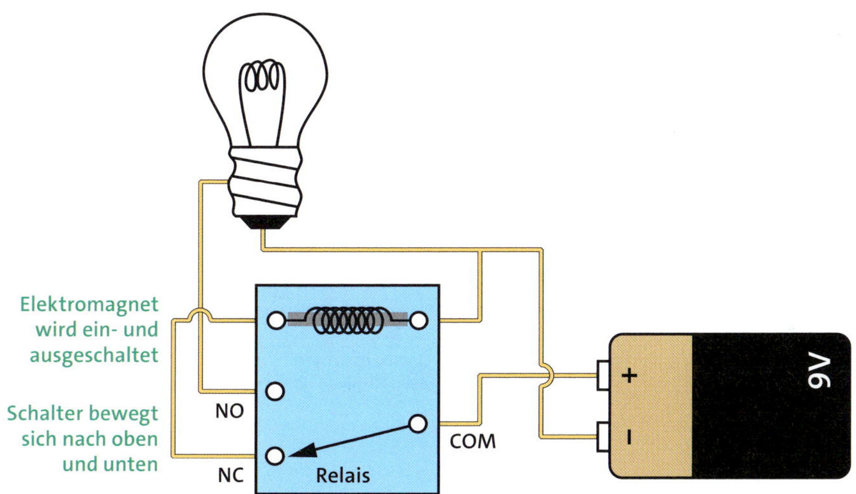

Bevor du in dieser Schaltung die Batterie anschließt, ist der Elektromagnet ausgeschaltet und der Ruhekontakt zwischen COM und NC geschlossen. Wird die Batterie mit der Schaltung verbunden, erhält der Elektromagnet über diesen Ruhekontakt Batteriespannung. Daraufhin betätigt der Elektromagnet den Schaltkontakt – der Ruhekontakt wird geöffnet und der Arbeitskontakt zwischen COM und NC geschlossen. Dadurch liegt jetzt die Batteriespannung an der Glühlampe an, und die Glühlampe leuchtet.

In dieser Schalterstellung ist aber die Batterie nicht mehr mit der Spule verbunden, und der Elektromagnet erhält keine Spannung mehr. Deshalb kehrt der Schaltkontakt in seine ursprüngliche Stellung zurück und trennt die Batterie von der Glühlampe. Über den geschlossenen Ruhekontakt gelangt wieder Batteriespannung an den Elektromagneten, und der eben beschriebene Vorgang wiederholt sich.

In diesem Beispiel sieht es so aus, als ob du ein Blinklicht erhalten würdest, richtig? Theoretisch schon. Doch das Relais würde so schnell ein- und ausschalten, dass ein blinkendes Licht gar nicht richtig zu erkennen wäre! Stattdessen würdest du nur ein schnelles Klicken hören, das vom Ein- und Ausschalten des Relais kommt, doch die Glühlampe würde dunkel bleiben.

Die Blinkgeschwindigkeit verringern

Um eine Schaltung aufzubauen, bei der tatsächlich ein Blinklicht zu sehen ist, musst du das Relais gewissermaßen abbremsen. Hierbei kann uns ein Kondensator helfen. In »Projekt #10: Einen Kondensator testen« auf Seite 92 war es mit einem hinzugefügten Kondensator in der LED-Schaltung möglich, die LED noch eine kurze Zeit weiterleuchten zu lassen, nachdem die Batterie abgeklemmt wurde. Wenn du in der Schaltung mit dem zu schnell blinkenden Licht einen Kondensator über den Elektromagneten schaltest, bleibt der Elektromagnet ebenfalls ein wenig länger im Zustand Ein.

Der ausgeschaltete Zustand des Elektromagneten würde aber genauso lange wie vorher dauern, sodass jetzt die Glühlampe ständig eingeschaltet bliebe. Um den Zustand Aus zu verlängern, musst du das Laden des Kondensators bremsen, damit er nach dem Entladen nicht sofort wieder in den voll geladenen Zustand zurückkehrt. Dazu könntest du den Strom verringern, der in den Kondensator fließt. Und wie reduziert man den Strom? Mit einem Widerstand! Um mithilfe eines Relais ein Blinklicht zu erzeugen, kannst du eine Schaltung wie die folgende verwenden, die wir im nächsten Projekt aufbauen:

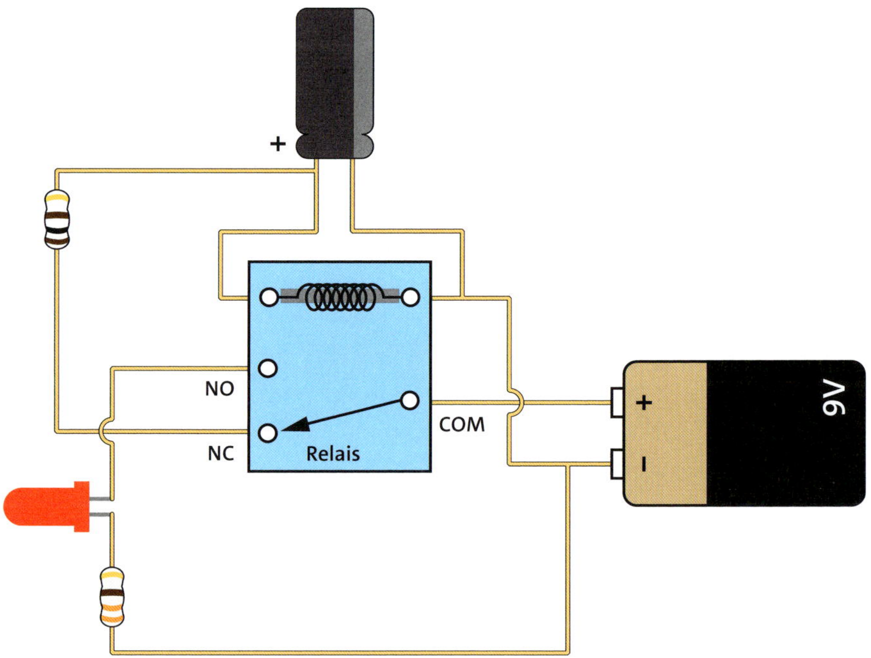

Projekt #11: Ein Blinklicht!

Es ist nun an der Zeit, dass du dir dein erstes Blinklicht baust, und zwar mit einer LED. In der folgenden Abbildung ist der vollständige Schaltplan angegeben – erkennst du die Bauelemente wieder?

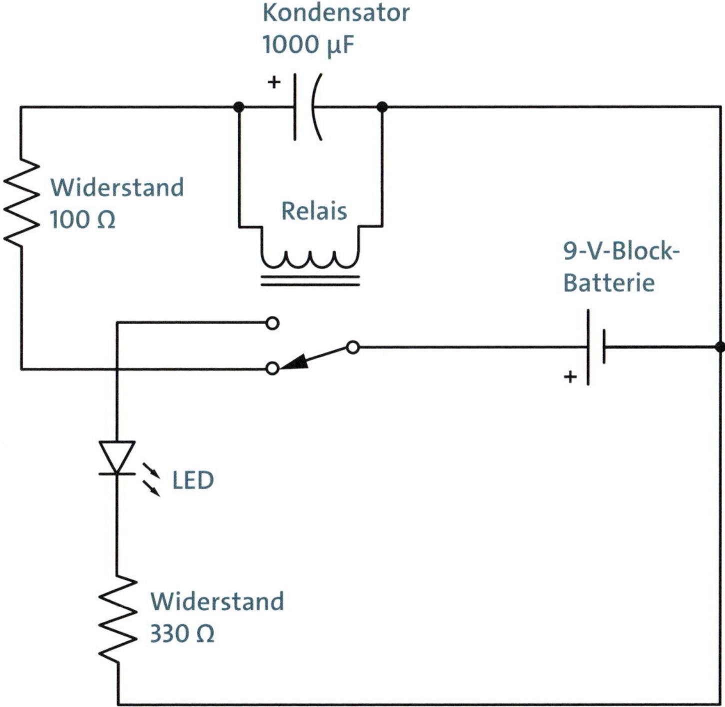

Beim Aufbau einer Schaltung ist es hilfreich, die Bauelemente so anzuordnen, wie es der Schaltplan zeigt. Dadurch lässt sich später einfacher herausfinden, wo die Ursache liegt, wenn die Schaltung nicht funktioniert – und du wirst feststellen, dass deine Schaltungen oftmals nicht auf Anhieb arbeiten. Es gehört einfach dazu, Fehler aufzuspüren und zu beseitigen!

Einkaufszettel

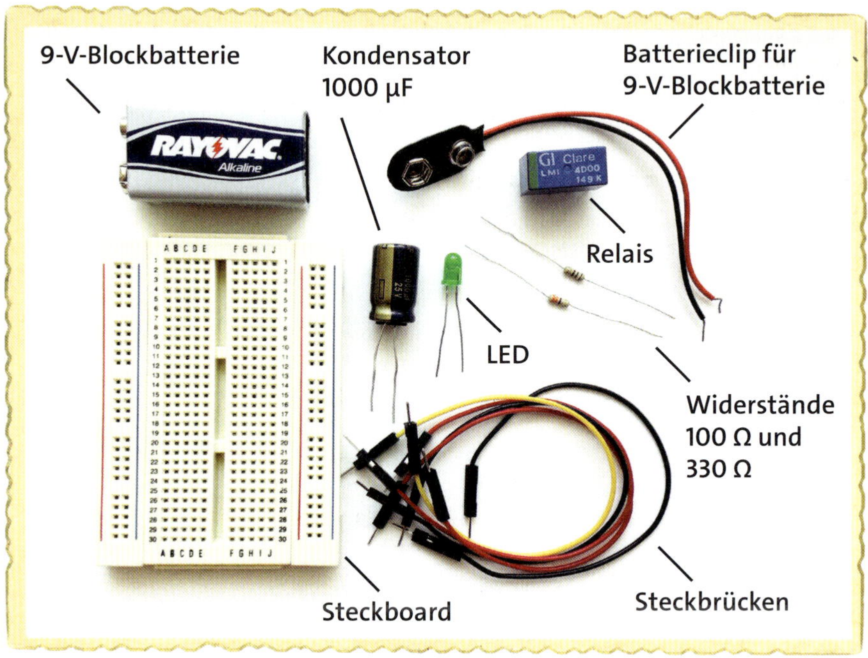

- ein **Steckboard** mit mindestens 30 Reihen
- mehrere **Steckbrücken**, um Verbindungen einfach herstellen zu können (normaler Schaltdraht tut es aber auch)
- eine **9-V-Blockbatterie**, um die Schaltung zu betreiben
- ein **Batterieclip für eine 9-V-Blockbatterie**, um die Batterie mit der Schaltung zu verbinden
- ein **Relais** (1 oder 2 Wechsler, SPDT bzw. DPDT) mit einer Spule für eine Spannung von 5 V, 6 V oder 9 V
- eine **Standard-LED**
- ein **gepolter 1000-µF-Kondensator**
- ein **100-Ω-Widerstand**, um den Strom durch den Kondensator zu begrenzen
- ein **330-Ω-Widerstand**, um den Strom durch die LED zu begrenzen

Schritt 1: Die Anschlüsse des Relais identifizieren

Die größte Fehlerquelle beim Aufbau dieser Schaltung ist, wenn man nicht genau weiß, welcher Anschluss des Relais was bedeutet. Sehen wir uns also die Anschlüsse genauer an. Die Funktion der Relaisanschlüsse lässt sich anhand des *Datenblatts* ermitteln. Ein Datenblatt ist ein Dokument, das über die Arbeitsweise eines elektrischen Bauelements Auskunft gibt. Bei einem Relais sollte es die Spannung angeben, die für die Spule des Elektromagneten erforderlich ist, wie viel Strom durch die Kontakte fließen darf usw. Auf der Produktseite des Online-Shops, bei dem du das Relais gekauft hast, sollte ein Link zum Datenblatt des Herstellers zu finden sein. Oftmals bieten Online-Händler die entsprechenden Datenblätter auch selbst zum Download an.

Für das von mir empfohlene Relais sind die Anschlüsse wie folgt angeordnet:

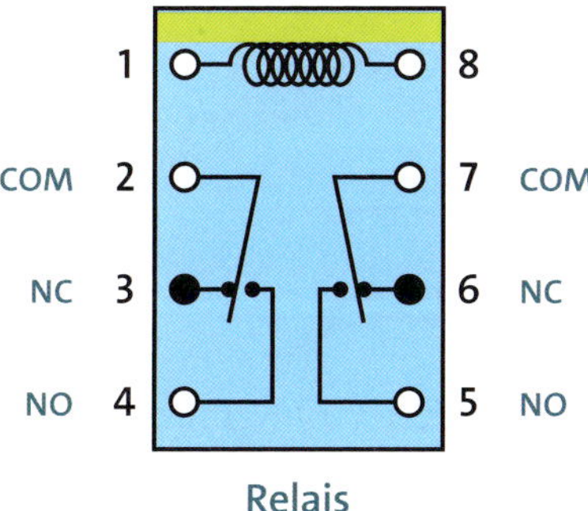

Relais

Eine derartige Darstellung bezeichnet man als *Anschlussbelegung* eines Bauelements, da sie die Funktion jedes einzelnen Anschlusses zeigt. Die englische Bezeichnung eines Bauelementanschlusses – *Pin* – ist auch im Deutschen gebräuchlich, und die obige Darstellung heißt entsprechend *Pinout*. Die Abbildung zeigt die Anschlussbelegung in der Draufsicht. Man sieht also auf das Kunststoffgehäuse des Relais, und die Pins liegen auf der nicht sichtbaren Seite. Ich empfehle, dass du dir die Anschlussbelegung auf ein Blatt Papier zeichnest und auf dem Schreibtisch bereithältst, während du die Schaltung aufbaust. So kannst du immer wieder kontrollieren, ob alles richtig verdrahtet ist.

Bei diesem Relais führen die Pins 1 und 8 zur Relaisspule – du kannst die Lage dieser Pins an der Linie auf der Oberseite erkennen. Wenn du auf das Relais blickst und sich die Linie oben befindet, sollten die Anschlüsse an den gleichen Positionen wie im Pinout liegen.

Aus der Anschlussbelegung geht auch hervor, dass das Relais zwei Schaltkontakte enthält. Die Pins 2 bis 4 sind mit dem einen Umschalter verbunden, die Pins 5 bis 7 mit dem anderen. Die Lage und Nummerierung der Pins brauchst du dir aber nicht unbedingt einzuprägen. Du kannst immer in der Anschlussbelegung nachsehen, und das solltest du auch tun, wenn du im Zweifel bist. Außerdem unterscheiden sich die Anschlussbelegungen bei verschiedenen Relaistypen und Herstellern.

Schritt 2: Das Relais schnell schalten lassen

Zuerst wollen wir das Relais so verdrahten, dass es automatisch ein- und ausschaltet. Stecke das Relais in die Mitte des Steckboards, zentriert über der Kerbe, sodass in jedem Bauelementebereich eine Relaisseite liegt. Auf diese Weise sollte kein Pin mit irgendwelchen anderen Pins verbunden sein.

Stecke den positiven Anschluss des Batterieclips in die linke Spalte, die als Verteiler für die positive Spannung dient, und den negativen Anschluss in die Verteilerspalte auf derselben Seite. Führe eine Steckbrücke von der negativen Verteilerspalte zu der Reihe, in der der Spulenanschluss (Pin 8) steckt, was in der Abbildung als Reihe 9 zu sehen ist.

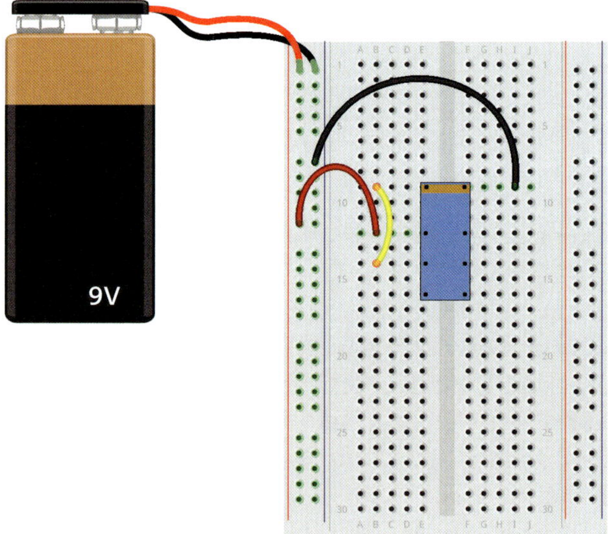

Verbinde nun einen Draht von der Plusspalte auf der linken Seite zum Pin für den gemeinsamen Schaltkontakt (Pin 2). In der Abbildung ist dies Reihe 12, Spalte B. Ziehe dann einen Draht von Pin 3 des Relais (dem NC-Anschluss) zum Spulenanschluss (Pin 1). Das ist der gelbe Draht in der Abbildung, der von Reihe 14 zu Reihe 9 in Spalte B geht. Wenn du jetzt die 9-V-Batterie anschließt, wirst du ein schnelles Klicken hören. Das kommt vom Relais, das ein- und ausschaltet. Klemme die Batterie zunächst wieder ab.

Schritt 3: Den Ein-Zustand des Relais verlängern

Im nächsten Schritt verringern wir die Schaltgeschwindigkeit des Relais mit einem Kondensator, der parallel zur Spule des Elektromagneten liegt. Schließe den Kondensator wie in der Abbildung zu sehen an.

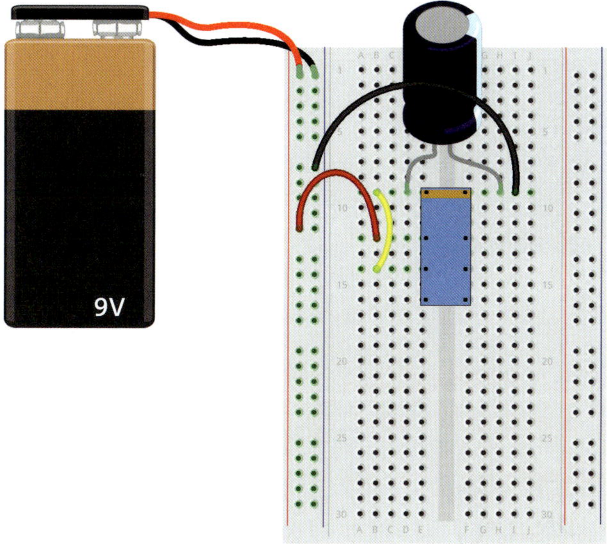

Wie die Zeichnung zeigt, habe ich den negativen Kondensatoranschluss in Spalte B von Reihe 9 gesteckt und damit an Pin 8 des Relais gelegt. Der Pluspol des Kondensators ist in Spalte D von Reihe 9 mit Pin 1 des Relais verbunden. Egal, welches Kontaktloch du verwendest, du musst nur darauf achten, dass der Minuspol des Kondensators mit demselben Relaisanschluss verbunden ist, an den du auch den Minuspol der Batterie angeschlossen hast. Der Minuspol – die Kathode – des Kondensators ist normalerweise mit einem Streifen, einer Null oder einem Minuszeichen gekennzeichnet.

Schließe die Batterie an, um die Schaltung zu testen. Ob sie funktioniert, hörst du am verräterischen Klickgeräusch. Das Klicken sollte nun erheblich langsamer sein, weil das Relais länger eingeschaltet bleibt. In dem Moment, in dem das Relais ausgeschaltet ist, soll sich der Kondensator wieder aufladen. Doch dafür steht ihm nur der Bruchteil einer Sekunde zur Verfügung, während der das Relais ausgeschaltet bleibt. Im nächsten Schritt wirst du dies ändern. Klemme also die Batterie wieder ab.

Schritt 4: Den Aus-Zustand des Relais verlängern

Vor den Kondensator fügen wir nun einen Widerstand ein, um den Stromfluss zu begrenzen und dadurch die Ladezeit für den Kondensator zu erhöhen. Dazu ersetzt du einfach den Draht zwischen den Pins 1 und 3 am Relais (in den Abbildungen den gelben Draht, der die Reihen 9 und 14 verbindet) durch einen Widerstand von etwa 100 Ω:

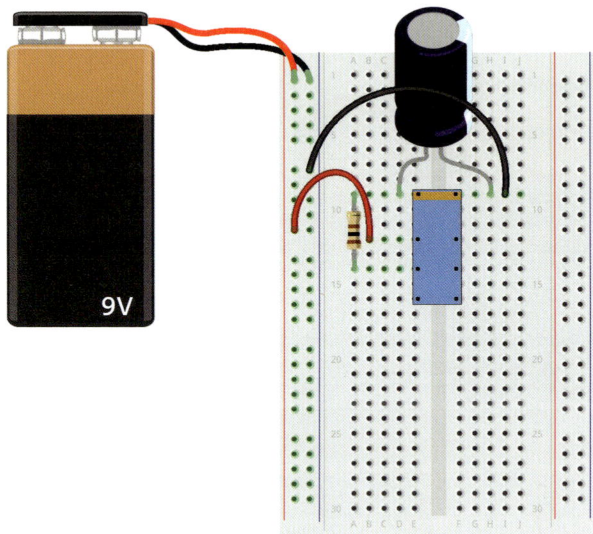

Schließe die Batterie an, um die Schaltung zu testen. Das Relais sollte nun etwas länger ausgeschaltet bleiben. Du erkennst das am »Tick-Tock-Geräusch« des Relais.

Schritt 5: LED und Widerstand hinzufügen

Klemme die Batterie ab und füge die LED und den 330-Ω-Widerstand in die Schaltung ein. Verbinde den langen Anschluss der LED mit dem NO-Pin des Relais (Pin 4). Der lange Anschluss meiner LED steckt in Reihe 16, weil auch der NO-Pin in dieser Reihe sitzt. Stecke den anderen Anschluss in eine noch leere Reihe darunter, beispielsweise in Reihe 19. Schalte den Widerstand von derselben Reihe zur Spalte für die Verteilung der negativen Versorgungsspannung.

Dein Steckboard sollte nun wie folgt aussehen:

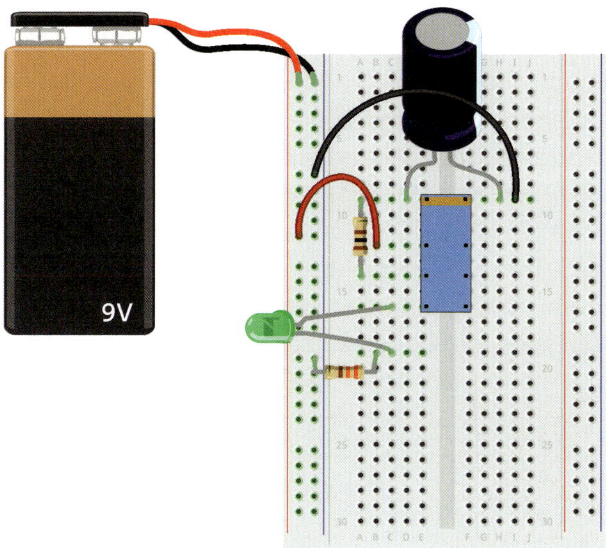

Vergleiche diesen Aufbau mit dem Schaltplan zu Beginn des Projekts, um dich mit den Symboldarstellungen vertraut zu machen. Schließe nun die Batterie an und beobachte das Blinklicht!

Schritt 6: Was tun, wenn die LED nicht blinkt?

Falls die LED nicht blinkt, gehe zurück zu Schritt 1 und kontrolliere deine Arbeiten bis zu Schritt 4. Damit solltest du ein Relais haben, das automatisch ein- und ausschaltet. Wenn das funktioniert, solltest du auch in der Lage sein, die LED und den Widerstand zu einer funktionsfähigen Schaltung zu ergänzen.

Wenn die LED immer noch nicht blinkt, kontrolliere, ob du sie den Zeichnungen entsprechend angeschlossen hast. Immer noch kein Glück? Entferne die LED und den Widerstand aus der Schaltung und verbinde dann nur diese beiden Bauelemente mit der Batterie, bis du die LED zum Leuchten bringst. (Befolge die Anweisungen in »Projekt #9: Deine erste Steckboard-Schaltung« auf Seite 84.) Lässt sich die LED partout nicht zum Leuchten bewegen, ist sie möglicherweise defekt, oder der Widerstand hat den falschen Wert.

Probiere es aus: Die Alarmanlage wirksamer machen

Die Alarmanlage, die du in Projekt #2 auf Seite 11 aufgebaut hast, kannst du mit einem Relais erweitern. Damit kannst du verhindern, dass ein Einbrecher den Alarm abschaltet, indem er die Tür schließt. Wenn das Relais durch einen Schalter aktiviert wird, sollte es angezogen bleiben. Die Zeichnung zeigt, wie du das Relais (in Blau dargestellt) mit der übrigen Schaltung (in Schwarz gezeichnet) verbindest. Wird der Alarm ausgelöst, tönt die Alarmsirene weiter, bis du die Batterie abklemmst.

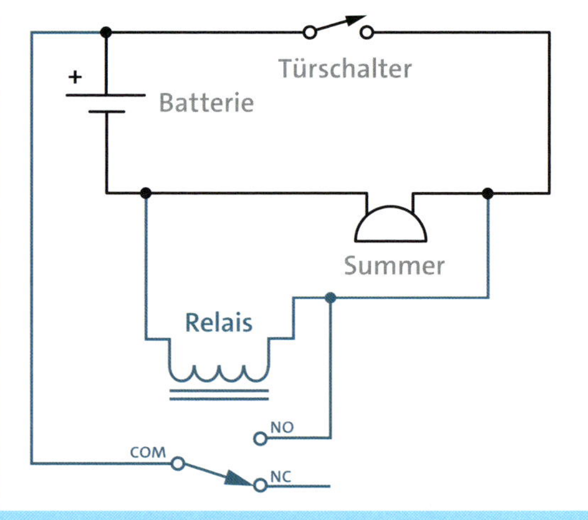

Was kommt als Nächstes?

In diesem Kapitel hast du es weit gebracht! Du kennst jetzt die Arbeitsweise von vier Bauelementen (Widerständen, LEDs, Kondensatoren und Relais), die in der Elektronik häufig eingesetzt werden, du hast einige Schaltungen auf einem Steckboard aufgebaut und du hast sogar in einem eigenen Projekt ein Blinklicht realisiert. Hoffentlich hast du auch verstanden, warum das Licht blinkt.

Mittlerweile hast du nützliche Erfahrungen gesammelt, um selbst eine Schaltung zu testen oder einfache Prototypen aufzubauen. Doch wenn du die Bauelemente dauerhaft miteinander verbinden möchtest, musst du sie löten. Wie das geht, zeige ich dir im nächsten Kapitel.

6

Wir löten!

In Kapitel 5 hast du neue Schaltungen auf einem Steckboard aufgebaut. Ein Steckboard erlaubt es, neue Ideen zu testen und mit verschiedenen Bauelementen zu experimentieren, um schnelle Ergebnisse zu sehen, doch es ist keine dauerhafte Lösung. Bauelemente fallen leicht heraus und Drähte lockern sich überall auf dem Steckboard. Wenn du eine Schaltung für eine längere Zeitspanne nutzen willst, ohne sie zu ändern, ist es besser, die Bauelemente auf einer Platine festzulöten.

Löten und Kleben sind sich in gewissem Sinne ähnlich: Du schmilzt ein Material, Lot genannt, auf die Anschlüsse der Bauelemente, sodass sie fest an der Platine haften. Eine Leiterplatte (Platine) besitzt Löcher wie ein Steckboard, und wenn du die Bauelemente an diesen Lötstellen festlötest, werden sie durch Leiterzüge aus Kupfer miteinander verbunden.

In diesem Kapitel lernst du, wie gelötet wird. Wir beginnen mit einer einfachen LED-Schaltung. Dabei eignest du dir die Grundlagen an, die du später beherrschen musst, wenn du deine Schaltungen zusammenlötest. Nachdem du die grundlegenden Übungen in diesem Kapitel absolviert hast, wirst du in Kapitel 7 einen berührungsempfindlichen Schalter zusammenlöten und eine Schaltung, die dich am Morgen bei Sonnenaufgang weckt.

Wie man lötet

Um eine Schaltung zu löten, brauchst du verschiedene Werkzeuge und Hilfsmittel:

- Lötzinn
- Lötkolben
- Lötkolbenständer, auf den der Lötkolben bei Nichtgebrauch gelegt werden kann
- Schwamm
- Schutzbrille

Lot (in der Elektronik meistens *Lötzinn* genannt) ist eine Legierung aus Metallen, die bei hohen Temperaturen leicht schmilzt. Die Schmelztemperatur der gebräuchlichsten Lote liegt bei etwa 183 bis 191 °C.

Ein *Lötkolben* ist ein stiftförmiges Werkzeug, dessen Spitze bis auf eine Temperatur aufgeheizt wird, die zum Schmelzen des Lots ausreicht. Wenn du Lötzinn auf die Spitze eines Lötkolbens gibst, schmilzt das Lot.

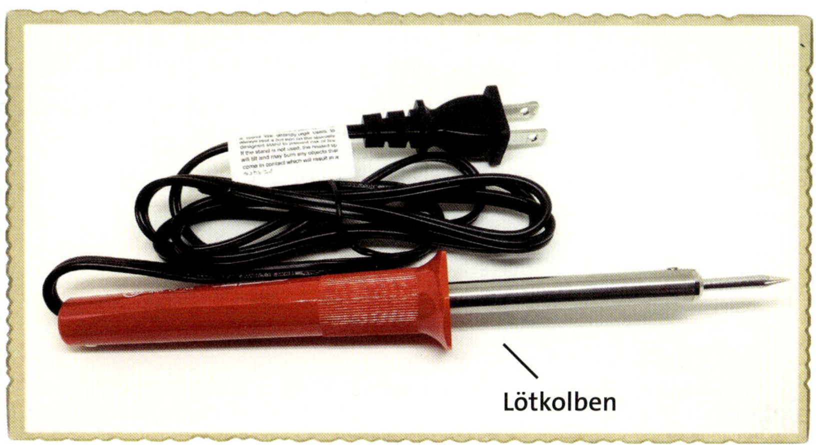

Löten ist eine recht einfache Angelegenheit, wenn du einmal die Grundlagen beherrschst. Wichtig dabei sind aber einige Sicherheitsvorkehrungen.

Tipps zur Sicherheit beim Löten

Lötkolben werden sehr heiß, und du kannst dich an den Metallteilen eines Lötkolbens verbrennen. Wenn du den Lötkolben nicht verwendest, legst du ihn am besten sofort wieder auf den dafür vorgesehenen Ständer und niemals direkt auf eine Oberfläche. Vermeide es auch, *Lötstellen* (die gelöteten Verbindungen) und Bauelemente unmittelbar nach dem Löten anzufassen. Sie können ebenfalls heiß genug sein, um sich daran zu verbrennen.

Hier einige andere wichtige Sicherheitstipps, die du beim Löten beherzigen solltest:

- Halte die heißen Teile des Lötkolbens von der Stromzuführung fern.
- Wenn du auf einem Tisch lötest, schütze die Oberfläche mit einem Stück Holz oder einer dicken Pappe.
- Wasche immer deine Hände, nachdem du Lötzinn angefasst hast.
- Wenn du dich verbrannt hast, keine Panik. Eine kleinere Verbrennung kühlst du sofort unter fließendem Wasser, wobei du die Brandstelle mindestens für fünf Minuten unter Wasser hältst. Es ist ebenfalls gut, Eis auf die Brandstelle zu legen, doch die sofortige Kühlung mit Wasser ist am wichtigsten.

Bitte einen Erwachsenen, deine ersten Lötversuche zu überwachen, und denke daran: Löten macht Spaß, doch Lötkolben müssen trotzdem mit großer Umsicht verwendet werden. Mit diesen Tipps im Hinterkopf kannst du nun den restlichen Abschnitt lesen, der schrittweise die Grundlagen für das Löten beschreibt.

Den Lötkolben anheizen

Zum Löten musst du als Erstes den Lötkolben in die Steckdose stecken und den Lötkolben auf dem Ständer ablegen. Vergiss nicht, die Schutzbrille aufzusetzen!

Nach einigen Minuten kannst du prüfen, ob der Lötkolben heiß genug ist, indem du etwas Lötzinn an die Lötkolbenspitze hältst. Schmilzt das Lötzinn, ist der Lötkolben einsatzbereit.

Tipp zum Reinigen des Lötkolbens

Führe die Lötkolbenspitze über einen nassen Schwamm, um sie zu reinigen. Da eine saubere Spitze die Wärme wesentlich besser als eine verschmutzte überträgt, solltest du sie häufig reinigen.

Tipp zum Verzinnen der Lötspitze

Hier sei ein kleiner Trick verraten: Um die Lötstelle schneller zu erwärmen, gibst du etwas Lötzinn auf die Lötkolbenspitze, bevor du mit dem Löten beginnst. Das ist das sogenannte *Verzinnen*. Es muss etwa ein oder zwei Sekunden vor dem eigentlichen Löten passieren, um wirksam zu sein.

Sowohl den Pin als auch die Lötstelle erwärmen

Platziere die Lötkolbenspitze sowohl auf den Bauelementeanschluss als auch auf den Kupferstreifen. Erwärme den Streifen und den Anschluss für einige Sekunden, bevor du zum nächsten Schritt übergehst.

Lötzinn zugeben

Während du die Lötkolbenspitze an die Verbindung hältst, führe etwas Lötzinn an den Anschluss und den Kupferstreifen heran. Wenn das Lötzinn schmilzt, führst du langsam weiteres Lötzinn hinzu, bis es ausreicht, um sowohl den zu lötenden Anschluss zu bedecken als auch den Kupferstreifen, mit dem du den Anschluss verbinden willst. Sobald du genügend geschmolzenes Lötzinn hast, entfernst du den Lötdraht von der Verbindungsstelle, hältst aber weiterhin die Lötkolbenspitze an die Verbindung.

Den Lötkolben entfernen

Schließlich entfernst du die Lötkolbenspitze von der Lötstelle und legst den Lötkolben auf seinen Ständer. Das machst du immer als Letztes. Wenn du den Lötkolben entfernst, während der Lötdraht noch die Lötstelle berührt, haftet der Lötdraht möglicherweise an der Platine, während das Lötzinn an der Lötstelle erstarrt.

Die Lötstelle sollte ein kegelförmiges Aussehen haben.

Wenn du mit dem Löten fertig bis, ziehst du den Stecker aus der Steckdose, damit sich der Lötkolben abkühlen kann.

Achte auf schlechte Lötverbindungen!

Es ist wichtig, sowohl den Bauelementeanschluss als auch den Kupferstreifen mit dem Lötkolben zu erwärmen, bevor du einen von ihnen mit Lötzinn berührst. Wenn du nur den Bauelementeanschluss erwärmst und nicht den Kupferstreifen, haftet das Lötzinn am Anschluss, es gibt aber keine Verbindung zwischen dem Lötzinn und dem Kupferstreifen. Wird nur der Leiterzug erwärmt, haftet das Lötzinn zwar am Kupfer, nicht aber am Bauelementeanschluss. Von Weitem mag die Lötstelle gut aussehen, doch das Lötzinn ist höchstwahrscheinlich nicht mit dem Bauelementeanschluss verbunden.

Außerdem musst du darauf achten, dass das Lötzinn nicht auf einen danebenliegenden Kupferstreifen überschwappt. Dabei würde eine unerwünschte Verbindung zwischen den beiden Leiterzügen entstehen.

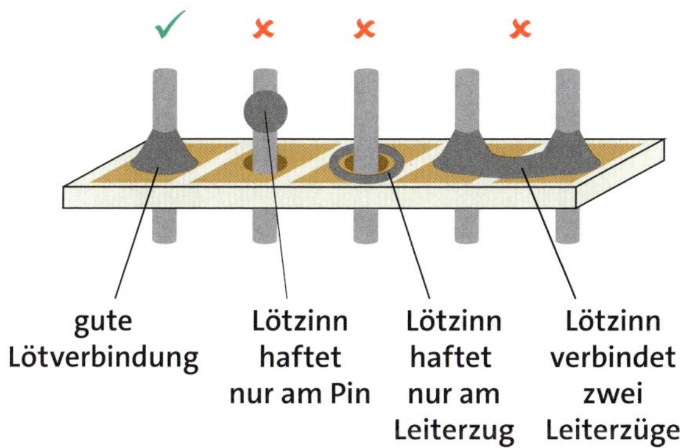

Falls deine Lötstelle nicht optimal aussehen sollte, ist das kein Drama. Erwärme einfach noch einmal die Lötstelle, den Bauelementeanschluss und den Kupferstreifen und führe mehr Lötzinn hinzu, um die kegelartige Form einer guten Lötverbindung zu erreichen. Dann solltest du startklar sein.

Projekt #12: Deine erste LED-Schaltung löten

Jetzt geht es ans praktische Löten! In diesem Projekt lötest du die Schaltung aus Widerstand und LED von »Projekt #8: Eine LED betreiben« auf Seite 78 auf eine Leiterplatte. Die Batterie sorgt für den Stromfluss in der Schaltung, der Widerstand begrenzt den Strom und die LED sollte aufleuchten.

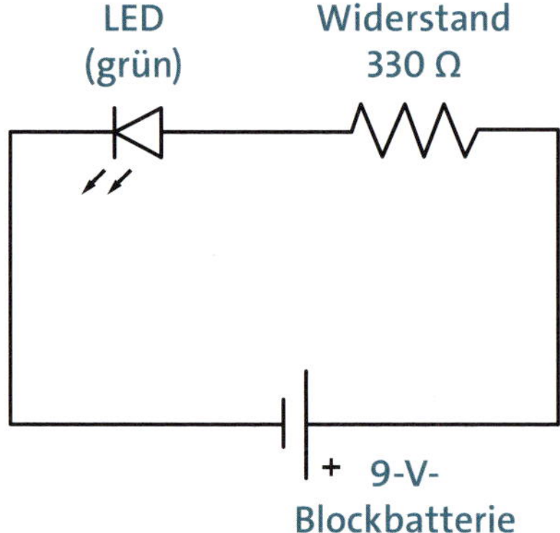

Einkaufszettel

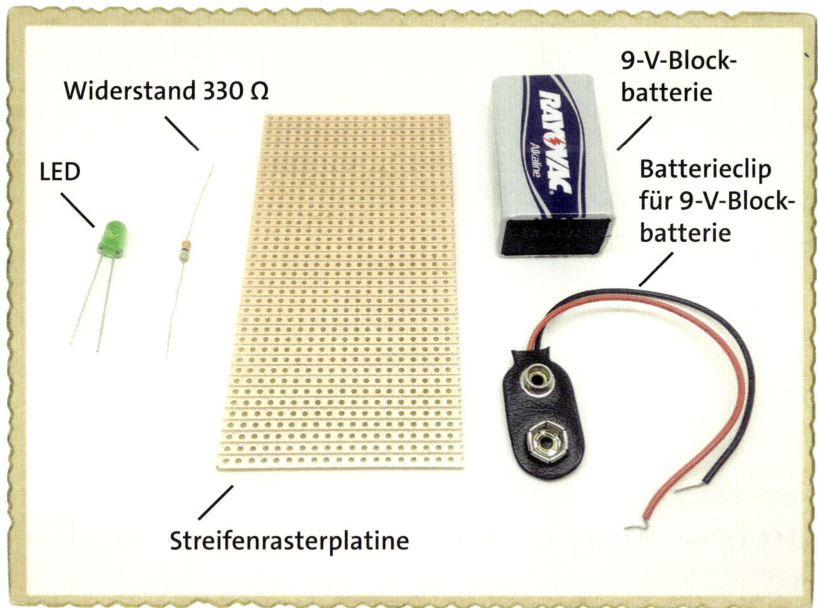

- **9-V-Blockbatterie**, um die Schaltung zu betreiben
- **Batterieclip für eine 9-V-Blockbatterie**, um die Batterie mit der Schaltung zu verbinden
- **Streifenrasterplatine** mit Kupferstreifen
- **Standard-LED**
- **330-Ω-Widerstand**, um den Strom durch die LED zu begrenzen

Werkzeuge

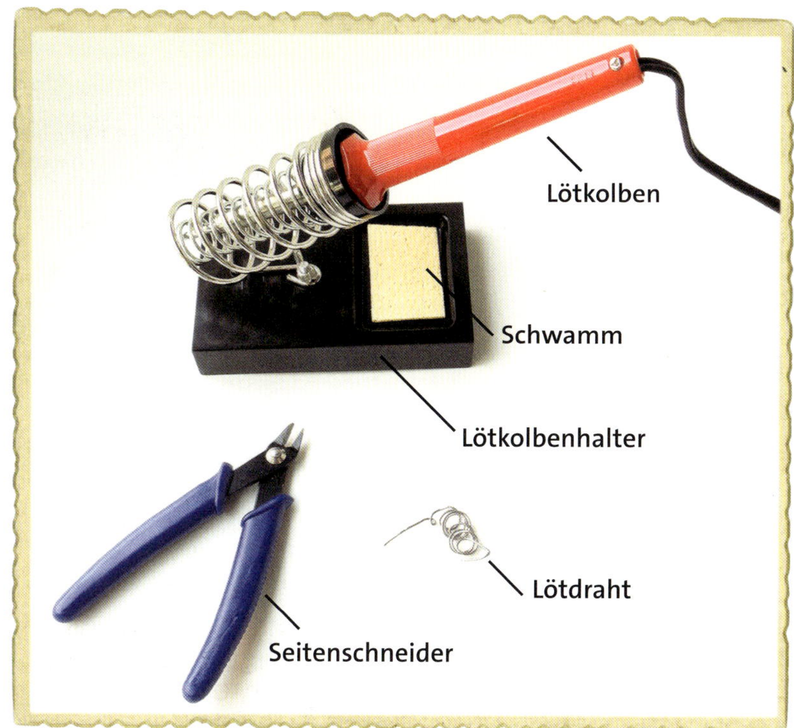

- **Lötkolben**
- **Lötkolbenständer**, um den Lötkolben darauf abzulegen
- **eine Rolle mit normalem Lötdraht**
- **Schwamm**, um die Lötkolbenspitze zu reinigen
- **Seitenschneider**, um überstehende Bauelementeanschlüsse abzuschneiden

Schritt 1: Die Bauelemente platzieren

Sieh dir die Streifenrasterplatine an und mache dich mit dem Leiterzugmuster vertraut. Die von mir empfohlene Platine ist eine sogenannte *Prototypenkarte*, die mit einem streifenförmigen Leitungsmuster und einer Unmenge von Löchern versehen ist. Alle Bauelementeanschlüsse, die du in Löcher mit einem gemeinsamen Kupferstreifen steckst und verlötest, werden elektrisch verbunden.

Stecke die Anschlüsse des Widerstands und der LED durch die Löcher der Platine. Der Widerstand muss mit dem positiven Anschluss der LED im selben Kupferstreifen stecken. Da sich die Streifen der in der Abbildung gezeigten Platine auf der Unterseite befinden, sind sie nicht kupferfarben zu sehen. Bei allen Projekten, bei denen du Bauelemente auf eine Lochrasterplatine lötest, stelle ich die Kupferstreifen als Schatten dar, sodass du sehen kannst, wo sich die darunter liegenden Verbindungen befinden.

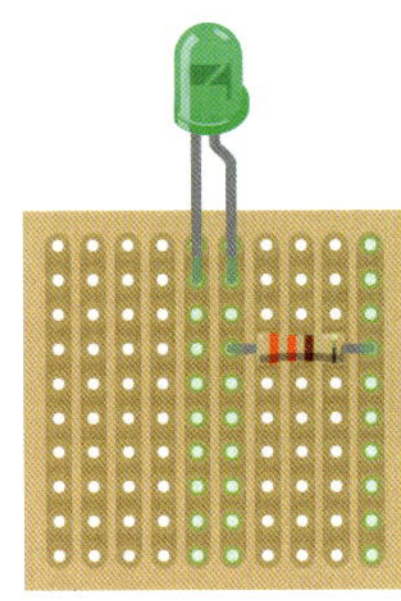

Schritt 2: Die Bauelementeanschlüsse biegen

Drehe die Platine vorsichtig um, sodass das Kupfer zu sehen ist; fixiere die LED und den Widerstand bei Bedarf mit einem Finger, damit sie nicht aus der Platine herausfallen. Biege dann die Anschlüsse der Bauelemente so nach außen, dass die LED und der Widerstand in der Platine verbleiben, selbst wenn sich die Kupferseite oben befindet. Halte die Platine zunächst in dieser Position.

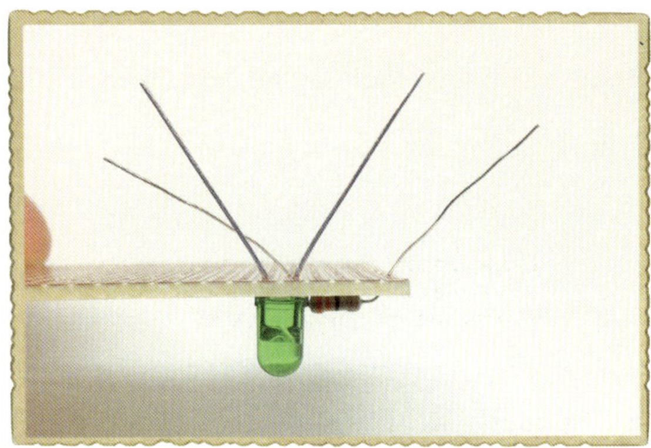

Wie die Platinendarstellungen zu interpretieren sind

Das ganze Buch hindurch siehst du Schaltungsdarstellungen, die ich mit dem Programm Fritzing erzeugt habe. Diese Darstellungen zeigen die Oberseite der Platine, sodass du die Anordnung der Bauelemente sehen kannst, und sie zeigen die Unterseite – in einer leicht dunkleren Farbe als die Oberseite –, sodass du sehen kannst, wie die Kupferstreifen verlaufen.

Wenn du meinen Ausführungen folgst, drehe deine Lochrasterplatine immer so, dass die Kupferstreifen auf der Unterseite in die gleiche Richtung wie in der Abbildung verlaufen. Falls du einmal im Unklaren warst, wie du die Verbindungen in einer Platinendarstellung lesen solltest, beziehe dich einfach auf dieses Beispiel.

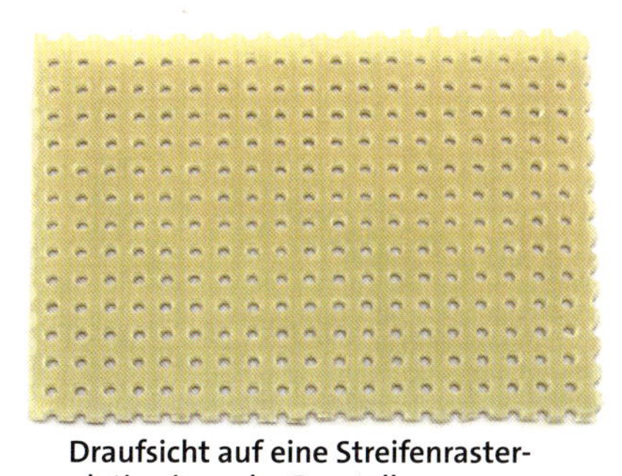

Draufsicht auf eine Streifenrasterplatine in realer Darstellung

Draufsicht auf eine Streifenrasterplatine, wobei die darunterliegenden Kupferstreifen in Grau dargestellt sind

Wenn du deine eigenen Schaltungsdarstellungen mit Fritzing erzeugen möchtest, kannst du die kostenlose Open-Source-Software von http://www.fritzing.org/ herunterladen.

Schritt 3: Den Lötkolben heizen und säubern

Deine Bauelemente sollten sich nun an der richtigen Stelle befinden und für das Löten vorbereitet sein. Stecke also den Lötkolben an, um ihn aufzuheizen. Das kann einige Minuten dauern. Vergewissere dich, dass der Lötkolben heiß genug ist, indem du etwas Lötzinn an die Spitze hältst und feststellst, ob es schmilzt.

Bevor du mit dem Löten beginnst, reinigst du auch die Lötkolbenspitze. Feuchte den Schwamm ein wenig an und wringe überschüssiges Wasser aus. Wische dann mit der Spitze des Lötkolbens über den Schwamm, um alte Lötreste zu entfernen.

Schritt 4: Den Widerstand und die LED einlöten

Halte die Kupferseite der Lochrasterplatine nach oben und verlöte jeden Bauelementeanschluss mit der Platine, wie es der Abschnitt »Wie man lötet« auf Seite 112 beschrieben hat. Die Platine sollte dann wie folgt aussehen:

Schritt 5: Die Anschlüsse kürzen

Die Anschlüsse von LED und Widerstand sind momentan noch relativ lang. Diese überstehenden Drähte könnten aber ungewollte Verbindungen zwischen Bauelementen erzeugen. Bestenfalls könnte dies nur die Funktion der Schaltung verhindern, schlimmstenfalls könnte eine unbeabsichtigte Verbindung zu defekten Bauelementen führen. Um die ungewollten Verbindungen zu verhindern, schneidest du einfach den Anschlussdraht unmittelbar oberhalb der Lötstelle ab. Dabei können aber die abgeschnittenen Drahtstücke herumfliegen. Drehe also die Platine weg von deinen Augen oder trage eine Schutzbrille.

TIPP *Halte die Platine über einen leeren Kasten, während du die Anschlüsse abschneidest. Die Drahtabfälle können dadurch nicht verloren gehen, und es ist leichter, den Arbeitsplatz wieder aufzuräumen. Du kannst die Platine auch auf einen Tisch legen und den Anschluss mit der einen Hand festhalten, während du mit der anderen schneidest.*

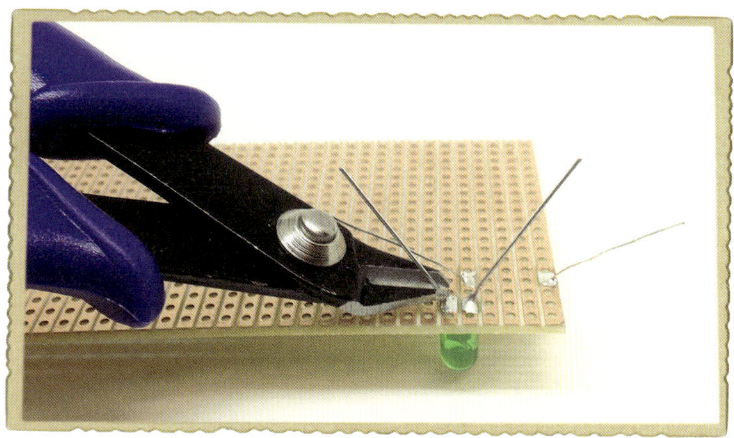

Schritt 6: Den Batterieclip anlöten

Diese Schaltung braucht auch eine Möglichkeit, um die Batterie mit den Bauelementen zu verbinden. Löte also jetzt den Batterieclip auf die Platine.

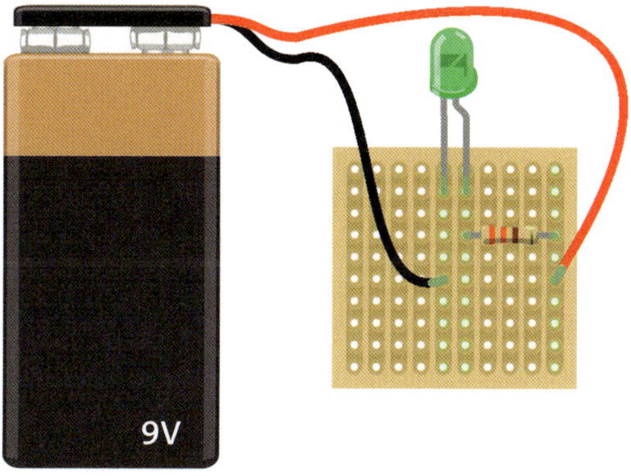

Der rote Draht vom Batterieclip ist der Pluspol; verbinde ihn mit dem Kupferstreifen, der nur zum Widerstand geht und nicht zur LED. Der schwarze Draht ist der Minuspol; verbinde ihn mit der negativen Seite der LED. Die Platine sollte nun wie folgt aussehen:

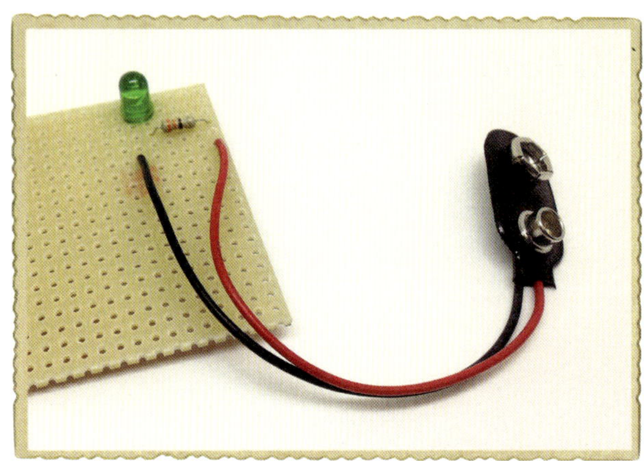

Schritt 7: Es werde Licht!

Teste nun deine Schaltung. Wenn du die Batterie anschließt, sollte die LED leuchten!

Schritt 8: Was ist, wenn die gelötete LED-Schaltung nicht funktioniert?

Wenn die LED dunkel bleibt, kontrollierst du zunächst, ob es irgendwelche unerwünschten Verbindungen gibt. Befindet sich Lötzinn zwischen zwei Lötstellen, die nicht verbunden sein sollten? Gibt es überlange Bauelementeanschlüsse, die Kontakt geben?

Als Nächstes inspizierst du genauestens die Lötstellen. Sieht eine von ihnen wie die Beispiele für schlechte Verbindungen aus, die der Abschnitt »Achte auf schlechte Lötverbindungen!« auf Seite 117 beschrieben hat? Wenn das der Fall ist, musst du gegebenenfalls ein wenig Lötzinn hinzufügen: Heize den Lötkolben wieder an und versuche, Lötstellen zu erzeugen, die wie kleine Pyramiden aussehen.

Überprüfe auch die Anordnung der LED. Hast du sie richtig herum angeschlossen? Weil du die hervorstehenden Anschlüsse abgeschnitten hast, kannst du nun nicht mehr sehen, welcher Anschluss länger sein muss. Doch ein genauer Blick auf die LED zeigt, dass eine Seite am unteren Gehäuserand abgeflacht ist. Dies ist die negative Seite (die Kathode), die mit dem schwarzen Draht des Batterieclips verbunden sein sollte. Falls du sie verkehrt herum eingelötet hast, kannst du das wie folgt schnell korrigieren: Trenne mit dem Seitenschneider die Zuleitungen zum Batterieclip ab, um den Clip aus der Schaltung zu entfernen. Dann lötest du den Anschluss für den Pluspol der Batterie an die Stelle, wo normalerweise der Minuspolanschluss liegen sollte, und den Anschluss für den Minuspol der Batterie an die Stelle, wo normalerweise der Pluspolanschluss liegen sollte. Das funktioniert, weil es keine Rolle spielt, an welcher Seite der LED der Widerstand liegt.

Hoppla! Wie entferne ich ein gelötetes Bauelement?

Manchmal macht man Fehler beim Löten. Was ist zum Beispiel, wenn du den Batterieclip falsch herum eingelötet oder einen 33-kΩ-Widerstand statt eines 330-Ω-Widerstands verwendet hast? Keine Bange: Selbst erfahrene Techniker bringen manchmal beim Löten etwas durcheinander, und es gibt schließlich eine Möglichkeit, die Schaltung wieder in Ordnung zu bringen. In diesen Fällen musst du *entlöten*, was nichts weiter heißt, als das Lötzinn von einer Lötstelle zu entfernen.

Ein sehr nützliches Hilfsmittel hierfür ist *Entlötlitze*, die aus einem Geflecht von Kupferfäden besteht. Du solltest immer etwas davon zur Hand haben, wenn du lötest.

Du legst ein Stück Entlötlitze auf eine Lötstelle und erhitzt beide zusammen. Das Lötzinn schmilzt wie gewohnt, und die Entlötlitze absorbiert das flüssige Lötzinn, genauso wie ein Löschblatt Wasser aufnimmt. Wenn du die Entlötlitze entfernst, sollte sich das Lötzinn in der Entlötlitze befinden statt auf der Platine!

Projekt #13: Den Batterieclip entlöten

Nicht nur für das Korrigieren von Lötfehlern ist es nützlich zu wissen, wie man etwas entlötet. Zum Beispiel kannst du durch Entlöten auch ein defektes Bauelement in einer Schaltung durch ein neues ersetzen – oder ein Bauelement entlöten, um es in einer anderen Schaltung wiederzuverwenden. In diesem Projekt zeige ich dir, wie du den Batterieclip aus dem vorherigen Projekt wieder entlötest.

Einkaufszettel

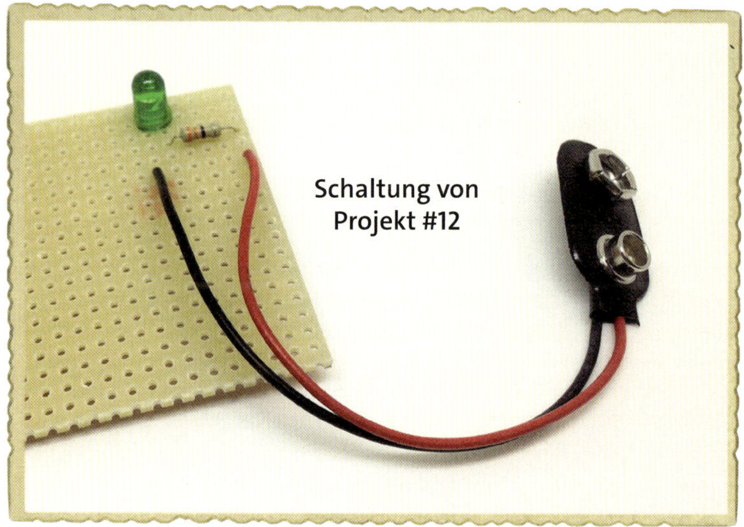

- die **Schaltung von »Projekt #12: Deine erste LED-Schaltung löten«** auf Seite 117

Werkzeuge

- **Lötkolben**
- **Lötkolbenständer**, um den Lötkolben darauf abzulegen
- **Seitenschneider**, um die Entlötlitze abzuschneiden
- **Entlötlitze**, um das Lötzinn zu entfernen

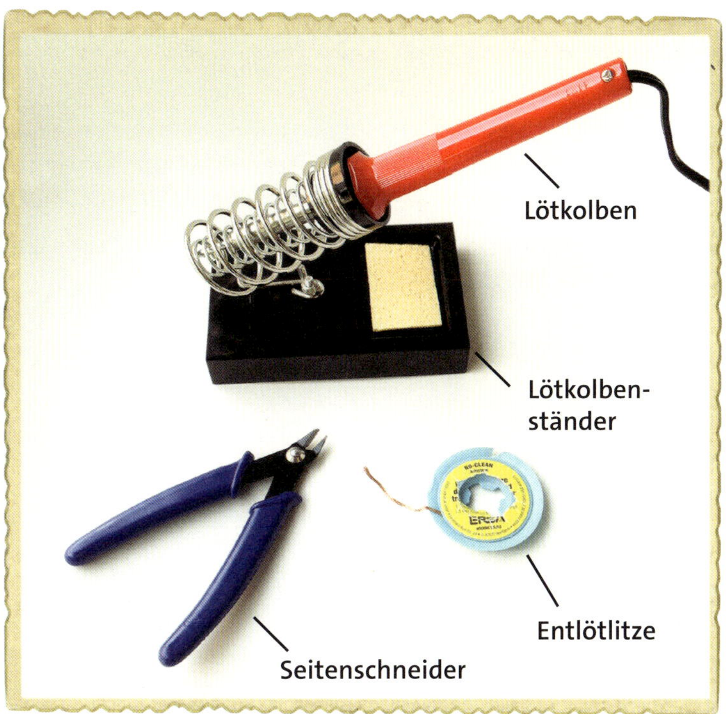

Schritt 1: Den Lötkolben anheizen

Stecke deinen Lötkolben in die Steckdose und warte, bis er ausreichend heiß ist. Um die Temperatur zu prüfen, hältst du etwas Lötzinn an die Lötkolbenspitze; das Lötzinn schmilzt, wenn der Lötkolben warm genug ist.

Schritt 2: Die Entlötlitze auf die Lötstelle legen

Lege das Ende deiner Entlötlitze an einem Draht des Batterieclips über die Lötstelle.

WARNUNG *Entlötlitze kann sehr heiß werden, wenn du sie mit dem Lötkolben erwärmst. Deshalb solltest du den metallischen Teil nicht mit den Fingern festhalten.*

Schritt 3: Lötstelle und Lötlitze erwärmen

Lege die Spitze des aufgeheizten Lötkolbens auf die Entlötlitze direkt auf die Lötverbindung, die du entlöten willst.

Nach einigen Sekunden sollte das Lötzinn schmelzen und in das Geflecht wandern. Hebe das Geflecht zusammen mit dem Lötkolben an, d.h. von der Platine weg.

Schritt 4: Die benutzte Entlötlitze kürzen

Entferne die Litze von der Lötstelle und sieh sie dir genau an. Die Litze sollte jetzt Lötzinn enthalten.

Vergleichbar mit schmutziger Kleidung ist dieses Stück Litze zu verschmutzt, um noch einmal verwendet werden zu können. Schneide mit deinem Seitenschneider das Litzenstück ab, in dem sich Lötzinn befindet.

Inspiziere nun deine Lötstelle. Wenn kein Lötzinn mehr vorhanden ist, das den Bauelementeanschluss mit der Platine verbindet, solltest du den Draht aus dem Loch problemlos herausziehen können. Andernfalls wiederholst du die Schritte 2 und 3 mit einem frischen Stück Entlötlitze und dann Schritt 3, bis du den Draht entfernen kannst.

Schritt 5: Den anderen Draht des Batterieclips entfernen

Wiederhole die Schritte 2 bis 4 für den anderen Draht des Batterieclips, sodass du den Batterieclip komplett von der Lochrasterplatine entfernen kannst. Die Kupferseite deiner Platine sollte nun etwa so aussehen:

Probiere es aus: Mehr Lötpraxis!

Reizt es dich, mehr Lötpraxis zu bekommen? Das kannst du auf spielerische Weise erreichen, wenn du dir *Bausätze* (neudeutsch *Kits* genannt) kaufst, die alle erforderlichen Bauelemente enthalten, und eine spezielle Leiterplatte, auf die du die Bauelemente löten kannst. Des Weiteren findest du im Internet Schaltpläne von vielen Geräten, die für dich interessant sein könnten. Kaufe die benötigten Bauelemente und löte sie auf eine Prototypenkarte, wie du es in diesem Kapitel gelernt hast.

Bauelemente und Bausätze findest du unter anderem bei folgenden Online-Händlern:

- **Watterott**: *http://www.watterott.com/de/Bausaetze*
- **Conrad:** *https://www.conrad.de/de/entwicklungskits-t11.html*
- **Reichert Elektronik:** *https://www.reichelt.de/*
- **ELV:** *http://www.elv.de/bausaetze.html*

(Weitere Online-Quellen siehe auch Seite 288.)

Was kommt als Nächstes?

In diesem Kapitel hast du eine sehr nützliche Fertigkeit erworben: Löten. Das heißt, du kannst Schaltungen für deine Projekte dauerhaft aufbauen, ohne befürchten zu müssen, dass sie auseinanderfallen. Und mit ein bisschen Übung beim Entlöten kannst du bei Bedarf Projekte auch wieder auseinandernehmen.

In Kapitel 7 mache ich dich mit weiteren Bauelementen bekannt: Transistor, Fotowiderstand und Potenziometer. Mit diesen zum Teil sehr interessanten Bauelementen kannst du deinen Schaltungen Leben einhauchen und auf Umgebungsbedingungen reagieren. So zeige ich dir zum Beispiel, wie du eine Schaltung baust, die dich am Morgen über den Sonnenaufgang informiert!

7 Mit Elektrizität steuern

Mit elektronischen Bauelementen kannst du interessante Dinge aufbauen, beispielsweise eine Lampe, die sich bei zunehmender Dunkelheit einschaltet, oder eine Tür, die sich automatisch öffnet, wenn du dich ihr näherst. In diesem Kapitel lernst du ein neues Bauelement kennen, mit dem du solche intelligenten Objekte realisieren kannst: den Transistor.

Das vorherige Kapitel hat gezeigt, wie du Schaltungen dauerhaft löten kannst, und die Projekte dieses Kapitels – ein Berührungssensor und ein Alarm, der dich bei Sonnenaufgang weckt – bieten weitere Möglichkeiten, deine Fähigkeiten beim Löten zu vertiefen. Für die einzelnen Projekte brauchst du nun nichts weiter als den Transistor und einige zusätzliche Bauelemente.

Der Transistor

Der *Transistor* ist das wichtigste Bauelement in der Elektronik, und wenn du schon einmal Hardwareexperten darüber hast sprechen hören, dürften dir viele schwierige Begriffe begegnet sein. Doch der Transistor ist eigentlich nicht schwer zu verstehen; praktisch hast du schon etwas verwendet, das wie ein Transistor funktioniert! Erinnerst du dich noch an das Relais, das du in Kapitel 5 kennengelernt hast? Der Transistor ist dem Relais in vielerlei Hinsicht ähnlich: Er ist wie ein Schalter, den du mit elektrischem Strom öffnen und schließen kannst.

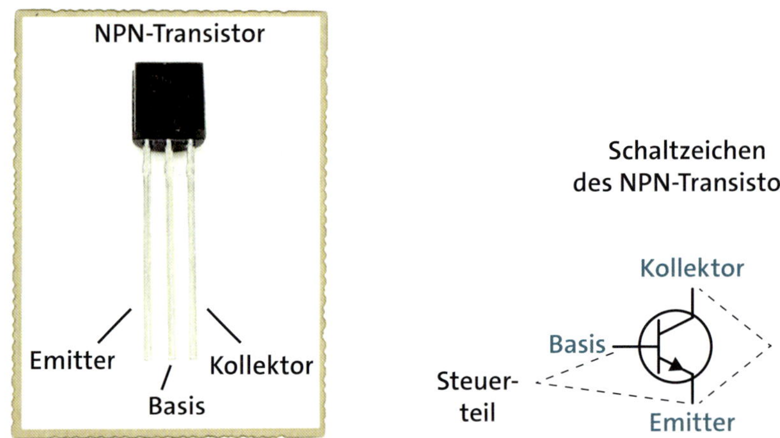

Ein Transistor hat drei Anschlüsse. Bei einem normalen NPN-Transistor heißen die Anschlüsse *Emitter*, *Basis* und *Kollektor*. In Schaltplänen werden diese Bezeichnungen oftmals mit *e*, *b* und *c* (für das englische collector) abgekürzt. Über die Anschlüsse Basis und Emitter schaltest du den Transistor ein und aus – d.h., du schließt und öffnest den Schalter. Mit den Anschlüssen Kollektor und Emitter verbindest du die Schaltung, die du steuern möchtest.

Wenn du auf unseren Beispieltransistor schaust, wobei die flache Seite zu dir zeigen sollte, befindet sich der Emitter links, die Basis in der Mitte und der Kollektor rechts. Doch diese Anschlussbelegung gilt nicht für alle Transistoren. Sieh also immer im Datenblatt deines Transistors nach, welcher Anschluss wo liegt.

Warum verwendet man einen Transistor?

Wenn ein Transistor wie ein Schalter arbeitet, fragst du dich vielleicht, in welchen Fällen du überhaupt einen Transistor anstelle eines Schalters verwenden solltest. Betrachten wir dazu einen Lüfter: Wenn es im Zimmer zu warm ist und du einen Lüfter einschalten willst, musst du einen Schalter von Hand schalten. Doch wenn der Lüfter Teil einer geeigneten Schaltung mit einem Transistor und einigen anderen Bauelementen ist, ließe sich der Lüfter automatisch einschalten, wenn die Temperatur im Zimmer über 24 °C steigt. Hierfür brauchst du eine Schaltung, die die Temperatur erfasst, und eine andere Schaltung, die einen Lüfter einschaltet.

Stell dir nun eine Temperatursensorschaltung vor, die bei einer Temperatur über 24 °C eine Spannung liefert und bei einer darunterliegenden Temperatur keine Spannung abgibt. Wenn du einen Draht vom Lüfter zum Kollektor eines NPN-Transistors führst, den anderen Draht des Lüfters an den Pluspol der Batterie anschließt und den Emitter des Transistors mit dem Minuspol der Batterie verbindest, steuert der Transistor, wann der Lüfter eingeschaltet wird.

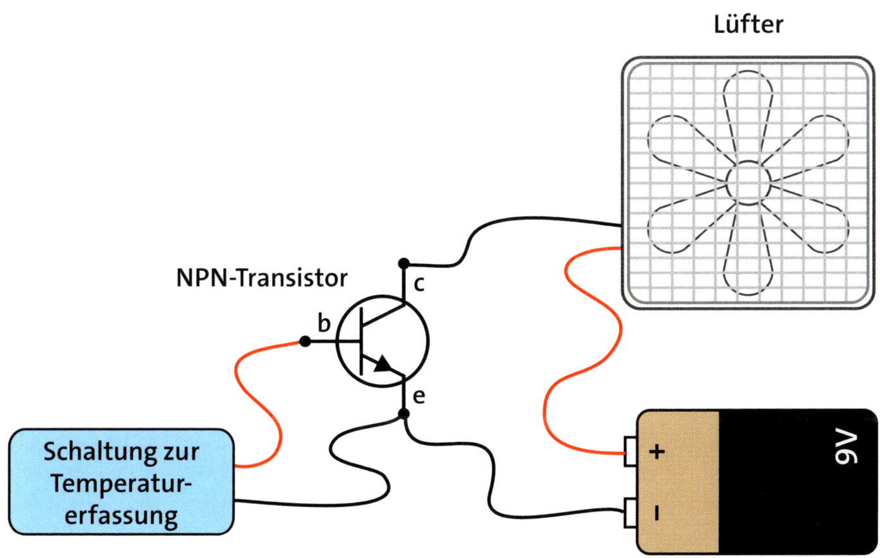

Dann kannst du den Ausgang der Temperatursensorschaltung mit dem steuernden Teil des Transistors verbinden – d.h. der Basis und dem Emitter. Eine solche Schaltung schaltet den Lüfter ein, wenn die Temperatur über 24 °C steigt, und wieder aus, wenn die Temperatur geringer ist. Sehen wir uns an, wie der »Schalter« des Transistors überhaupt schließt.

Wie der Transistor arbeitet

Wenn ein geringer Strom von der Basis eines Transistors zum Emitter fließt, »schließt der Transistor den Schalter«, sodass auch ein Strom vom Kollektor zum Emitter fließen kann.

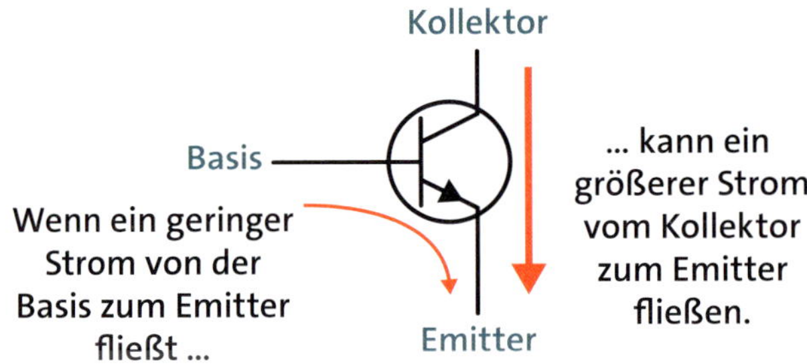

In Kapitel 1 habe ich erklärt, dass Spannung einen Strom durch eine Schaltung treibt. Damit ein Strom von der Basis zum Emitter fließen kann, muss eine Spannung angelegt werden, um diesen Strom anzutreiben. Fließt der Strom von der Basis zum Emitter, wird dadurch ein Pfad geöffnet für den Strom, der zwischen Kollektor und Emitter fließt. Es lässt sich auch steuern, wie groß der Strom zwischen Kollektor und Emitter ist, indem man den Strom von der Basis zum Emitter verändert.

Der Typ des Transistors, über den wir hier sprechen, ist ein *NPN-Bipolartransistor*. Dieser lange Name beschreibt die Materialien innerhalb des Transistors. Die Arbeitsweise des Transistors basiert auf komplexen chemischen und physikalischen Effekten, die man aber gar nicht alle kennen muss, um interessante Schaltungen mit Transistoren aufbauen zu können – du musst nur wissen, was der Transistor letztlich macht.

Zunächst einmal ist wichtig, dass es verschiedene Transistortypen gibt. Doch wenn du für jedes Transistorprojekt in diesem Buch einfach den Typ verwendest, den ich auf dem Einkaufszettel angebe, wird die jeweilige Schaltung auch ordnungsgemäß funktionieren. Und wenn du andere Schaltungen als in diesem Buch nachbaust, musst du natürlich genau den Transistortyp verwenden, der im Schaltplan spezifiziert ist.

Eine LED mit einem Transistor ansteuern

Andere Projekte in diesem Buch haben diese einfache LED-Schaltung samt Widerstand und Batterie verwendet.

Was würde deiner Meinung nach und mit deinem bisherigen Wissen passieren, wenn du einen Transistor zwischen den Widerstand und den Minuspol der Batterie schaltest?

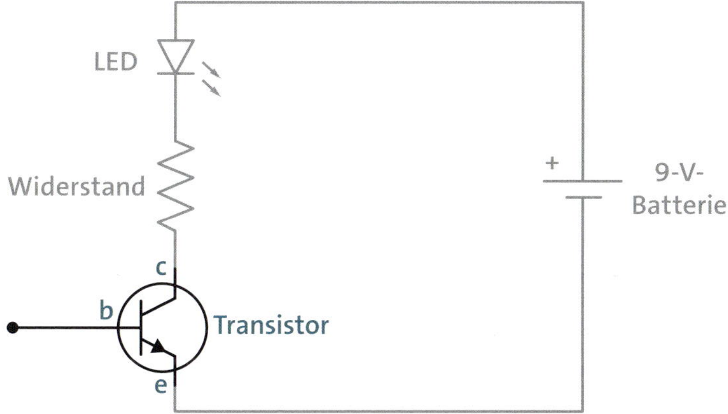

Ohne Spannung an der Basis des Transistors (oder dem Steueranschluss) fließt kein Strom von der Basis zum Emitter. Das bedeutet, dass zwischen Kollektor und Emitter ebenfalls kein Strom fließen kann und die LED nicht leuchtet.

Doch wenn du eine kleine Spannung an die Basis anlegst – indem du zum Beispiel eine kleine Batterie anschließt –, lässt der Transistor einen Strom vom Kollektor zum Emitter fließen, und die LED leuchtet. Der Zustand eines Transistors, der einen Stromfluss erlaubt, wird als *ein* angesehen, und der Zustand eines Transistors, der keinen Strom zulässt, als *aus*. Um einen NPN-Transistor einzuschalten, ist eine Basisspannung von etwa 0,7 V erforderlich. Eine Schaltung wie in der folgenden Abbildung könnte also einen Stromfluss erlauben, bei dem die LED leuchtet:

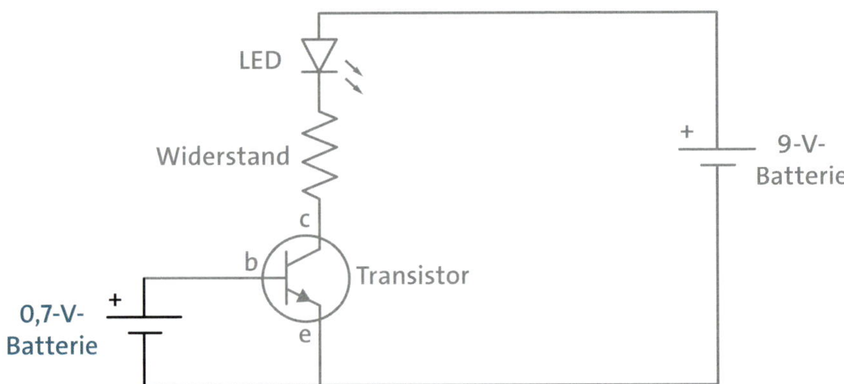

Normalerweise schließt man an der Basis keine Batterie an. Vielmehr wird dort ein anderer Schaltungsteil liegen, mit dem man den Transistor steuern möchte, beispielsweise ein lichtempfindlicher Sensor, der bei einfallendem Licht eine kleine Spannung abgibt. Eine derartige Schaltung würde den Transistor je nach Lichtstärke ein- und ausschalten.

Mit einer solchen Schaltung kannst du LEDs und andere Bauelemente steuern. Im nächsten Projekt zeige ich, wie du mit einem Transistor eine LED einschaltest, wenn du einen Kontakt mit dem Finger berührst.

Projekt #14: Eine Schaltung, die auf Berührungen reagiert

Hast du gewusst, dass dein Finger als Widerstand agieren kann? Finger haben einen Widerstand von einigen Megohm (MΩ), was schon ziemlich viel ist! Allerdings schwankt dieser Widerstand. Wenn dein Finger zum Beispiel feucht ist, sinkt der Widerstand.

In diesem Projekt nutzt du deinen Finger als Widerstand, der eine Schaltung vervollständigt, um eine LED einzuschalten – du baust einen Berührungssensor. Ein *Sensor* ist ein Bauelement, das Eigenschaften der Umgebung messen kann, zum Beispiel die Lichtstärke oder die Temperatur. In vielen Fällen ist ein Sensor ein Widerstand, der seinen Wert je nach Lichtstärke, Temperatur oder einer anderen physikalischen Größe ändert.

Wenn du einen Widerstand von einigen Megohm zwischen dem Pluspol der Batterie und der Basis des Transistors in dieser Schaltung verbindest, fließt ein geringer Strom von der Basis zum Emitter. Dieser Strom sollte ausreichend groß sein, um den Transistor einzuschalten und einen Strom vom Kollektor zum Emitter fließen zu lassen.

Diese Schaltung enthält einen Transistor, einen Widerstand, eine LED und eine Batterie, genau wie die Schaltung im vorherigen Abschnitt. Dieses Mal aber schließt du keine separate Batterie an die Basis des Transistors an, sondern verbindest die 9-V-Batterie mit deinem Finger über eine Art Touchpad mit der Basis des Transistors. Das Touchpad besteht aus zwei blanken Drähten, die nahe genug nebeneinander angeordnet sind, sodass du beide mit einem Finger gleichzeitig berühren kannst.

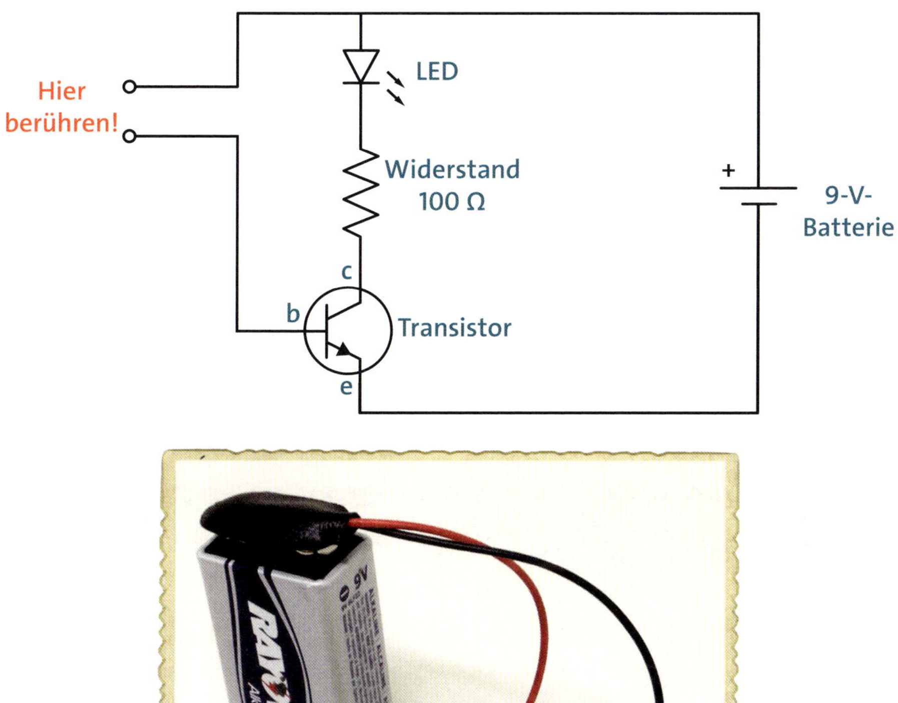

Zu beachten ist, dass anstelle des bisher verwendeten 330-Ω-Widerstands in Reihe zur LED in dieser Schaltung ein 100-Ω-Widerstand eingesetzt wird. Oftmals ist nämlich der Widerstand des Fingers so hoch, dass der Transistor nicht vollständig durchgesteuert wird. Mit einem kleineren Widerstand solltest du trotzdem eine helle LED bekommen, selbst wenn dein Fingerwiderstand sehr hoch ist.

Einkaufszettel

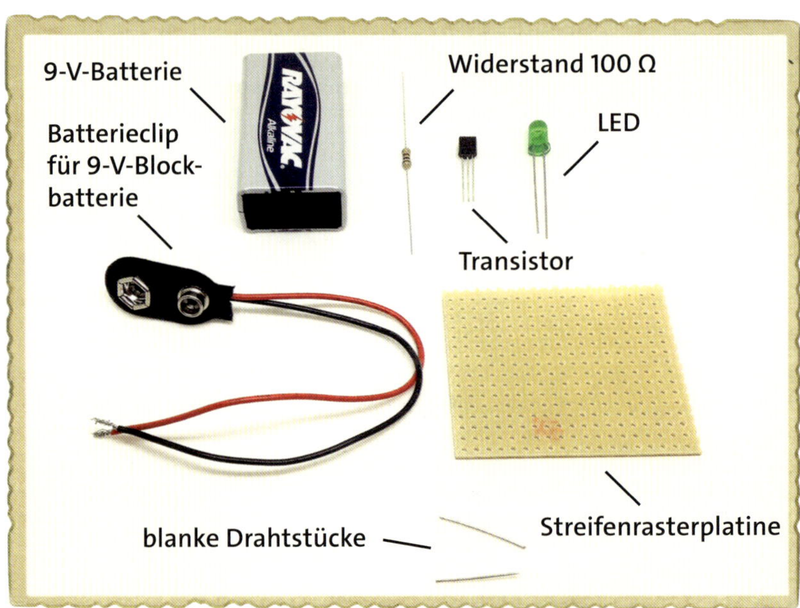

- **9-V-Blockbatterie**, um die Schaltung zu betreiben
- **Batterieclip für eine 9-V-Blockbatterie**, um die Batterie mit der Schaltung zu verbinden
- **Streifenrasterplatine** mit Kupferstreifen
- **Standard-LED**
- zwei **blanke Drahtstücke**, jeweils etwa 2 cm lang. Hierfür kannst du auch zwei Anschlussdrähte verwenden, die du von Bauelementen in anderen Projekten abgeschnitten hast.
- ein **Transistor 2N3904**
- **100-Ω-Widerstand**, um den Strom durch die LED zu begrenzen

Werkzeuge

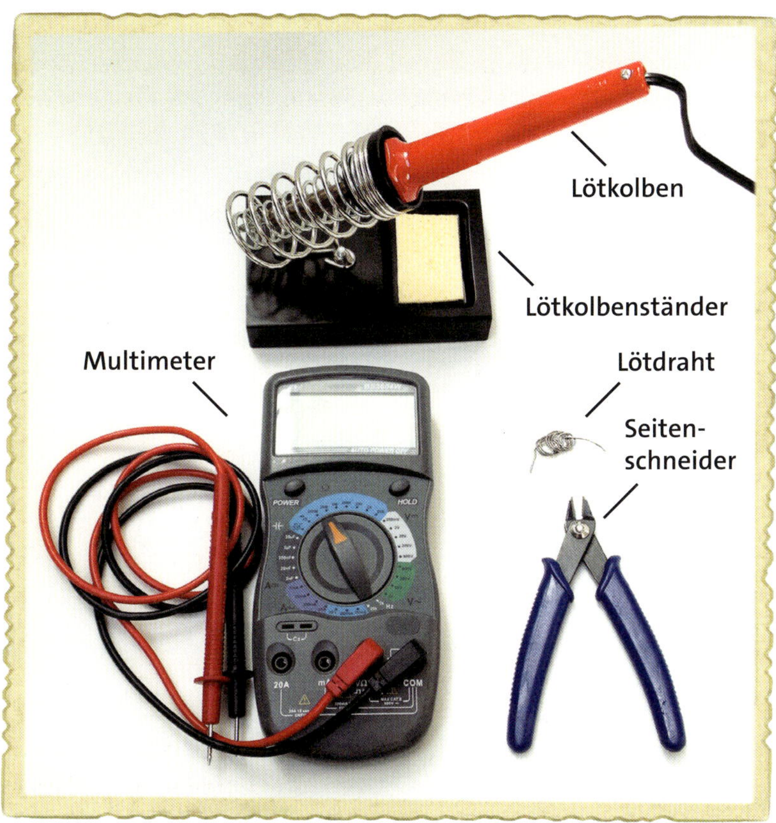

- **Lötkolben**
- **Lötkolbenständer**, um den Lötkolben nach Gebrauch darauf abzulegen
- **Lötdraht**
- **Multimeter**, um Spannungen zu messen, wenn die Schaltung nicht funktioniert
- **Seitenschneider**, um überstehende Bauelementeanschlüsse abzuschneiden

Schritt 1: Bauelemente auf der Lochrasterplatine platzieren

Stecke die LED, den Widerstand und den Transistor wie in der Abbildung gezeigt in die Lochrasterplatine. Achte darauf, dass ein Kupferstreifen den Widerstand mit (1) dem Kathodenanschluss der LED und (2) dem Kollektoranschluss des Transistors verbindet. Biege die Anschlüsse auf der Kupferseite der Platine so, dass die Bauelemente an Ort und Stelle bleiben.

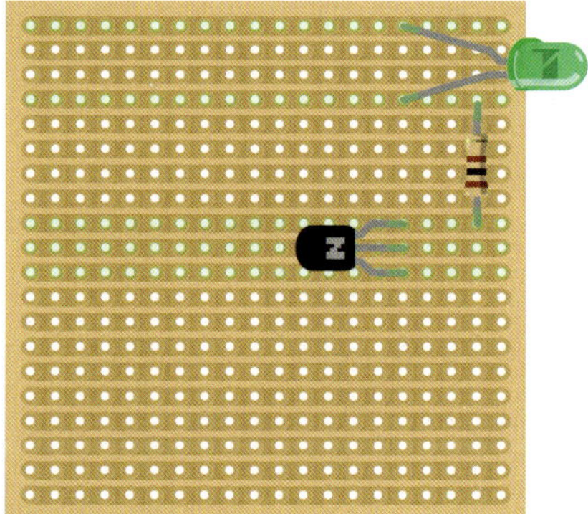

Schritt 2: Die Anordnung der Bauelemente überprüfen

Bevor du die Bauelemente festlötest, kontrollierst du noch einmal auf der Kupferseite, ob alle Bauelemente entsprechend den Anweisungen in Schritt 1 platziert sind. Vor allem die LED und der Transistor müssen richtig herum eingelötet werden, da die Schaltung sonst nicht funktioniert.

Schritt 3: Bauelemente verlöten und überstehende Anschlüsse kürzen

Löte die Bauelemente auf die Platine, wie du es in »Wie man lötet« auf Seite 112 gelernt hast, und schneide dann die überstehenden Anschlüsse der Bauelemente mit einem Seitenschneider ab. Setze dabei deine Schutzbrille auf und halte die Platine von dir weg, falls Drahtstücke beim Abschneiden herumfliegen.

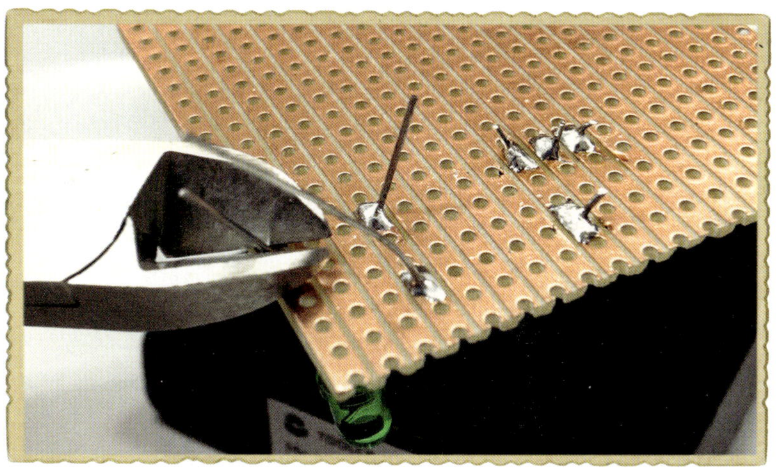

Schritt 4: Das Touchpad löten

Als Nächstes lötest du die beiden blanken Drahtstücke auf die Platine. Verbinde den einen Draht mit der Anode der LED, wobei das andere Ende auf einen leeren Kupferstreifen kommt. Den anderen Draht verbindest du mit der Basis des Transistors und steckst auch hier das andere Ende auf einen freien Kupferstreifen. Löte sie so fest, dass du sie beide mit deinem Finger berühren kannst.

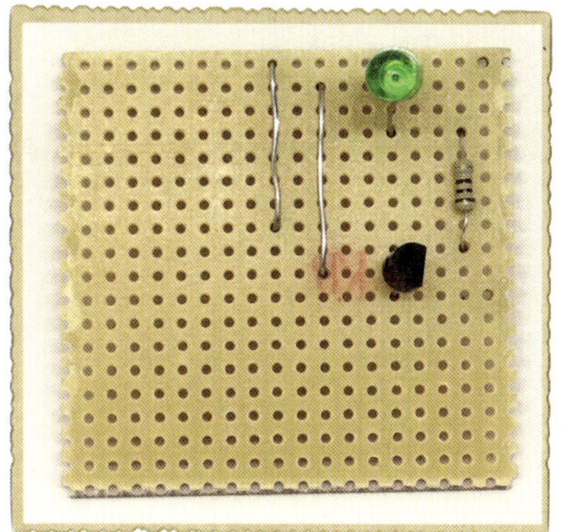

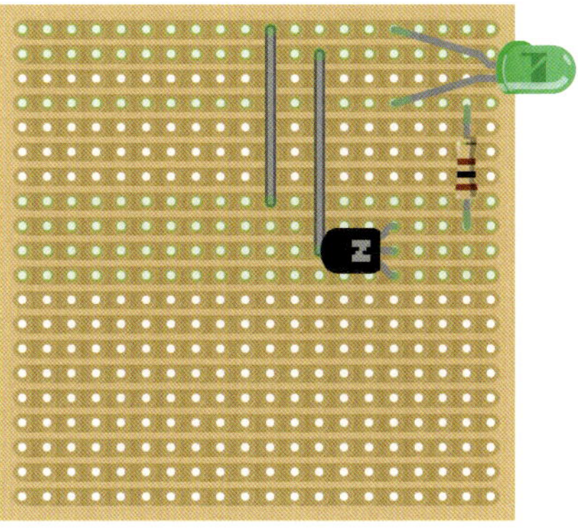

Schritt 5: Einschalten!

Nun brauchst du Strom! Um die Aufgabe abzuschließen, lötest du zunächst den Batterieclip auf die Platine, wobei der rote und der schwarze Draht wie bei ❶ gezeigt anzuschließen sind. Nachdem der Batterieclip angelötet ist, klemmst du bei ❷ die Batterie an.

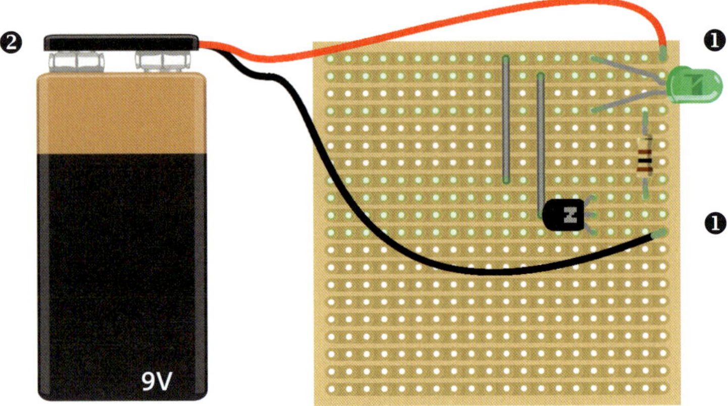

Dieser berührungsempfindliche Schalter ist bereit für einen Test!

Schritt 6: Den Sensor testen

Berühre die beiden blanken Drähte gleichzeitig mit deinem Finger. Die LED sollte aufleuchten. Falls keine Reaktion der LED zu sehen ist, kannst du erst einmal das Licht im Zimmer ausschalten und genau beobachten, ob die LED nicht wenigstens ein bisschen glimmt. Wenn das auch nicht der Fall ist, tauche deinen Finger in Wasser und probiere es dann noch einmal, da der Widerstand eines feuchten Fingers geringer ist.

WARNUNG *Berühre die blanken Drähte nur mit deinem Finger. Wenn du etwas mit einem sehr geringen Widerstand nimmst, beispielsweise ein Stück Draht, zerstörst du möglicherweise den Transistor.*

Schritt 7: Was, wenn der Berührungssensor nicht funktioniert?

Sollte nichts passieren, wenn du die Drähte berührst, kontrollierst du als Erstes, ob LED und Transistor richtig herum eingebaut sind. Es kommt recht oft vor, dass die Anschlüsse dieser Bauelemente verwechselt werden. Gehe also zurück zu Schritt 1 und stelle sicher, dass alle Bauteile den Abbildungen entsprechend mit den richtigen Leiterzügen auf der Lochrasterplatine verbunden sind.

Wenn die LED und der Transistor richtig angeschlossen sind, kannst du mit deinem Multimeter die Spannung zwischen der Basis und dem Emitter des Transistors auf der Steuerungsseite messen, ohne das Touchpad zu berühren. Stelle das Multimeter auf einen Gleichspannungsbereich ein – z.B. 20 V DC – und verbinde dann eine Messleitung mit der Basis und eine mit dem Emitter, wie es in der Abbildung zu sehen ist. Das Multimeter sollte einen Wert von etwa 0 V anzeigen. Lege nun deinen Finger auf das Touchpad und miss die Spannung noch einmal. Jetzt sollten am Multimeter ungefähr 0,7 V abzulesen sein.

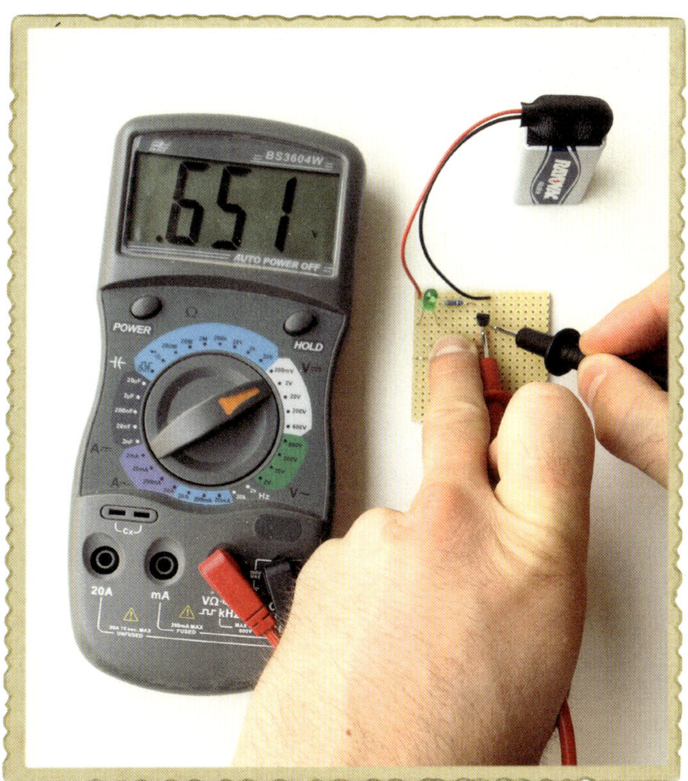

Wenn die Steuerungsseite des Transistors in Ordnung ist, prüfst du die Schalterseite. Miss die Spannung von einem LED-Anschluss zum anderen, ohne dabei das Touchpad zu berühren. Das Multimeter sollte 0 V anzeigen. Lege deinen Finger auf das Touchpad und miss erneut; jetzt sollte die Spannung etwa 1,7 bis 2 V betragen.

Liefert eine der Multimetermessungen unerwartete Werte, vergleichst du erneut die Verbindungen mit dem Schaltplan und achtest besonders auf die beiden blanken Drähte. Schließlich überprüfst du die Lötverbindungen, suchst nach »herrenlosen« Drahtstücken oder Lötresten, die möglicherweise die Kupferstreifen überbrücken, und bringst alle schlechten Lötverbindungen in Ordnung, die du findest.

Probiere es aus: Kann der Berührungssensor verschiedene Berührungen erkennen?

Berühre die beiden blanken Drähte nur leicht und merke dir die Helligkeit der LED. Drücke nun richtig fest auf die Drähte. Kannst du einen Unterschied ausmachen? Lass einen Freund das Experiment wiederholen. Unterscheidet sich die Helligkeit der LED, wenn dein Freund auf die Drähte drückt, von der Helligkeit, wenn du sie berührst? In diesem Fall hat der Finger deines Freundes einen anderen Widerstand!

Wenn du stärker drückst, verbessert sich die Verbindung zwischen den Drähten und deinem Finger, wodurch sich der Widerstand verringert und der Strom leichter fließen kann.

Hier noch eine andere interessante Sache, die du mit einem Freund ausprobieren kannst: Du berührst selbst einen der Drähte und dein Freund fasst den anderen Draht an. Haltet euch dann an den freien Händen fest. Leuchtet die LED auf? Der Strom fließt jetzt von der Batterie durch eure beiden Körper in den Transistor. Doch keine Angst – der Strom ist so gering, dass er völlig ungefährlich ist und du überhaupt nichts spürst.

Widerstände, die ihren Wert ändern können

Bis jetzt hast du nur Widerstände mit einem festen Widerstandswert verwendet. Doch es gibt auch Widerstände, die einen *variablen* Widerstandswert haben, d.h., dass sich deren Widerstand ändern kann. Zum Beispiel ändern manche Widerstände den Wert, wenn man an einem Knopf dreht, während andere ihren Wert je nach Temperatur oder Lichtstärke verändern. Dieser Abschnitt führt zwei variable Widerstände ein: das Potenziometer und den Fotowiderstand.

Das Potenziometer

In Kapitel 4 hast du mit dem Standardwiderstand ein Bauelement kennengelernt, das einen bestimmten, unveränderlichen Widerstand besitzt. Das *Potenziometer* ist ebenfalls ein Widerstand, doch sein Widerstand lässt sich verändern. Häufig nutzt man dies, um bestimmte Eigenschaften zu steuern, beispielsweise die Lautstärke eines Lautsprechers. (Du kennst den Lautstärkeknopf am Radio? Dahinter verbirgt sich meistens ein Potenziometer.) Normalerweise hat ein Potenziometer drei Anschlüsse und eine drehbare Achse, um den Widerstand zu verändern.

Potenziometer

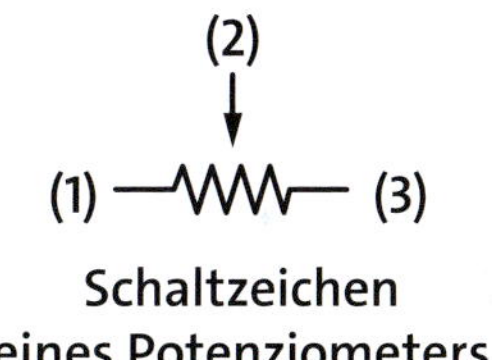

Schaltzeichen eines Potenziometers

Das Schaltzeichen des Potenziometers symbolisiert die Funktionsweise des Potenziometers und die Funktionen der drei Anschlüsse. Der Widerstand zwischen den Anschlüssen 1 und 3 ist unveränderlich und hat einen bestimmten Wert. Diesen Wert gibt der Hersteller an, und nach diesem Wert wählst du ein Potenziometer aus. Wenn du zum Beispiel ein 10-kΩ-Potenziometer kaufst, liegt zwischen den Pins 1 und 3 ein Widerstand von 10 kΩ.

Anschluss 2 ist der *Schleifer*. Er ist irgendwo zwischen den Anschlüssen 1 und 3 mit dem Widerstand verbunden. Die Position des Schleifers lässt sich einstellen, indem man die Achse des Potenziometers dreht. Wenn du die Achse so drehst, dass der Schleifer näher an Anschluss 1 gelangt, wird der Widerstand zwischen Anschluss 1 und dem Schleifer kleiner, der Widerstand zwischen Anschluss 3 und dem Schleifer dagegen größer.

Der Fotowiderstand

Ein *Fotowiderstand* ist ebenfalls ein variabler Widerstand. Das griechische Wort *phos* bedeutet *Licht,* und der Widerstand dieses Bauelements ändert sich mit der Menge des Lichts, das auf ihn auftrifft. Der Fotowiderstand wird deshalb auch als *LDR* (Light Dependent Resistor = lichtabhängiger Widerstand) bezeichnet.

Die Werkstoffe für Fotowiderstände besitzen einige spezielle Eigenschaften. Bei Dunkelheit hat dieses Material einen hohen Widerstand, doch wenn Licht darauf scheint, regt das Licht die Elektronen an, die sonst im Material gebunden sind. Diese energiereichen Elektronen können frei durch das Material fließen, was einen geringeren Widerstand bedeutet. Je mehr Licht auf den Fotowiderstand auftrifft, desto niedriger ist sein Widerstand.

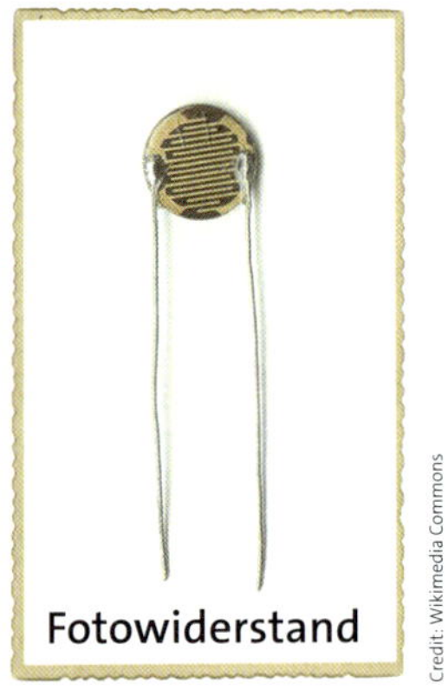
Fotowiderstand

Credit: Wikimedia Commons

Schaltzeichen eines Fotowiderstands

Eine Spannung mit Widerständen teilen

Wenn sich der Widerstand eines Fotowiderstands oder Potenziometers in einer Schaltung ändert, müssen sich gemäß dem Ohmschen Gesetz auch die Spannung und/oder der Strom ändern. (Siehe »Das Ohmsche Gesetz – eine Einführung« auf Seite 73, um die mathematischen Grundlagen zu wiederholen.) Wenn du den variablen Widerstand in einem sogenannten *Spannungsteiler* einsetzt, bekommst du eine Ausgangsspannung, die sich in Abhängigkeit vom Widerstand ändert. Mithilfe dieser sich ändernden Spannung lassen sich andere Bauelemente in einer Schaltung steuern. Und wenn du in der Lage bist, Spannungsteiler zu erkennen, kannst du besser herausfinden, wie andere Schaltungen arbeiten.

Wie sieht ein Spannungsteiler aus?

Wenn du zwei Widerstände mit dem gleichen Wert in Reihe schaltest und mit einer Batterie verbindest, wie es in der Abbildung dargestellt ist, beträgt die Spannung am Verbindungspunkt der beiden Widerstände die Hälfte der Batteriespannung – z.B. 4,5 V, wenn du mit einer 9-V-Batterie arbeitest. Diese Schaltung bezeichnet man als *Spannungsteiler*.

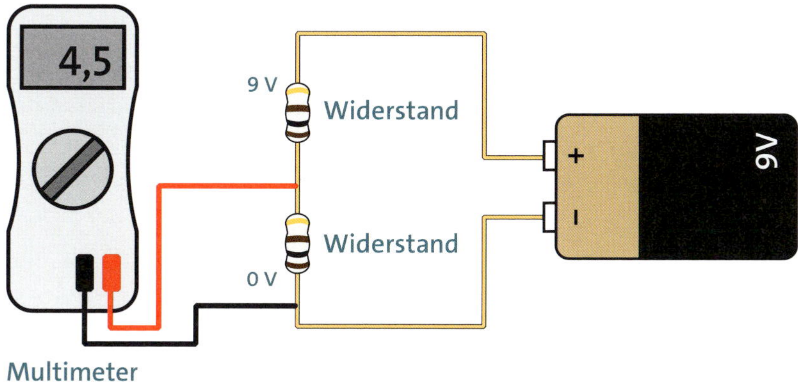

Wenn du keine gleich großen Widerstände verwendest, sondern unterschiedlich große, kannst du mit einem Spannungsteiler jede Spannung von 0 V bis zur Batteriespannung erzeugen. Dazu brauchst du nur ein paar einfache Rechnungen anzustellen.

Die Spannungen eines Spannungsteilers berechnen

Nehmen wir an, dass die folgende Schaltung gegeben ist. Wie groß ist die Ausgangsspannung (U_{aus}) dieser Schaltung?

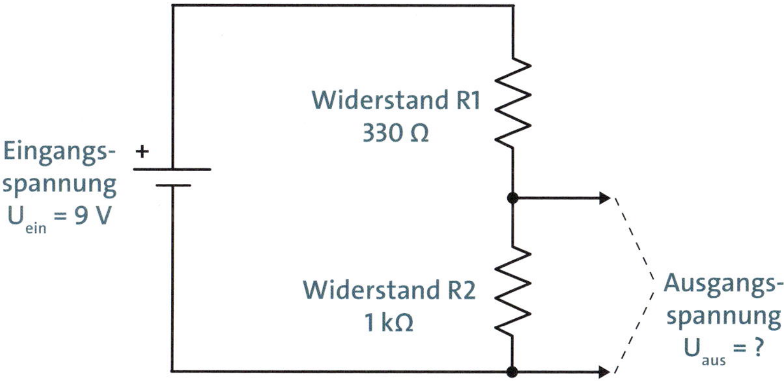

Um die Spannung U_{aus} zu berechnen, gibst du die Werte aus der Schaltung in die folgende Formel ein:

$$U_{aus} = U_{ein} \times \frac{R2}{R1 + R2}$$

$$U_{aus} = 9\,V \times \frac{1000\,\Omega}{330\,\Omega + 1000\,\Omega}$$

$$U_{aus} = 9\,V \times 0{,}752$$

$$U_{aus} = 6{,}77\,V$$

In diesem Beispiel beträgt die Ausgangsspannung 6,77 V – ungefähr zwei Drittel der 9-V-Eingangsspannung von der Batterie.

Wie ein Spannungsteiler helfen kann, Licht zu messen

Zu Beginn dieses Abschnitts habe ich erwähnt, dass der Spannungsteiler helfen kann, Licht zu messen. Doch wie lässt sich das bewerkstelligen? Ersetze einfach einen Widerstand im Spannungsteiler durch einen Fotowiderstand und du erhältst eine Schaltung, die eine Ausgangsspannung in Abhängigkeit von der Menge des Lichts liefert, das auf den Fotowiderstand auftrifft. Indem du den anderen Widerstand im Spannungsteiler anpasst, kannst du die Schaltung so einrichten, dass bei einer bestimmten Lichtmenge eine bestimmte Spannung entsteht. Wenn du den Ausgang dieser Schaltung mit einem Transistor verbindest, der einen Summer ansteuert, hast du einen lichtgesteuerten Alarm gebaut!

Projekt #15: Einen Sonnenaufgangsalarm bauen

Es ist nun an der Zeit, alle bisher in diesem Kapitel beschriebenen Konzepte zu einem unterhaltsamen Projekt zusammenzufassen: zu einem Sonnenaufgangsalarm!

Diese Schaltung startet einen Alarm, wenn sie Licht entdeckt. Nachdem du sie aufgebaut hast, kannst du sie auf das Fensterbrett stellen, wenn du zu Bett gehst. Bei Sonnenaufgang sollte die Schaltung das Licht erkennen und den Alarm auslösen, sodass dir nichts weiter übrig bleibt, als aufzustehen und den Alarm abzuschalten.

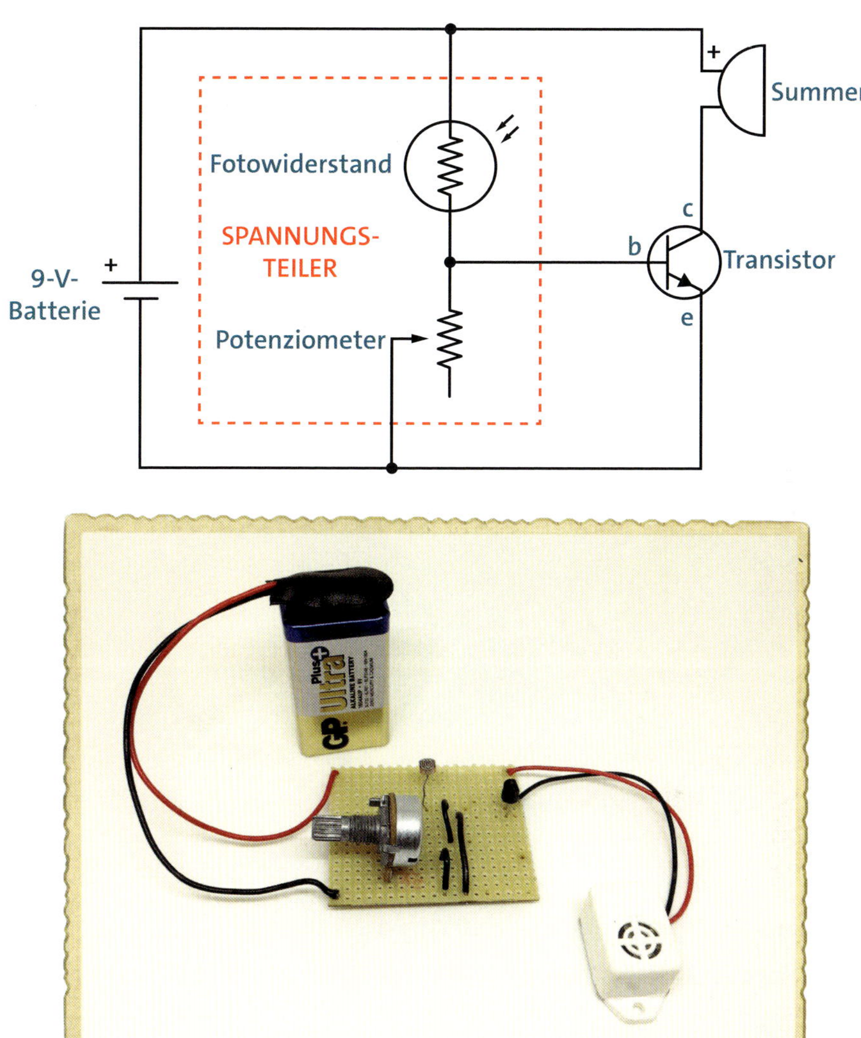

Dieses Projekt verwendet einen Transistor, einen Fotowiderstand, ein Potenziometer und einen Summer. Der Fotowiderstand und das Potenziometer bilden einen Spannungsteiler, und der Ausgang des Spannungsteilers ist an die Basis des Transistors angeschlossen. Die Lichtmenge, die der Fotowiderstand erkennt, bestimmt, ob der Transistor an oder aus ist. Wenn der Transistor an ist, fließt Strom durch den Summer, und der Summer erzeugt den Alarmton. Mit dem Potenziometer lässt sich einstellen, wie viel Licht die Schaltung braucht, bevor der Alarm ausgelöst wird.

Einkaufszettel

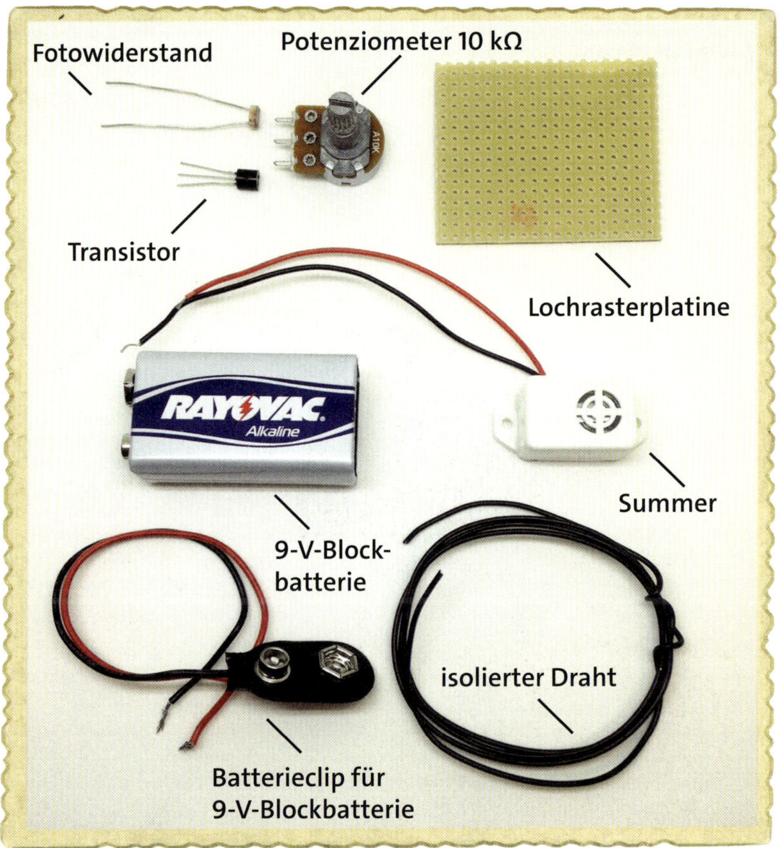

- **9-V-Blockbatterie**, um die Schaltung zu betreiben
- **Batterieclip für eine 9-V-Blockbatterie**, um die Batterie mit der Schaltung zu verbinden
- **Streifenrasterplatine** mit Kupferstreifen
- **isolierter Draht**, etwa 25 cm lang. Normaler Schaltdraht ist gut geeignet.
- ein **Transistor 2N3904**
- **10-kΩ-Potenziometer**
- **Fotowiderstand**, um Licht zu erkennen

- ein **Summer**, der ein Alarmsignal liefern kann. Summer gibt es in passiven und aktiven Versionen. Für dieses Projekt ist ein aktiver Summer erforderlich, der mit 9 V arbeitet, genau wie die Version in »Projekt #2: Einbruchsalarm« auf Seite 11.

Werkzeuge

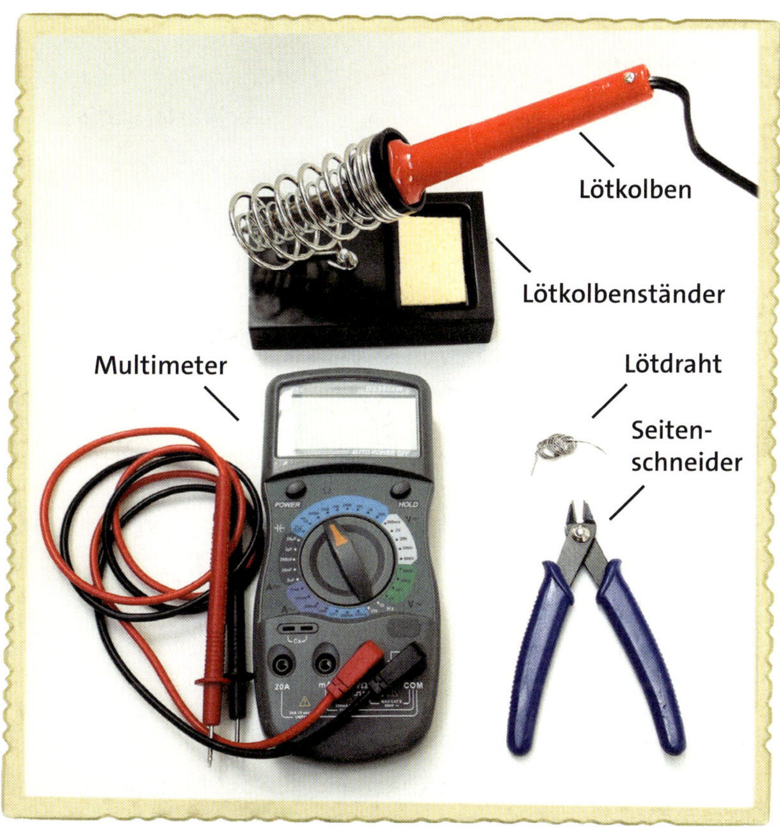

- **Lötkolben**
- **Lötkolbenständer**, um den Lötkolben nach Gebrauch darauf abzulegen
- **Lötdraht**
- **Multimeter**, um Spannungen zu messen, wenn die Schaltung nicht funktioniert
- **Seitenschneider**, um überstehende Bauelementeanschlüsse abzuschneiden

Schritt 1: Die Bauelemente auf der Lochrasterplatine platzieren

Platziere zunächst den Transistor, den Fotowiderstand und das Potenziometer auf der Lochrasterplatine. Biege die Anschlüsse von Fotowiderstand und Transistor auf der anderen Seite um, damit diese Bauelemente nicht wieder herausfallen. Der oberste Kupferstreifen dient als Verteilung für den Pluspol der Batterie und der unterste Streifen als Verteilung für den Minuspol.

In der Platinenzeichnung (rechts) sind die Bauelemente und die darunterliegenden Kupferstreifen zu sehen, während das Foto (links) den konkreten Aufbau zeigt.

Schritt 2: Die Bauelemente löten und die Anschlüsse kürzen

Vergleiche die Anordnung der Bauelemente mit dem Schaltplan zu Beginn des Projekts und der Abbildung in Schritt 1. Achte darauf, dass der Transistor richtig herum angeschlossen ist und dass ein Anschluss des Fotowiderstands im selben Kupferstreifen wie der mittlere Anschluss des Transistors steckt. Die anderen Anschlüsse, auch die des Potenziometers, sollten jeweils in einer eigenen Reihe stecken.

Wenn du sicher bist, dass die Bauelemente richtig platziert sind, lötest du die Anschlüsse auf der Lochrasterplatine fest.

Wenn du mit dem Löten fertig bis, schneidest du die überstehenden Bauelementeanschlüsse ab.

Schritt 3: Den Summer auf der Platine befestigen

Als Nächstes lötest du den Summer auf die Lochrasterplatine. Stecke den positiven (roten) Anschluss des Summers durch ein Loch in der obersten Kupferreihe, in der auch der Fotowiderstand steckt. Dann steckst du den negativen (schwarzen) Anschluss in dieselbe Reihe wie den Kollektoranschluss des Transistors. Löte beide Anschlüsse des Summers fest.

Schritt 4: Die restlichen Verbindungen mit Drähten herstellen

Wenn du den bisherigen Aufbau mit dem Schaltplan vergleichst, siehst du, dass noch einige Verbindungen fehlen. Um die Schaltung zu komplettieren, musst du noch den Batterieclip auf die Lochrasterplatine löten. Außerdem sind noch folgende Verbindungen erforderlich:

- Die Basis des Transistors muss mit dem oberen Anschluss des Potenziometers verbunden werden.
- Der mittlere Anschluss des Potenziometers ist an den Minuspol der Batterie anzuschließen.
- Der Emitter des Transistors muss mit dem Minuspol der Batterie verbunden werden.

Diese restlichen Verbindungen kannst du als Drahtbrücken mit drei kurzen Drahtstücken wie diesem auf die Platine löten:

Schneide ein Stück Draht von etwa 5 cm Länge zurecht und entferne die Isolierung auf etwa 5 mm an beiden Enden. Da es mitunter schwierig ist, die Isolierung von kurzen Drähten zu entfernen, kannst du auch einen längeren Draht verwenden. Wenn du weißt, bei welcher Länge du die Isolierung problemlos entfernen kannst, bereitest du noch zwei Drähte vor. Dann lötest du die drei Drähte auf die Platine, um die restlichen Verbindungen fertigzustellen.

Führe einen Draht von der Basis des Transistors zum oberen Anschluss des Potenziometers. Als Nächstes verbindest du einen Draht vom mittleren Anschluss des Potenziometers mit einer leeren Reihe im unteren Teil der Platine. Schließlich legst du einen Draht von derselben Reihe der Platine, wo du den vorherigen Draht durchgesteckt hast, zu der Reihe, in der sich der Emitter des Transistors befindet. Kontrolliere, ob die Verdrahtung mit den Abbildungen übereinstimmt, und löte dann die Drähte auf der Platine fest.

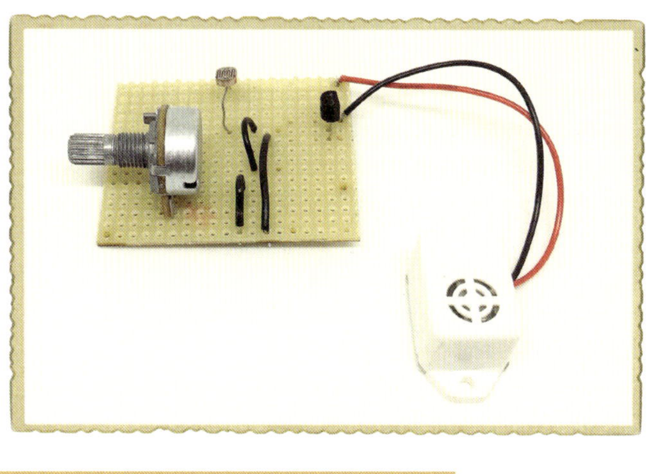

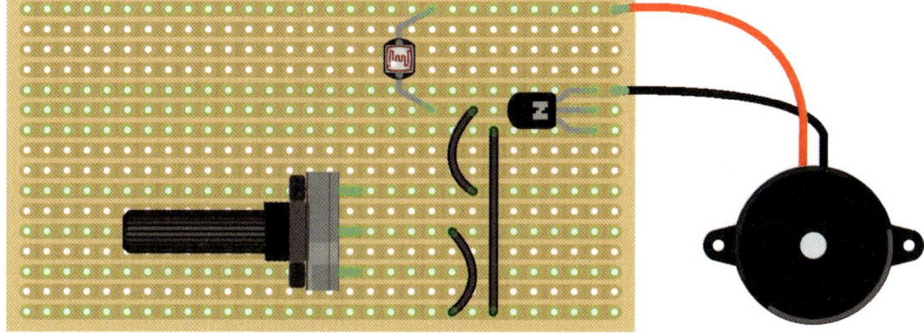

Schritt 5: Den Batterieclip auf die Platine löten

Alles, was noch fehlt, ist der Batterieclip. Löte den roten Draht des Batterieclips an die oberste Kupferreihe der Platine. In der obersten Reihe sollten auch der Anschluss des Fotowiderstands und der rote Draht des Summers stecken. Löte den schwarzen Draht des Batterieclips in der untersten Reihe fest.

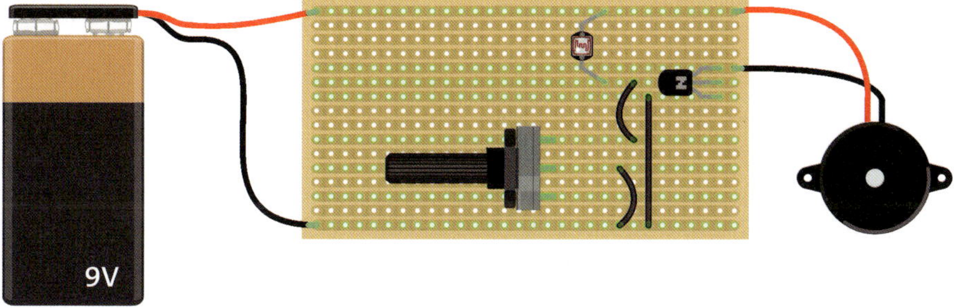

Schritt 6: Einen Weckruf einrichten

Schließe die Batterie an und bringe die Schaltung an eine Stelle im Zimmer, wo gerade so viel Licht scheint, wie du für die Auslösung des Alarms haben willst. Drehe die Achse des Potenziometers, bis du eine Position findest, wo der Alarm auf einen kleinen Drehrichtungswechsel hin ein- und ausschaltet. Drehe nun die Achse gerade so weit, dass der Alarm durchgängig an ist. Lege die Hand über den Fotowiderstand, um den Lichteinfall zu blockieren. Der Alarm sollte ausgehen. Wenn du deine Hand wegnimmst, sollte der Alarm wieder angehen.

Klemme die Batterie von der Schaltung ab und warte, bis es Zeit zum Schlafengehen ist. Stelle die Schaltung bei ausgeschalteter Beleuchtung in das Fenster, schließe die Batterie an und lege dich schlafen. Wenn bei Sonnenaufgang das Licht draußen so hell ist, wie es beim Einstellen der Schaltung mit dem Potenziometer war, wirst du mit deinem eigenen Sonnenaufgangsalarm geweckt!

Schritt 7: Was ist, wenn kein Ton zu hören ist?

Gehe die Schaltung Bauteil für Bauteil durch, vorzugsweise mit einem Freund zusammen. Kontrolliere, ob alle Verbindungen auf der Lochrasterplatine genau wie im Schaltplan angegeben vorhanden sind. Vergewissere dich auch, dass keine *Kurzschlüsse* auftreten können. Ein Kurzschluss ist eine ungewollte Verbindung zwischen zwei Punkten in einer Schaltung. Zum Beispiel musst du darauf achten, dass sich eng nebeneinanderliegende Lötverbindungen nicht berühren.

Wenn optisch alles in Ordnung scheint, misst du mit dem Multimeter die Spannung zwischen Basis und Emitter des Transistors. Drehe zuerst die Achse des Potenziometers ganz zu einer Seite, miss die Spannung und notiere sie dir. Dann drehst du das Potenziometer bis in die andere Endstellung und misst erneut die Spannung. Auf der einen Seite sollte das Multimeter 0 V anzeigen und auf der anderen Seite ungefähr 0,7 V. Wenn das nicht der Fall ist, prüfst du die Verbindungen noch einmal.

Wenn du immer noch keinen Anhaltspunkt hast, was falsch sein könnte, drehst du das Potenziometer bis in eine Endstellung und misst die Spannung zwischen den roten und schwarzen Summeranschlüssen. Dann drehst du das Potenziometer in die andere Endstellung und misst noch einmal. Auf der einen Seite solltest du 0 V erhalten, auf der anderen Seite etwa 8 bis 9 V.

Wenn dies alles scheitert, kontrollierst du noch einmal genau die Lötverbindungen und lötest die Stellen nach, die wie unvollständige Verbindungen (sogenannte »kalte Lötstellen«) aussehen. Und wenn du die Schaltung fehlerfrei aufgebaut hast, sind vielleicht defekte Bauelemente schuld. Baue dann das Projekt noch einmal mit neuen Bauelementen auf dem Steckboard auf, und wenn hier alles funktioniert, lötest du die Schaltung stattdessen mit diesen Bauelementen zusammen.

Probiere es aus: Temperaturgesteuerter Lüfter

Die Schaltung, die du in Projekt #15 aufgebaut hast, kannst du auch für andere Zwecke einsetzen. Wenn du zum Beispiel den Fotowiderstand durch einen *Thermistor* ersetzt, d.h. durch einen Widerstand, der seinen Wert in Abhängigkeit von der Temperatur ändert, reagiert die Schaltung auf die Temperatur statt auf Licht.

Außerdem ist es möglich, das gesteuerte Gerät auszutauschen. Anstelle einer LED mit Reihenwiderstand kannst du es mit einem Lüfter probieren. Dann hast du einen temperaturgesteuerten Lüfter! Der Schaltplan sieht so aus:

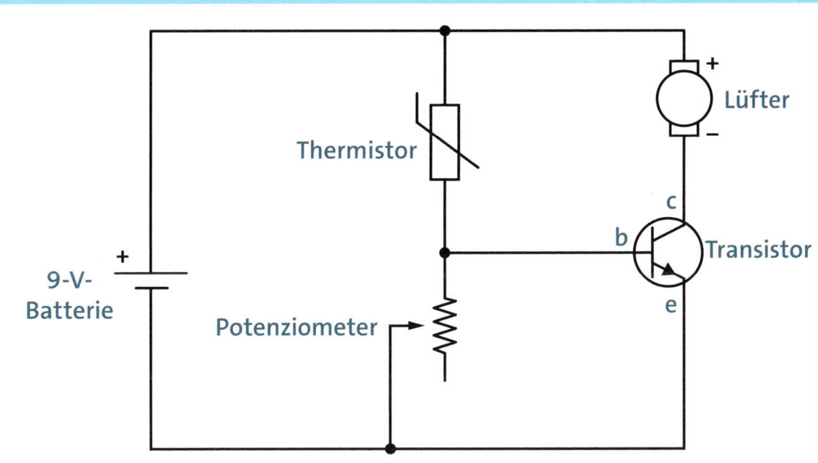

Du brauchst folgende Teile:

- **9-V-Blockbatterie**, um die Schaltung zu betreiben
- **Batterieclip für eine 9-V-Blockbatterie**, um die Batterie mit der Schaltung zu verbinden

- **Streifenrasterplatine** mit Kupferstreifen
- **isolierten Draht**, etwa 25 cm lang. Normaler Schaltdraht ist gut geeignet.
- **10-kΩ-Thermistor**
- **10-kΩ-Potenziometer**
- einen **Transistor PN2222A**
- einen **12-V-Gleichstromlüfter**

Für diese Schaltung habe ich einen anderen Transistor angegeben. Verschiedene Transistoren können unterschiedlich große Ströme verarbeiten. Da ein Lüfter wesentlich mehr Strom als eine LED zieht, habe ich einen Transistor ausgesucht, der mehr Strom als der bisher verwendete Transistor schalten kann.

Um die Schaltung zu testen, nimmst du zuerst einen Eiswürfel, um den Thermistor zu kühlen. Dann erwärmst du den Thermistor mit deinen Fingern und beobachtest, wann der Lüfter eingeschaltet wird.

Was kommt als Nächstes?

In diesem Kapitel hast du gelernt, wie das wichtigste Bauelement in der Elektronik – der Transistor – funktioniert. Außerdem hast du das Potenziometer und den Fotowiderstand kennengelernt und diese Bauelemente zu einer Schaltung kombiniert, die einen Weckalarm bei Sonnenaufgang auslöst.

Nun kennst du fast alle der gebräuchlichsten Bauelemente in der Elektronik! Und du hast auch schon einige Erfahrungen mit dem Löten gesammelt. In den folgenden Kapiteln wirst du Schaltungen wieder auf einem Steckboard aufbauen, weil sich hier Fehler einfacher beseitigen lassen und du die Bauelemente wiederverwenden kannst. Wenn du an einer dauerhaften Version einer Schaltung interessiert bist, sei auf Kapitel 6 zum Thema Löten verwiesen.

In Kapitel 8 geht es um integrierte Schaltkreise. Diese Miniaturbauelemente enthalten komplette Schaltungen, die auf einen winzigen Chip zusammengeschrumpft wurden. Mit solchen Chips lassen sich die verblüffendsten Schaltungen aufbauen. Was ich damit meine, wirst du verstehen, wenn du in Kapitel 8 dein eigenes elektronisches Instrument aufbaust!

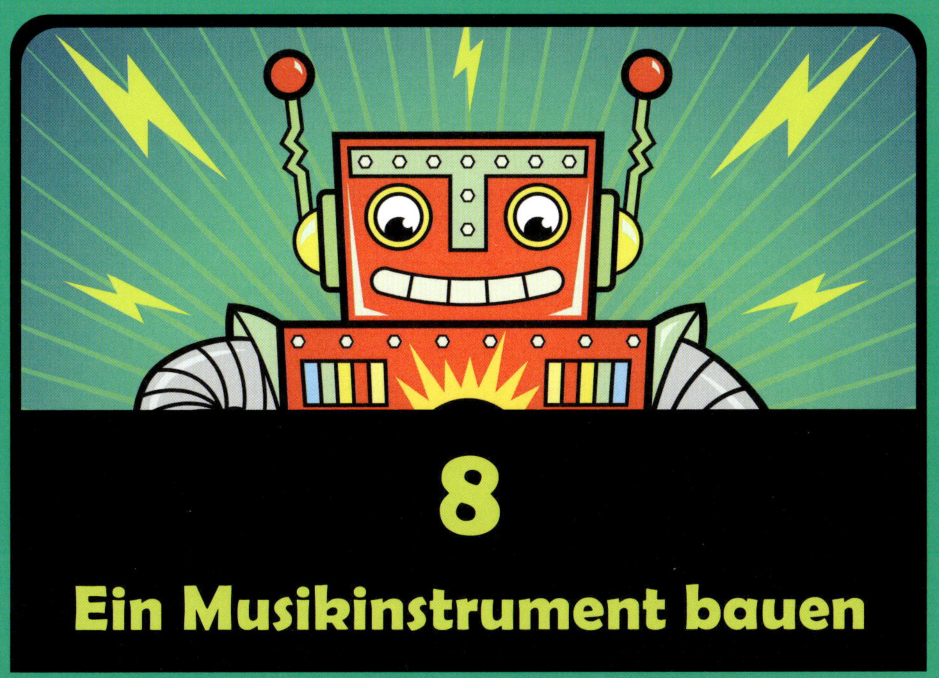

8 Ein Musikinstrument bauen

Dieses Kapitel zeigt, wie du mit elektronischen Bauelementen Töne erzeugen kannst! Im Unterschied zu den bisher aufgebauten Projekten verwenden die Projekte dieses Kapitels einen integrierten Schaltkreis (IC, integrated circuit). Er verkörpert eine komplette Schaltung, die auf ein winziges Plättchen geschrumpft und in einem kleinen Gehäuse untergebracht wurde. Prinzipiell lassen sich alle Arten von Schaltungen als ICs realisieren, und die meisten Haushaltsgeräte sind voll von ihnen. Du brauchst nur einmal in einen Computer oder ein elektronisches Spielzeug zu schauen – dort wirst du schnell fündig.

Zu Beginn erkläre ich im Detail, was ein IC ist, und beschreibe, wie sich herausfinden lässt, was ein bestimmter IC tut. Dann wirst du einige praktische Erfahrungen mit ICs sammeln und eine einfache Schaltung aufbauen, die seltsame Geräusche erzeugt. Am Ende des Kapitels zeige ich, wie du dein ganz spezielles elektronisches Instrument aufbaust, mit dem du musizieren kannst!

Der integrierte Schaltkreis (IC)

Ein *integrierter Schaltkreis* – im Englischen Integrated Circuit, kurz IC, oder auch *Chip* genannt – ist eine miniaturisierte Schaltung, die als komplette Einheit in einem kleinen (meist schwarzen) Kunststoffgehäuse untergebracht ist. Um andere Bauelemente mit dem Innenleben des IC verbinden zu können, besitzen alle ICs sogenannte *Pins* (Anschlüsse) aus Metall, die bestimmte Punkte der integrierten Schaltung nach außen hin zugänglich machen.

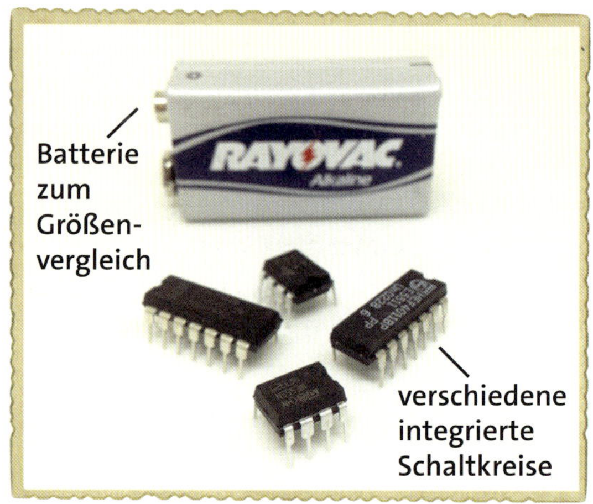

Im Inneren kann ein IC eine Music-Player-Schaltung enthalten, ein komplettes Radio, eine Fernbedienung oder etwas gänzlich anderes. Da allein ein einziger IC eine sehr komplexe Schaltung beherbergen kann, lassen sich mithilfe von ICs Schaltungen mit vielen verschiedenen Funktionen aufbauen, ohne alles von Grund auf neu entwickeln zu müssen.

ICs und Datenblätter

Manche ICs haben nur 8 Pins, andere ICs mehr als 100! Um herauszufinden, welche Bedeutung jeder Pin an einem bestimmten IC hat, muss man im Datenblatt des IC nachsehen, genau wie beim Relais in »Projekt #11: Ein

Blinklicht!« auf Seite 101. Datenblätter beschreiben die Funktion jedes Pins und zeigen oftmals auch Beispiele, wie die ICs in einer Schaltung eingesetzt werden. Um das Datenblatt für ein Bauelement zu finden, gibst du in eine Suchmaschine den Namen des Bauelements ein und fügst den Begriff »Datasheet« hinzu. (Eine Suche mit dem deutschen Begriff »Datenblatt« liefert oftmals weniger Treffer, weil die meisten Datenblätter für Bauelemente nur in Englisch verfügbar sind. Auch die Websites von Online-Händlern bieten als Service den Download von Datenblättern für die von ihnen gehandelten Bauelemente an.)

Datenblätter enthalten oftmals Tabellen mit jeder Menge Zahlen und technischen Begriffen, sodass dir das Datenblatt für einen IC auf den ersten Blick sehr komplex erscheinen mag. Normalerweise musst du aber gar nicht das gesamte Datenblatt studieren. Vielmehr suchst du dir einfach die benötigten Angaben (wie zum Beispiel die Anschlussbelegung) heraus und baust dann deine Schaltung weiter auf.

Wie sich Schall mit Elektrizität erzeugen lässt

Schall ist das, was du wahrnimmst, wenn sich Luft sehr schnell hin- und herbewegt oder *vibriert*. Viele Geräte, die Klänge erzeugen, wie beispielsweise das Soundsystem in einem Auto, verwenden hierfür einen *Lautsprecher*, ein Bauelement, das Luft schnell genug in Schwingungen versetzen kann, um Schall zu erzeugen.

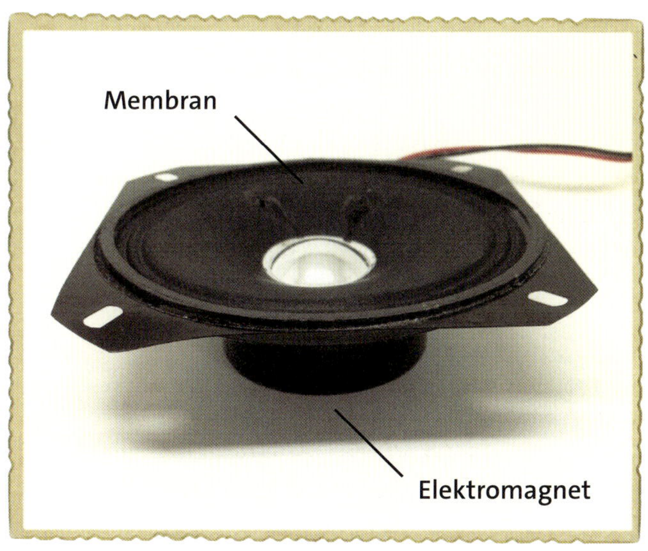

Ein Lautsprecher besteht aus einem Elektromagneten, der eine *Membran* bewegt. Die Oberfläche der Membran stößt die vor ihr liegende Luft an und versetzt sie in Schwingungen. Wenn eine Schaltung den Strom durch den Elektromagneten des Lautsprechers zum Beispiel 1.000-mal pro Sekunde ein- und ausschaltet, bewegt die Membran die Luft 1.000-mal je Sekunde hin und zurück. Die Anzahl dieser Schwingungen pro Sekunde ist die sogenannte *Frequenz* des Tones. Die Frequenz wird in Hertz (Einheitenzeichen Hz) gemessen. Eine Frequenz von 1.000 Schwingungen pro Sekunde, oder 1000 Hz, erzeugt ein gleichmäßiges Pfeifen.

Töne, die der Mensch hören kann

Der Mensch kann Töne nur von etwa 20 Hz bis etwa 20.000 Hz hören. In »Projekt #11: Ein Blinklicht!« auf Seite 101 hast du eine Schaltung gebaut, die etwa einmal pro Sekunde geblinkt hat. Hättest du den Ausgang der Schaltung nicht mit der LED, sondern mit einem Lautsprecher verbunden, würde der Lautsprecher einen »Ton« mit einer Frequenz von 1 Hz abgeben – viel zu niedrig, um ihn hören zu können. Stattdessen würdest du nur ein Klicken wahrnehmen, wenn der Lautsprecher ein- und ausgeschaltet wird.

Um also hörbare Töne zu erzeugen, brauchst du eine Schaltung, die die Spannung zu einem Lautsprecher Hunderte oder Tausende Male pro Sekunde ein- und ausschalten kann! Zum Glück gibt es einen IC, der dir hierbei zu Hilfe kommt.

Der 555-Timer

Zu den klassischen integrierten Schaltkreisen gehört der *Timer* mit der Typbezeichnung *555*. Damit ist es möglich, Dinge schnell ein- und auszuschalten. Zum Beispiel könntest du mit einem 555-Timer ein Licht blinken lassen oder den Ausgang des Timers mit einem Lautsprecher verbinden, um einen Ton zu erzeugen. Außer dem Timer brauchst du noch einige Widerstände und Kondensatoren. Indem du die Werte dieser Bauelemente sorgfältig auswählst, kannst du steuern, wie schnell das Licht blinkt oder wie hoch die Frequenz des Tones ist. Der 555-Timer ist bei Bastlern sehr beliebt, weil er preiswert ist

und sich vielseitig einsetzen lässt, nachdem man einmal die Grundlagen beherrscht. Für die Projekte in diesem Kapitel verwendest du einen 555-Timer, wie ihn die Abbildung zeigt.

Die Betriebsspannung für einen IC

Das Datenblatt für den 555-Timer gibt Auskunft über die Bedeutung jedes Pins. Wenn du »555 timer datasheet« in eine Suchmaschine eingibst, wirst du schnell ein Datenblatt finden, das du herunterladen kannst. In diesem Datenblatt wirst du eine *Anschlussbelegung* wie die folgende finden (englische Bezeichnungen in Klammern):

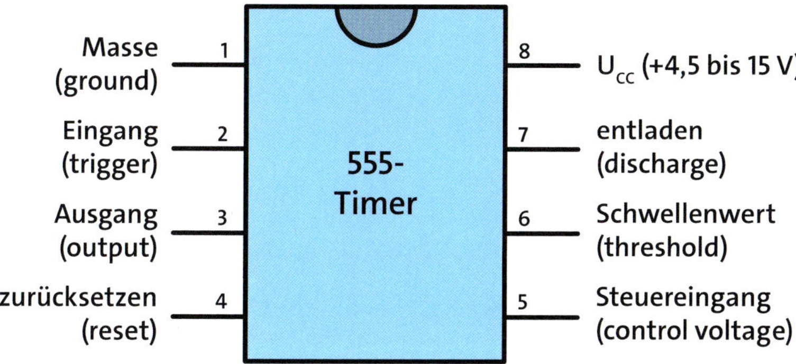

Der 555-Timer hat acht Pins. Die Pins von ICs werden entgegen dem Uhrzeigersinn nummeriert, oben links beginnend. (Was oben ist, wird durch eine Kerbe oder eine Aussparung gekennzeichnet; manche ICs haben beides.) Das Datenblatt beschreibt die Funktionen der acht Pins, wobei aber die folgenden beiden momentan am wichtigsten sind:

- **Pin 1, Masse:** Dieser Pin muss mit dem Minuspol der Batterie verbunden sein. In Schaltplänen, die auch ICs enthalten, bezeichnet man diesen Anschluss auch mit GND, was für den englischen Begriff Ground (= Masse) steht.
- **Pin 8, U_{CC}:** Dieser Pin ist mit dem Pluspol der Batterie zu verbinden. Da die Betriebsspannung zwischen 4,5 V und 15 V liegen darf, ist eine 9-V-Batterie gut geeignet. Bei manchen ICs wird dieser Pin auch U_{DD} genannt.

Pins für die positive Betriebsspannung (U_{CC}) und Masse sind bei allen ICs vorhanden. Über diese Pins musst du dich zuallererst im Datenblatt informieren, da sie dazu dienen, die Schaltung im Inneren des IC mit Strom zu versorgen.

Das Datenblatt zeigt auch, wie der 555-Timer in einer Schaltung zu verbinden ist. Für dieses Projekt ist vor allem eine Schaltung in der Betriebsart *astabiler Modus* interessant. Dabei bedeutet *astabil*, dass sich etwas kontinuierlich ändert (nicht stabil ist). Im astabilen Modus schaltet der 555-Timer seinen Ausgang fortwährend ein und aus. Das ist hervorragend geeignet, um ein Blinklicht oder einen Sound zu erzeugen! Der folgende Schaltplan zeigt die Schaltung, mit der sich der Ausgang des 555-Timers ein- und ausschalten lässt:

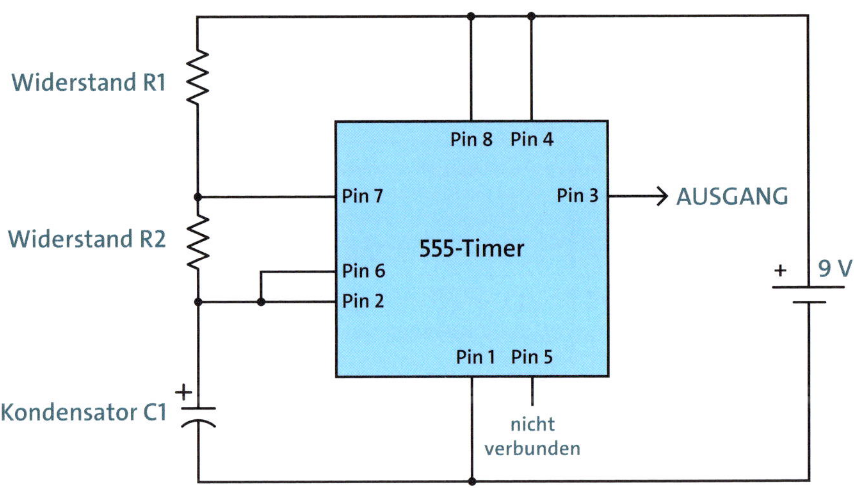

HINWEIS *Die Positionen der 555-Pins wurden so gewählt, wie sie für die Darstellung im Schaltplan zweckmäßig sind; sie entsprechen nicht der Anordnung am IC selbst.*

Die Ausgangsfrequenz des 555-Timers einstellen

Die Werte von R1, R2 und C1 im Schaltplan bestimmen, wie lange der Ausgangs-Pin auf *High* bleibt – d.h. eine Ausgangsspannung nahe der Betriebsspannung annimmt – und wie lange er auf *Low* schaltet – d.h. eine Ausgangsspannung nahe 0 V aufweist. Die Geschwindigkeit oder Frequenz, mit der die Ausgangsspannung wechselt, ist die Anzahl der Spannungswechsel von *High* nach *Low* in einer Sekunde. Wenn der 555-Timer wie im Schaltplan gezeigt im astabilen Modus verdrahtet ist, wird die Ausgangsfrequenz durch die Widerstände R1 und R2 und den Kondensator C1 bestimmt und lässt sich nach der folgenden Formel berechnen:

$$\text{Frequenz} = \frac{1{,}44}{(R1 + R2 + R2) \times C1}$$

Hier sind die Widerstandswerte in Ohm und die Kapazität in Farad anzugeben. Um die Frequenz zu ermitteln, ersetzt du zuerst R1, R2 und C1 in der Formel durch die Werte dieser Bauelemente und berechnest dann den Ausdruck auf der rechten Seite vom Gleichheitszeichen mit einem Taschenrechner.

Probieren wir das an einem Beispiel. Stell dir eine Schaltung mit den folgenden Bauelementewerten vor:

- R1 = 100 kΩ
- R2 = 10 kΩ
- C1 = 10 nF

Wie groß ist die Frequenz am Ausgang? Du gibst diese Werte in die Formel ein:

$$\text{Frequenz} = \frac{1{,}44}{(100\ \text{k}\Omega + 10\ \text{k}\Omega + 10\ \text{k}\Omega) \times 10\ \text{nF}}$$

$$\text{Frequenz} = \frac{1{,}44}{(120\ \text{k}\Omega) \times 10\ \text{nF}}$$

Nun wandelst du die Einheiten um, sodass sich die Werte einfacher multiplizieren lassen (120 kΩ = 120.000 Ω und 10 nF = 0,00000001 F):

$$\text{Frequenz} = \frac{1{,}44}{120.000\ \Omega \times 0{,}00000001\ \text{F}}$$

$$\text{Frequenz} = 1.200\ \text{Hz}$$

Entsprechend dieser Berechnung sollte der Ausgang bei diesen Werten 1.200-mal pro Sekunde ein- und ausschalten.

Projekt #16: Eigene Töne mit dem 555-Timer erzeugen

Dieses Projekt zeigt dir, wie du einen Ton mit einer Frequenz von etwa 1.200 Hz über einen Lautsprecher abspielst. Das ist ziemlich cool! Allerdings ist es nicht gerade wohltuend, einem 1.200-Hz-Ton zu lauschen. Und wenn du Haustiere hast, dürften die noch weniger davon begeistert sein. Als ich diese Schaltung im Haus meiner Eltern ausprobiert hatte, kam ihr Hund zu mir und sah sehr verwirrt und ein wenig verängstigt aus. Ich habe die Batterie schnell abgeklemmt und meine Experimente an einen Ort verlegt, wo sich keine Haustiere aufhielten. Es ist ganz allgemein keine gute Idee, solche Projekte auszuprobieren, wenn Haustiere in der Nähe sind. Denn viele Tiere können ein wesentlich größeres Frequenzspektrum wahrnehmen als der Mensch.

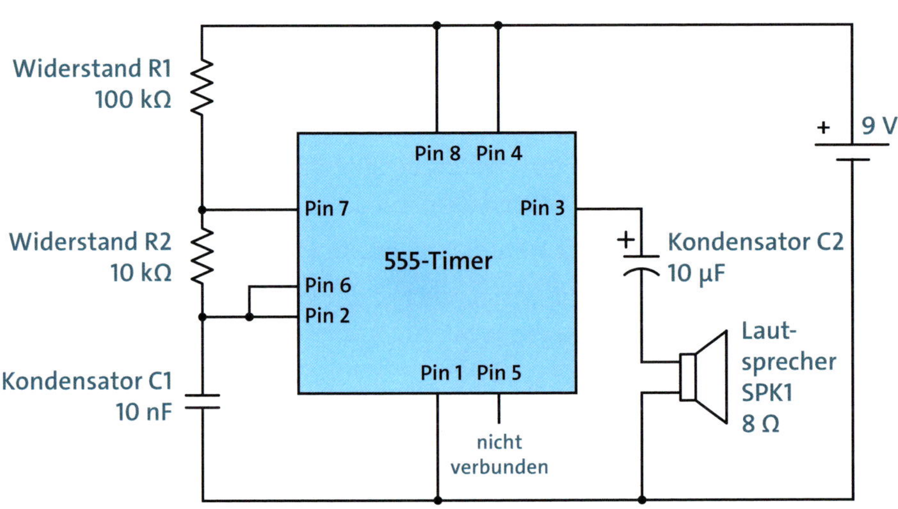

Einkaufszettel

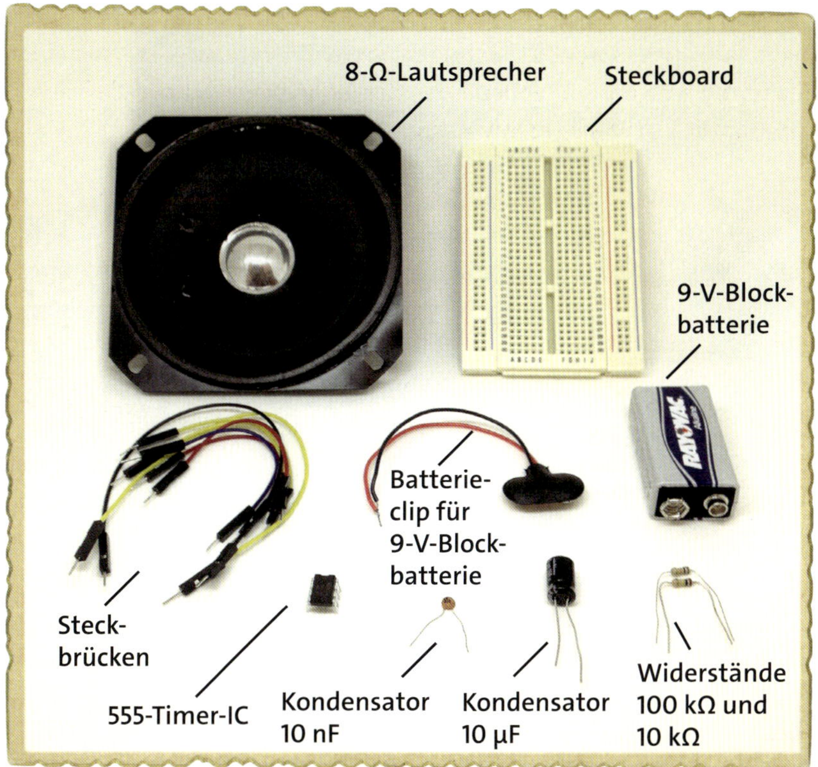

- **9-V-Blockbatterie**, um die Schaltung zu betreiben
- **Batterieclip für eine 9-V-Blockbatterie**, um die Batterie mit der Schaltung zu verbinden
- ein **Steckboard** mit mindestens 30 Reihen
- mehrere **Steckbrücken**, um Verbindungen einfach herstellen zu können (normaler Schaltdraht tut es aber auch)
- ein **555-Timer-IC**, um das Timing zu erzeugen
- **8-Ω-Lautsprecher**, um den Ton wiederzugeben
- **10-μF-Kondensator**, um den Lautsprecher anzuschließen
- **10-nF-Kondensator**, um die Frequenz des Tons einzustellen
- **100-kΩ-Widerstand**, um die Frequenz des Tons einzustellen
- **10-kΩ-Widerstand**, um die Frequenz des Tons einzustellen

Schritt 1: Den 555-Timer auf dem Steckboard platzieren

Da diese Schaltung um den 555-Timer-IC aufgebaut ist, steckst du als Erstes diesen IC in die Mitte des Steckboards, sodass sich die anderen Bauelemente leicht um ihn herum anschließen lassen.

HINWEIS *Wenn du einen IC auf einem Steckboard platzierst, steckst du ihn immer über die mittlere Rille, wobei links davon eine Gruppe von Pins steckt und die andere Hälfte der Pins auf der rechten Seite. Andernfalls werden Pins, die in derselben Reihe des Steckboards stecken, miteinander verbunden (kurzgeschlossen) sein.*

Richte die Markierung des IC (die Einkerbung) auf dem Steckboard nach oben aus, sodass sich Pin 1 in der linken oberen Ecke und Pin 8 in der rechten oberen Ecke befinden, wie es die Abbildung zeigt. Kontrolliere mehrfach, dass der Chip richtig herum wie hier beschrieben eingesteckt ist, da sonst die übrigen Anweisungen in diesem Projekt nicht funktionieren würden.

Schritt 2: Die Frequenz einstellen

Als Nächstes verbindest du die Bauelemente, die für die Frequenz zuständig sind: die Widerstände R1 und R2 sowie den Kondensator C1. Da der Kondensator C1 nicht gepolt ist, spielt es keine Rolle, wie herum du ihn anschließt. Verwende die beiden rechten Lochspalten als Verteiler für die positive und negative Betriebsspannung: die rote Spalte für den Pluspol und die andere für den Minuspol.

Verbinde R1 (den 100-kΩ-Widerstand) von Pin 7 des 555-Timers mit dem Plus-Verteiler, R2 (den 10-kΩ-Widerstand) von Pin 6 nach Pin 7 und C1 (den 10-nF-Kondensator) von Pin 6 mit dem Minus-Verteiler. Verbinde dann Pin 2 und Pin 6 mit einer Steckbrücke, um die erforderliche Beschaltung für die Einstellung der Frequenz abzuschließen.

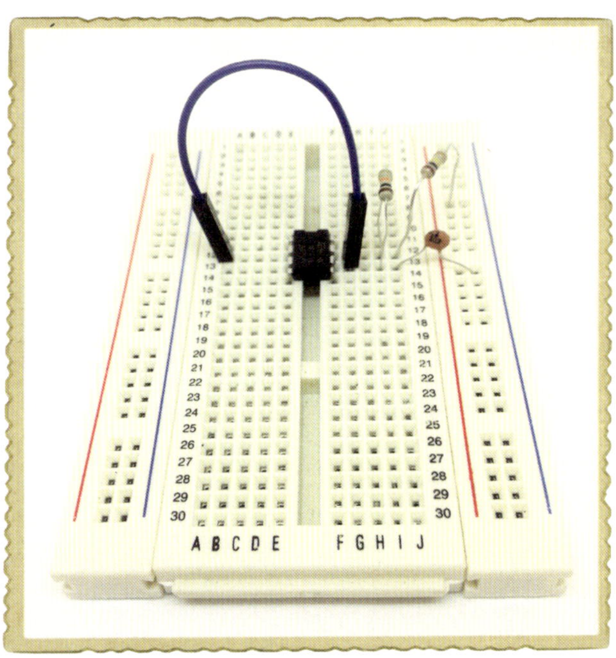

Schritt 3: Lautsprecher und Koppelkondensator anschließen

Alle erforderlichen Bauelemente, um den Ausgang (Pin 3) des 555-Timers 1.000-mal je Sekunde ein- und auszuschalten, sollten jetzt auf dem Steckboard platziert sein. Würde man den Lautsprecher direkt an den Ausgang anschließen, wäre der Strom durch den Lautsprecher sehr groß, was möglicherweise sowohl den Lautsprecher als auch den 555-Timer zerstören könnte.

Der Lautsprecher ließe sich zwar auch über einen Widerstand anschließen, um den Strom zu verringern, doch besser ist ein Kondensator. Denn wenn an einem Kondensator eine Wechselspannung liegt, wirkt er wie ein Widerstand, während er den Strom bei einer (konstanten) Gleichspannung blockiert. Folglich fließt nahezu kein Strom durch den Lautsprecher, außer wenn wirklich eine Tonfrequenz wiederzugeben ist. Wenn man einen Kondensator in dieser Weise einsetzt, spricht man von einem *Koppelkondensator*.

Da der 10-µF-Koppelkondensator für dieses Projekt gepolt ist, müssen wir zuerst den Minuspol des Kondensators ermitteln. Den Pluspol des Kondensators verbindest du mit dem Ausgang des 555-Timers, d.h. mit Pin 3. Dann steckst du den Minuspol des Kondensators in eine leere Reihe auf deinem Steckboard.

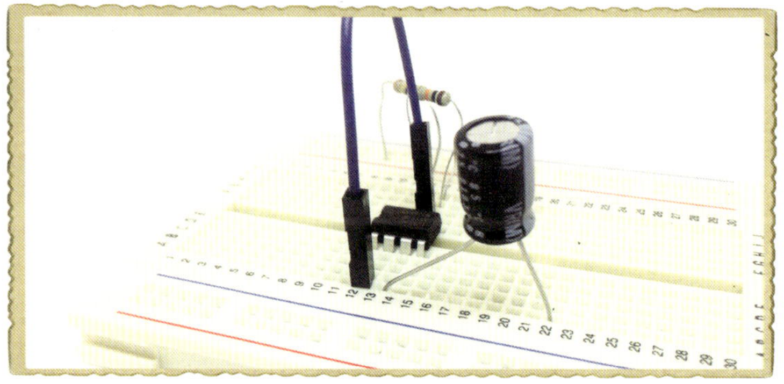

Als Nächstes schließt du den Lautsprecher an. Falls er noch keine Anschlussdrähte besitzt, lötest du an die beiden Kontakte auf der Rückseite des Lautsprechers zwei Drähte von etwa 15 cm Länge an (wobei Bezeichnungen wie + oder – an den Lautsprecherkontakten für unser Projekt keine Rolle spielen). Dann verbindest du einen der Lautsprecherdrähte mit derselben Reihe, in der der Minuspol des Kondensators steckt, und den anderen Draht mit der Verteilerspalte für die negative Betriebsspannung.

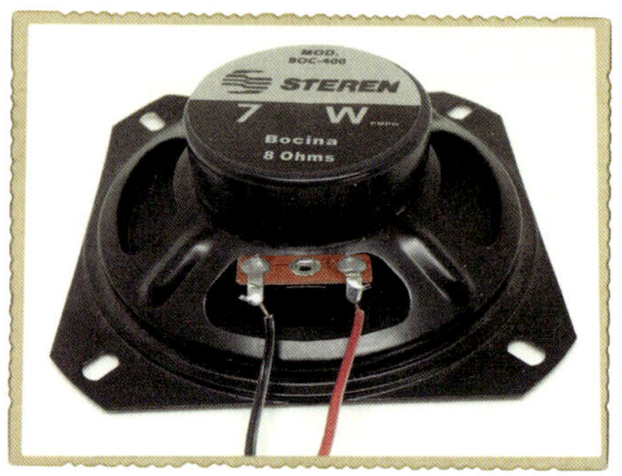

Schritt 4: Die Pins für Betriebsspannung und Reset verbinden

Wenn du den Steckboard-Aufbau mit dem Schaltplan zu Beginn des Projekts vergleichst, wird deutlich, dass noch einige Verbindungen fehlen. Nachdem du alle Bauelemente auf dem Steckboard platziert hast, kannst du diese Verbindungen mit Steckbrücken herstellen. Das betrifft die folgenden Verbindungen:

- von Pin 1 des 555-Timers zum Verteiler für die negative Betriebsspannung
- von Pin 8 des 555-Timers zum Verteiler für die positive Betriebsspannung
- von Pin 4 des 555-Timers zum Verteiler für die positive Betriebsspannung

In dieser Schaltung gibt es keine Verbindung zu Pin 5 des 555-Timers.

Schritt 5: Töne erzeugen!

Schließe den Batterieclip an die Verteilerspalten auf der rechten Seite des Steckboards an. Der rote Draht ist mit der Spalte für die positive Spannung zu verbinden, der schwarze Draht mit der Spalte für die negative Spannung.

Wenn du fertig bist, schließt du die Batterie an und solltest ein lautes Pfeifen hören. Gratulation: Du hast gerade deinen ersten elektronischen Ton erzeugt!

Schritt 6: Was ist, wenn kein Ton zu hören ist?

Es gibt in dieser Schaltung jede Menge Verbindungen. Wenn also deine Schaltung nicht auf Anhieb funktioniert, keine Bange: Das passiert irgendwann jedem einmal, der mit Elektronik zu tun hat. Als Erstes klemmst du die Batterie ab und überprüfst dann die Anschlüsse der Widerstände und Kondensatoren. Da diese Anschlüsse ziemlich lang sind, können sie unbeabsichtigt mit anderen Anschlüssen in Kontakt geraten, wodurch ein Kurzschluss entsteht. (Wenn du zum Beispiel versehentlich den Anschluss für den Pluspol der Batterie direkt mit dem Anschluss für den Minuspol verbindest, schließt du die Batterie kurz.)

Als Nächstes kontrollierst du die Bauelementeverbindungen zum 555-Timer. Die Pins des 555-Timers müssen mit der übrigen Schaltung genau nach Schaltplan verbunden sein, da der IC sonst nicht funktioniert. Wenn viele Verbindungen vorhanden sind, steckt man leicht einen Draht in die falsche Reihe des Steckboards.

Verbindungen im Team überprüfen

Die *Fehlersuche* in Schaltungen ist einfacher, wenn dir jemand dabei hilft. Solltest du steckenbleiben, bitte jemanden, sich den Schaltplan anzusehen und die Verbindungen einzeln nacheinander laut anzusagen, während du die realen Verbindungen auf dem Steckboard überprüfst. Wenn zum Beispiel dein Freund den Schaltplan liest und du auf dem Steckboard nachschaust, könnte sich eine Konversation wie diese ergeben:

Freund: »Pluspol der Batterie geht zu einer Seite von R1?«
Du: »Hab ich!«
Freund: »Pluspol der Batterie auch mit den Pins 4 und 8 des IC verbunden?«
Du: »Hab ich!«
Freund: »Die andere Seite von R1 ist verbunden mit Pin 7 des Chips und mit einer Seite von R2?«
Du: »Warte! Hier fehlt die Verbindung zu Pin 7!«

Und in dieser Form geht es weiter, bis das Problem beseitigt ist.

Wenn alle Bauelemente richtig herum eingesteckt sind und sich keine Kurzschlüsse entdecken lassen, prüfst du noch einmal alle Steckboard-Verbindungen, die in einer gemeinsamen Reihe stecken sollten. Beginne mit der Verbindung vom Pluspol der Batterie aus in deinem Schaltplan. Ist er mit dem Steckboard genauso verbunden, wie es der Schaltplan zeigt? Falls ja, gehst du zur nächsten Verbindung. So fährst du fort, bis alle Verbindungen überprüft sind.

Ein nerviges Piepen in Musik umwandeln

Der Ton, den du im vorherigen Projekt erzeugt hast, ist nicht gerade wohltuend. Wie lässt sich das in Musik umwandeln? Prinzipiell sind Töne in der Musik auch nichts anderes als Schallwellen mit bestimmten Frequenzen. Es ist also möglich, ein elektronisches Instrument mit dem 555-Timer zu bauen. Die Frequenz des Signals, das zum Lautsprecher geht, bestimmt die Höhe des wiedergegebenen Tones. Du musst nur noch eine Möglichkeit finden, die Ausgangsfrequenz des 555-Timers nach Wunsch zu ändern, ohne die Schaltung jedes Mal umbauen zu müssen.

Kapitel 7 hat zwei Bauelemente eingeführt, die ihren Widerstandswert ändern können: Potenziometer und Fotowiderstand. Wenn du mit einem dieser Bauelemente die Ausgangsfrequenz des 555-Timers steuerst, indem du den Widerstand dieses Bauelements änderst, wechselt auch der Ton. Auf diese Weise baust du das Instrument im nächsten Projekt.

Projekt #17: Ein Instrument, das Töne erzeugt

In diesem Projekt wendest du das bisher Gelernte an, um ein ganz eigenes elektronisches Instrument zu bauen. Es hat einen Taster, um den Ton wiederzugeben, und eine Potenziometerachse, um den Ton zu ändern. Das Instrument ist wie ein sehr einfacher *Synthesizer*, der elektronische Klänge erzeugt. Seit dem Einzug der Elektronik in die Musik hat man mit Synthesizern alle Arten von eigenwilligen Klangeffekten in Songs eingebaut. Der »Synthesizer« in diesem Projekt ist zwar ziemlich einfach, kann aber trotzdem die verschiedensten Geräusche erzeugen. Praktisch ähnelt die Schaltung für dieses Projekt sehr der Schaltung von »Projekt #16: Eigene Töne mit dem 555-Timer erzeugen« auf Seite 167, wartet aber mit einigen Besonderheiten auf.

Diese Schaltung ersetzt die Einzelwiderstände R1 und R2 der Schaltungen in Projekt #16 durch ein Potenziometer (und einen 1-kΩ-Schutzwiderstand). Das Potenziometer wirkt wie zwei Widerstände. Letztlich änderst du die Werte von R1 und R2, wenn du den Ton ändern möchtest. In dieser Schaltung gibt es auch einen Schalter, der den Pluspol der Batterie zuschaltet. Der Schalter ist hier ein Taster. Und da er zwischen der Betriebsspannung und der Schaltung liegt, gibt das Instrument nur dann einen Ton von sich, wenn du den Taster drückst.

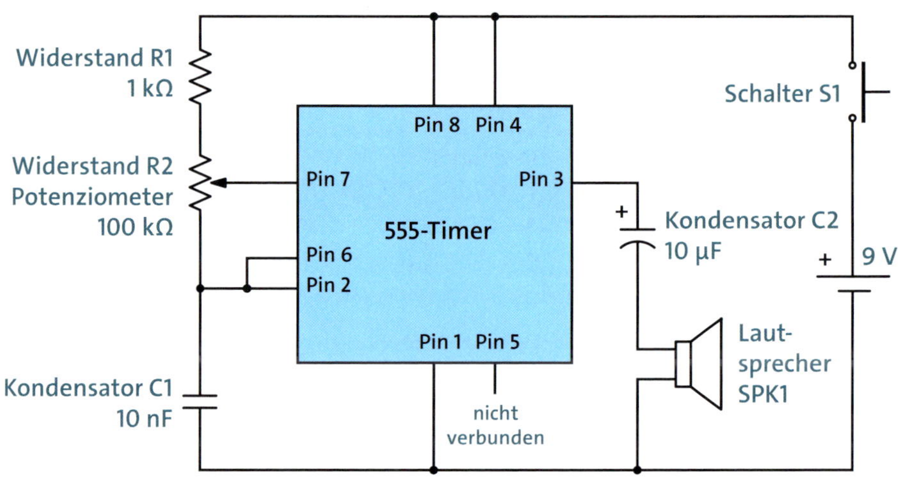

Einkaufszettel

- **9-V-Blockbatterie**, um die Schaltung zu betreiben
- **Batterieclip für eine 9-V-Blockbatterie**, um die Batterie mit der Schaltung zu verbinden
- ein **Steckboard** mit mindestens 30 Reihen
- mehrere **Steckbrücken**, um Verbindungen einfach herstellen zu können (normaler Schaltdraht tut es aber auch)
- ein **555-Timer-IC**, um das Timing zu erzeugen
- **8-Ω-Lautsprecher**, um den Ton wiederzugeben

- **10-µF-Kondensator**, um den Lautsprecher anzuschließen
- **10-nF-Kondensator**, um die Frequenz des Tons einzustellen
- **Potenziometer 100 kΩ**, um die Frequenz des Tons einzustellen
- **1-kΩ-Widerstand**, um Pin 7 vor einer direkten Verbindung mit U_{CC} zu schützen
- **Taster**, um die Töne wiederzugeben

Schritt 1: Den 555-Timer und die Kondensatoren anschließen

Als Erstes steckst du den 555-Timer in die Mitte des Steckboards und fügst dann die beiden Kondensatoren hinzu. Der 10-nF-Kondensator C1 geht von Pin 6 des IC zum Verteiler für die negative Betriebsspannung. Den positiven Anschluss des 10-µF-Kondensators C2 verbindest du mit Pin 3 des IC und den negativen Anschluss mit einer leeren Kontaktreihe weiter unten. Das Steckboard sollte dann so aussehen:

Schritt 2: Steckbrücken verbinden

Die folgenden Verbindungen stellst du mit Steckbrücken her:

- Pin 8 zum Verteiler für die positive Betriebsspannung
- Pin 4 zum Verteiler für die positive Betriebsspannung
- Pin 1 zum Verteiler für die negative Betriebsspannung
- Pin 2 zu Pin 6

Schritt 3: Einsteller für Tonhöhe und Widerstand einbauen

Nun ist das Potenziometer an der Reihe, das die Tonhöhe (d.h. den Notenwert) steuert. Da hierfür mehr Platz erforderlich ist, steckst du die Bauelemente – wie in der Abbildung gezeigt – in den unteren Teil des Steckboards. Achte dabei darauf, dass jeder Anschluss in seiner eigenen Reihe steckt.

Verbinde den 1-kΩ-Widerstand vom obersten Anschluss des Potenziometers mit einer noch freien Reihe in der Nähe des 555-Timers, und von dort aus legst du eine Steckbrücke zur Verteilerspalte für die positive Betriebsspannung. Mit den beiden übrigen Anschlüssen des Potenziometers verbindest du nun zwei Steckbrücken. Die Steckbrücke vom Mittelanschluss des Potenziometers führst du zu Pin 7 des 555-Timers und verbindest den Draht am unteren Anschluss mit Pin 6 des 555-Timers.

Schritt 4: Den »Ein«-Taster hinzufügen

Du bist fast fertig! Den Batterieclip verbindest du dieses Mal nicht direkt mit dem Verteiler für die positive Betriebsspannung auf dem Steckboard, sondern schließt ihn über einen Taster an, der als »Ein«-Taster für dein Instrument dient. Auf diese Weise bekommt die Schaltung nur dann Batteriespannung, wenn der Taster gedrückt ist, und ein Ton entsteht folglich auch nur bei gedrücktem Taster.

Der auf dem Einkaufszettel (Seite 177) aufgeführte Taster hat vier Anschlüsse, wobei aber jeweils zwei miteinander verbunden sind. Dieser Taster funktioniert also genauso wie ein Schalter mit zwei Anschlüssen. Wenn du den Taster drückst, wird das eine Anschlusspaar mit dem anderen verbunden. Die Schaltung erhält daraufhin Spannung, und du hörst den Ton. Wenn du den Taster loslässt, bekommt die Schaltung keine Spannung mehr, und es wird still.

Taster

Den Taster platzierst du auf dem Steckboard über der Nut in der Mitte. Dann verbindest du mit einer Steckbrücke die eine Seite des Tasters mit der Verteilerspalte für die positive Betriebsspannung. Den Pluspol des Batterieclips schließt du an die andere Seite des Tasters an. Schließlich verbindest du den Minuspol des Batterieclips mit dem Verteiler für die negative Betriebsspannung.

Schritt 5: Den Lautsprecher hinzufügen

Verbinde einen Anschlussdraht des Lautsprechers mit der Reihe, in der der Minuspol des Kondensators steckt, und den anderen Lautsprecheranschluss mit dem Verteiler für die negative Betriebsspannung.

Schritt 6: Ein wenig musizieren!

Klemme die Batterie an den Batterieclip an und drücke den Taster. Hörst du einen Ton? Drehe die Potenziometerachse hin und her, bis etwas zu hören ist.

Du kannst auch einen Rhythmus erzeugen, indem du den Taster im gewünschten Takt betätigst, und du kannst den Ton beeinflussen, indem du zwischendurch die Potenziometerachse drehst.

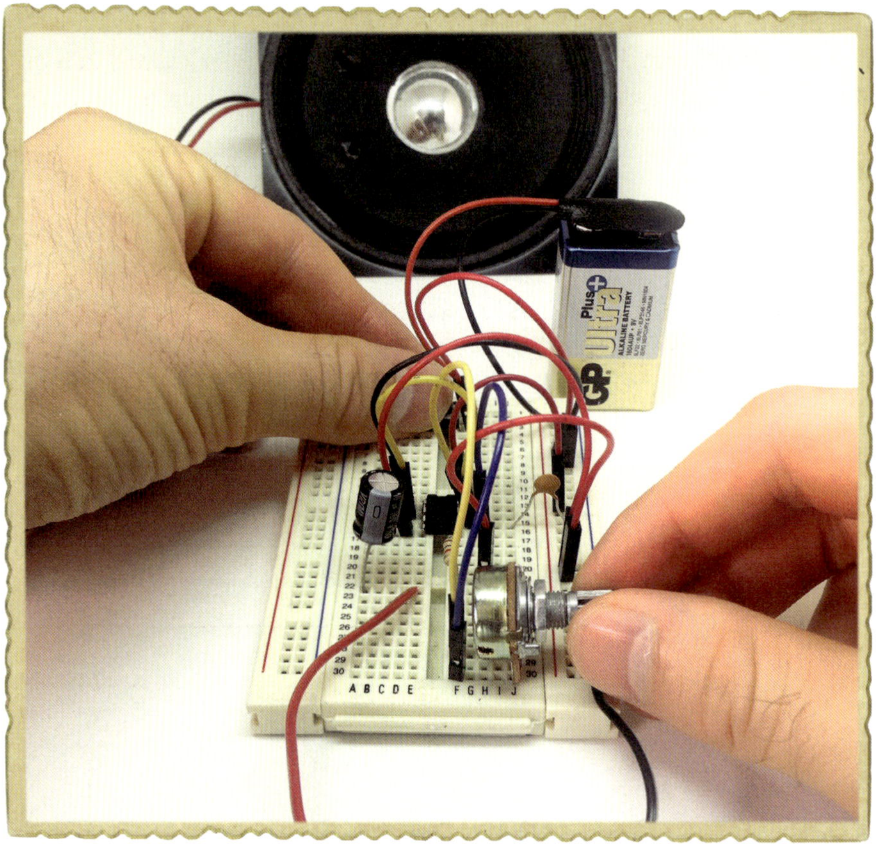

Schritt 7: Was ist, wenn das Instrument nicht funktioniert?

Manche Potenziometer sind für Steckboards nur bedingt geeignet. Überprüfe deshalb zuerst, ob dein Potenziometer ordnungsgemäß mit dem Steckboard verbunden ist. Als Nächstes vergewisserst du dich, dass die beiden Kondensatoren und der Taster so angeschlossen sind, wie es der Schaltplan zu Beginn des Projekts zeigt.

Auf diesem Steckboard gibt es viele Verbindungen, und man kann sie leicht einmal durcheinanderbringen. Wenn du immer noch keinen Ton hören kannst, kontrollierst du alle Verbindungen auf dem Steckboard. Ich empfehle dabei die Methode, die ich im Abschnitt »Verbindungen im Team überprüfen« auf Seite 174 beschrieben habe.

Probiere es aus: Ein bewegungsgesteuertes Instrument bauen

Anstatt R1 und R2 durch ein Potenziometer zu ersetzen, kannst du auch für R1 einen 1-kΩ-Widerstand und für R2 einen Fotowiderstand verwenden, wie es der folgende Schaltplan zeigt. Wenn du die Hand über dem Fotowiderstand bewegst, sollte sich die Lichtmenge ändern, die den Fotowiderstand trifft, und das Instrument verschieden hohe Töne spielen!

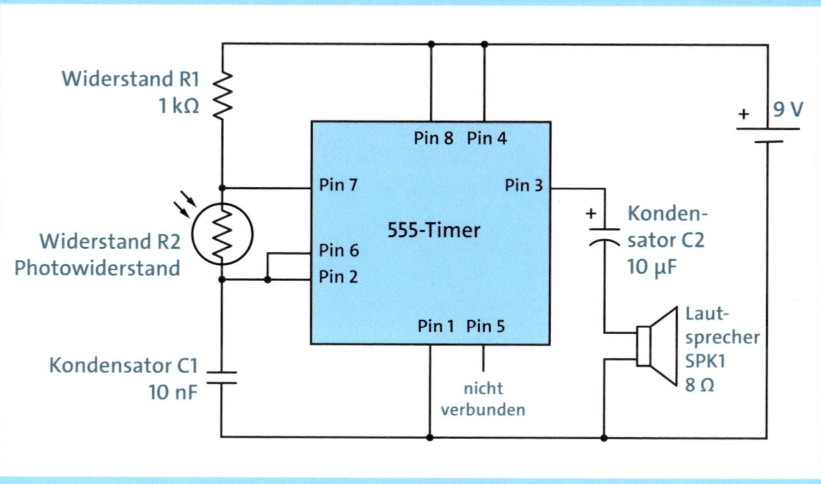

Was kommt als Nächstes?

Es gibt Millionen integrierter Schaltkreise in der Welt, und sie führen alle Arten von fantastischen Dingen aus. Wenn du einen IC in deinen Projekten einsetzen möchtest, denke daran, dass du auf dessen Datenblatt zurückgreifen kannst. Dort erfährst du die genaue Funktion der integrierten Schaltung und wie du den IC in einer Schaltung richtig betreibst.

In diesem Kapitel hast du gelernt, wie du mit einem 555-Timer-IC Musik machen kannst. Für die Schaltungen waren viele Verbindungen erforderlich. Wenn du sie also nicht gleich auf Anhieb zum Laufen gebracht hast, befindest du dich in guter Gesellschaft. Die meisten Bastler vertauschen Drähte, wenn sie das erste Mal eine Schaltung verdrahten. Verbindungsfehler aufzuspüren und zu beseitigen ist eine gute Übung! Apropos Übung – jetzt wäre ein günstiger Zeitpunkt, deine Lötfertigkeiten zu vertiefen. Warum lötest du dein Instrument nicht auf eine Lochrasterplatine und baust es vielleicht sogar in ein Gehäuse ein?

Integrierte Schaltkreise sind aus digitalen Schaltungen kaum noch wegzudenken. Mit digitalen Schaltungen lassen sich viele Aufgaben einfach dadurch realisieren, dass die richtigen Teile ein- und ausgeschaltet werden. Diese Schaltvorgänge laufen oftmals sehr schnell ab, genau wie beim Musikinstrument, das du in diesem Kapitel gebaut hast. Da moderne Geräte, wie zum Beispiel Computer, auf digitalen Schaltungen basieren, wirst du in den letzten Kapiteln dieses Buches mehr über digitale Elektronik lernen.

Teil 3

Die digitale Welt

9 Wie Schaltkreise Nullen und Einsen verarbeiten

Mobiltelefone, Computer, Fernsehgeräte, Videospielkonsolen und fast alle anderen technischen Dinge, die dich umgeben, sind mit digitaler Elektronik aufgebaut. Wenn du schon einmal einen Blick in einen Computer geworfen hast, mögen dir die Schaltungen kompliziert vorkommen, doch wenn du die Hardware in kleinere Teile aufgliederst, ist es eigentlich ganz einfach: Jede Aktion, die ein Computer ausführt, basiert darauf, ob ein bestimmter Schaltungsteil eine hohe oder niedrige Spannung erkennt.

Du hast bereits mit Transistoren Schaltungen aufgebaut, die andere Dinge steuern. Dieses Kapitel erläutert nun die Grundlagen, wie mithilfe der digitalen Elektronik richtig intelligente Schaltungen entstehen. Dabei lernst du auch ein neues Zahlensystem kennen, erfährst, was Bits und Bytes sind und wie du in diesen Bits und Bytes elektronische Nachrichten verschicken kannst.

Einsen und Nullen als Spannungen

In der Schule habe ich zwar gelernt, dass Computer mit Einsen und Nullen kommunizieren, doch wie das genau geht, wurde nicht weiter erklärt. Ich wollte mehr wissen und habe meinen Vater gefragt. Da Computer sehr komplexe Maschinen sind, hatte ich angenommen, dass es auch sehr kompliziert ist, wie sie mit Nullen und Einsen umgehen. Doch mein Vater hat mir gesagt: »In einem Computer ist eine Eins einfach ein Draht mit Spannung und eine Null ein Draht ohne Spannung.« (Mit dem Ausdruck »ohne Spannung« hat mein Vater eine Spannung von null Volt gemeint.)

Im Abschnitt »Die Ausgangsfrequenz des 555-Timers einstellen« auf Seite 166 habe ich kurz erwähnt, dass die Pins des 555-Timers entweder High oder Low sein können. Bei den Pins der ICs in einem Computer verhält es sich genauso: High ist 1 und Low ist 0. Die Arbeitsweise digitaler Schaltungen beruht darauf, dass Spannungen auf verschiedenen Leitungen zwischen High und Low umgeschaltet werden.

Das binäre Zahlensystem

Wenn es um Zahlen geht, sind normalerweise *Dezimalzahlen* gemeint, d.h. Zahlen in einem Zahlensystem mit der Basis 10. Im *Dezimalsystem* kann eine Ziffer einen von 10 möglichen Werten haben, von 0 bis 9. Digitale Schaltungen können aber nur mit zwei Spannungen (High und Low) arbeiten und verstehen deshalb nur *Binärzahlen*. Die Basis des *Binärsystems* ist 2, und die Ziffern einer Binärzahl haben deshalb nur zwei mögliche Werte: 0 und 1. Die folgende Tabelle zeigt, wie du sowohl dezimal als auch binär von null bis zehn zählst:

Dezimalzahl	Binärzahl
0	0
1	1
2	10
3	11
4	100
5	101
6	110
7	111
8	1000
9	1001
10	1010

Was ist hier los? Die Dezimalzahl 2 ist 10 im Binärsystem und 4 im Dezimalsystem ist 100 in Binärdarstellung!

Der Wert einer Zahl in einem Zahlensystem ergibt sich aus den Ziffern und ihren Positionen in der Zahl. Die ganz rechts stehende Ziffer wird immer mit 1 multipliziert. Geht man von hier aus nach links weiter, ist der Wert an jeder Position – auch *Stellenwert* genannt – gleich der Basis mal dem Wert der vorhergehenden Position. Im Dezimalsystem ist die Basis 10. Somit ist der Wert der zweiten Position 10 oder 10 × 1, der Wert der dritten Position 100 oder 10 × 10, der Wert der vierten Position ist 1000 oder 10 × 100 usw. Hierzu ein Beispiel:

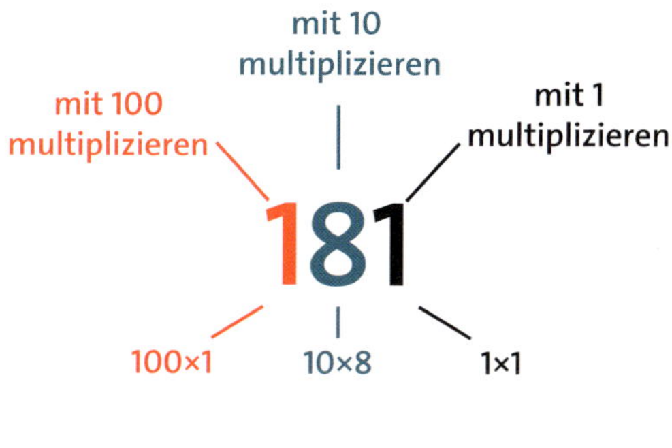

In der Zahl 181 ist die erste Ziffer 1, die zweite Ziffer 8 und die dritte Ziffer 1. Nachdem du diese Ziffern mit ihren Stellenwerten multipliziert hast, addierst du die Ergebniswerte und bekommst 181. Bei den uns vertrauten Dezimalzahlen brauchst du den Wert der Zahl natürlich nicht nach dieser Methode zu ermitteln. Es liegt auf der Hand, dass 181 gleich 181 ist! Jedoch ist diese Methode sehr nützlich, um den Wert von Binärzahlen zu berechnen. Das Binärsystem folgt den gleichen Regeln, verwendet aber 2 als Basis.

Projekt #18: Binärzahlen in Dezimalzahlen konvertieren

In diesem Projekt *konvertierst* du eine Binärzahl in ihre dezimale Form. Eine Zahl zu einer anderen Basis zu konvertieren, heißt nichts weiter, als den Wert dieser Zahl zu berechnen und ihn mit den Ziffern der neuen Basis auszudrücken.

Werkzeuge

- **Bleistift** oder **Kugelschreiber**
- **Papier**
- **Taschenrechner.** Wenn du gut im Kopfrechnen bist, kannst du auf den Taschenrechner verzichten.

Schritt 1: Die Zahl zu Papier bringen

Schreibe zuerst eine achtstellige Binärzahl auf das Papier, wobei du sowohl zwischen den Ziffern als auch über und unter der Zahl etwas Platz lässt. Ich werde hier die Binärzahl 1011 0101 konvertieren und schreibe sie wie folgt auf:

Schritt 2: Die Stellenwerte aufschreiben

Als Nächstes schreibst du die Stellenwerte über die einzelnen Ziffern. Im Binärsystem funktioniert das genauso wie im Beispiel für das Dezimalsystem, nur dass die Basis 2 ist. Dementsprechend ist der Wert für die Position ganz rechts gleich 1. Um den Stellenwert für die Position links daneben zu berechnen, multiplizierst du den Wert der vorherigen Position mit 2. Zum Beispiel ist der Wert der zweiten Position gleich $2 \times 1 = 2$, der Wert der dritten Position $2 \times 2 = 4$, der vierte Stellenwert ist $4 \times 2 = 8$ usw. Falls du das nicht alles im Kopf rechnen willst, kannst du einen Taschenrechner zu Hilfe nehmen. Wenn du diese Werte aufschreibst, sollte dein Zettel wie folgt aussehen:

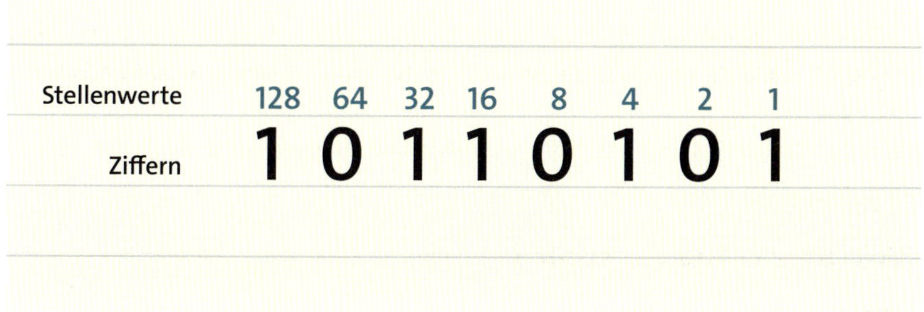

Stellenwerte	128	64	32	16	8	4	2	1
Ziffern	1	0	1	1	0	1	0	1

Schritt 3: Den Wert jeder Ziffer ermitteln

Betrachte nun die Ziffern der aufgeschriebenen Binärzahl. Wenn eine Ziffer 0 ist, schreibst du 0 darunter, ist die Ziffer 1, schreibst du den Stellenwert dieser Position unter die Ziffer. Damit ergeben sich die Werte, die du addierst, um die gesuchte Dezimalzahl zu erhalten.

Stellenwerte	128	64	32	16	8	4	2	1
Ziffern	1	0	1	1	0	1	0	1
zu addierende Werte	128	0	32	16	0	4	0	1

Schritt 4: Die Zahlen addieren

Du solltest nun drei Zeilen mit Zahlen haben. Addiere die Zahlen in der untersten Zeile (wobei es vielleicht hilfreich ist, Pluszeichen zwischen die Zahlenpaare zu setzen), um die Summe zu bekommen, die den Dezimalwert deiner Binärzahl darstellt.

Stellenwerte	128	64	32	16	8	4	2	1	
Ziffern	1	0	1	1	0	1	0	1	
zu addierende Werte	128 +	0 +	32 +	16 +	0 +	4 +	0 +	1	= 181

Die Binärzahl 1011 0101 ist als Dezimalzahl ausgedrückt 181. Wenn du die Rechnung mit der im Beispiel verwendeten Zahl nachvollzogen hast, aber zu einem anderen Ergebnis gelangt bist, gehst du noch einmal alle Schritte durch und vergleichst die Teilergebnisse mit meinen Angaben, um den Fehler aufzuspüren.

Probiere es aus: Noch mehr Binärzahlen umwandeln

Um etwas mehr Übung mit Einsen und Nullen zu bekommen, solltest du noch einige Binärzahlen in die dezimale Welt bringen. Hier einige Vorschläge:*

1010

0011 1111

1000 0000

0011 1011 0101

* Die Dezimalwerte dieser Binärzahlen lauten 10, 63, 128 und 949.

Bits und Bytes

Die einzelnen Ziffern in einer Binärzahl werden als *Bits* (kurz für *binary digits* – Binärziffern) bezeichnet. Computer verarbeiten Daten in der Regel in Blöcken von jeweils 8 Bit, den sogenannten *Bytes*. Die Binärzahl 1011 0101 besteht aus 8 Bit, ist also ein Byte. Die Interaktion mit einem Computer kann auf viele verschiedene Arten geschehen, doch alle Mausklicks, Tastenbetätigungen, Webcam-Videos usw. müssen in Bits und Bytes übersetzt werden, bevor der Computer sie verstehen kann.

Beim Arbeiten mit Computern und anderen digitalen Geräten hat man es üblicherweise mit wesentlich größeren Zahlen zu tun, als sich mit nur einem Byte ausdrücken lassen. Sämtliche Dateien in einem Computer sind Sammlungen von Bytes, doch wenn man ihre Größe allein in der Einheit Byte beschreiben wollte, müsste man mit riesigen Zahlen hantieren! Deshalb gibt man die Größe von Dateien normalerweise in größeren Einheiten wie Kilobyte (KB), Megabyte (MB), Gigabyte (GB), Terabyte (TB) usw. an. Diese Einheiten haben folgende Bedeutungen:

1 kB = 1,000 bytes*

1 MB = 1,000 kB = 1,000,000 bytes

1 GB = 1,000 MB = 1,000,000 kB = 1,000,000,000 bytes

1 TB = 1,000 GB = 1,000,000 MB = 1,000,000,000 kB
= 1,000,000,000,000 bytes

Wenn die Festplatte eines Computers eine Kapazität von 1 TB hat, kann sie eine Billion Daten speichern, das sind acht Billionen Einsen und Nullen!

Zahlen können alles Mögliche sein

Vielleicht fragst du dich jetzt: »Wozu in aller Welt würde ich jemals acht Billionen Einsen und Nullen in meinem Computer brauchen?« Ob du nun deinen Computer nutzt, um Geschichten zu schreiben, Bilder zu malen, mit deinen Freunden zu sprechen, Videospiele zu spielen oder irgendetwas anderes damit anzustellen, praktisch verwendest du bereits diese Einsen und Nullen.

Ein Beispiel: Wie zeigt ein Computer ein Bild auf einem Bildschirm an? Der Bildschirm besteht aus sehr vielen kleinen Punkten, *Pixel* genannt, und

* Die Einheit Kilobyte wird auch als 1024 Byte (2^{10} Byte) interpretiert, was aber nicht mehr empfohlen wird.

jedes Pixel lässt sich auf eine Farbe setzen, die eine Mischung von rotem, grünem und blauem Licht ist. Wenn du ein Pixel auf das hellste Gelb setzen willst, weist du den Computer mit entsprechenden Zahlenwerten an, die roten und grünen Farbanteile auf volle Intensität und den blauen Anteil auf null zu setzen (weil eine Mischung aus Rot und Grün wie Gelb aussieht). Auf diese Weise kannst du Zahlen in ein Bild auf dem Bildschirm übersetzen.

Projekt #19: Farben erraten

In diesem Projekt baust du ein Spiel, bei dem die Farben von Pixeln zu erraten sind. Das Spiel ist für zwei Spieler ausgelegt, wobei du und ein Freund die Rollen »der Computer« und »der Benutzer« annehmen.

Die Person, die der Computer ist, legt die Farbe des Pixels durch eine Kombination von drei Tastern fest. Wenn der Computer bereit ist, muss der Benutzer erraten, welche Farbe das Pixel hat. Hat sich der Benutzer für eine Farbe entschieden, sagt er sie laut an und drückt dann den Freigabetaster, um die tatsächliche Farbe zu zeigen. Wenn der Benutzer richtig geraten hat, erhält er einen Punkt und darf erneut raten. Stimmt die Vorhersage nicht, werden die Rollen getauscht. Der Erste, der drei Punkte erreicht hat, gewinnt die Runde.

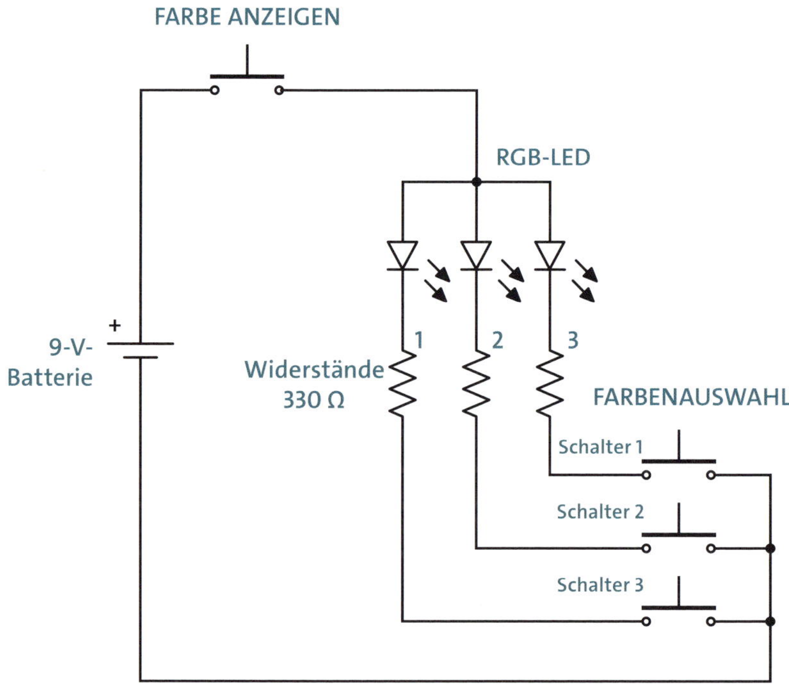

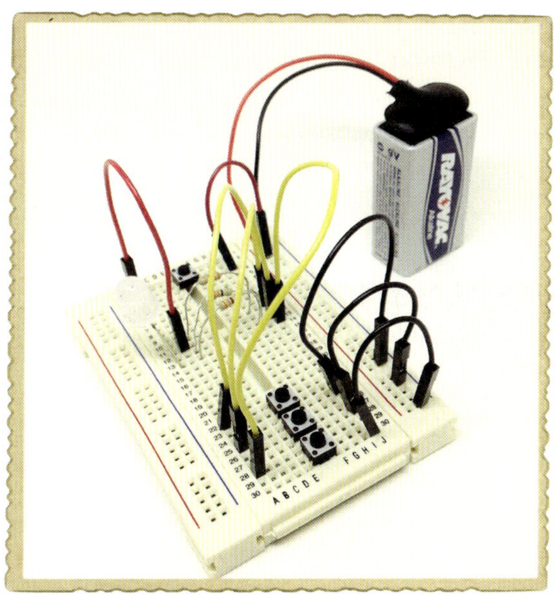

Die RGB-LED

Das Pixel für dieses Projekt erzeugst du mit einer *RGB-LED*, die eine rote, eine grüne und eine blaue LED in einem Bauelement vereint. Indem du diese LEDs ein- oder ausschaltest, kannst du verschiedene Farben erzeugen. Wenn du zum Beispiel nur die rote und grüne LED einschaltest, erhältst du gelbes Licht.

RGB-LEDs gibt es in zwei Varianten: mit *gemeinsamer Anode* und mit *gemeinsamer Kathode*. Die Abbildung zeigt eine RGB-LED mit gemeinsamer Anode und das dazugehörende Schaltzeichen:

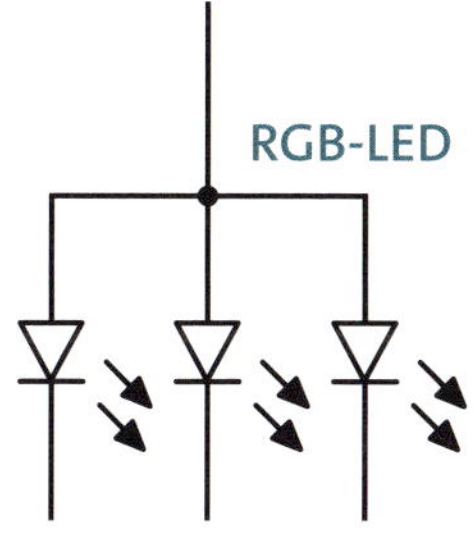

RGB-LEDs besitzen vier Anschlüsse – drei Anschlüsse, um die Farbe auszuwählen, und einen *gemeinsamen* Anschluss. Bei RGB-LEDs mit gemeinsamer Anode sind die positiven (Anoden-)Seiten der drei LEDs zusammengefasst und auf einen Anschluss herausgeführt, während bei RGB-LEDs mit gemeinsamer Kathode die negativen (Kathoden-)Seiten zu einem Anschluss zusammengefasst sind.

Die Schaltung in diesem Projekt verwendet eine RGB-LED mit gemeinsamer Anode und einige Taster.

Einkaufszettel

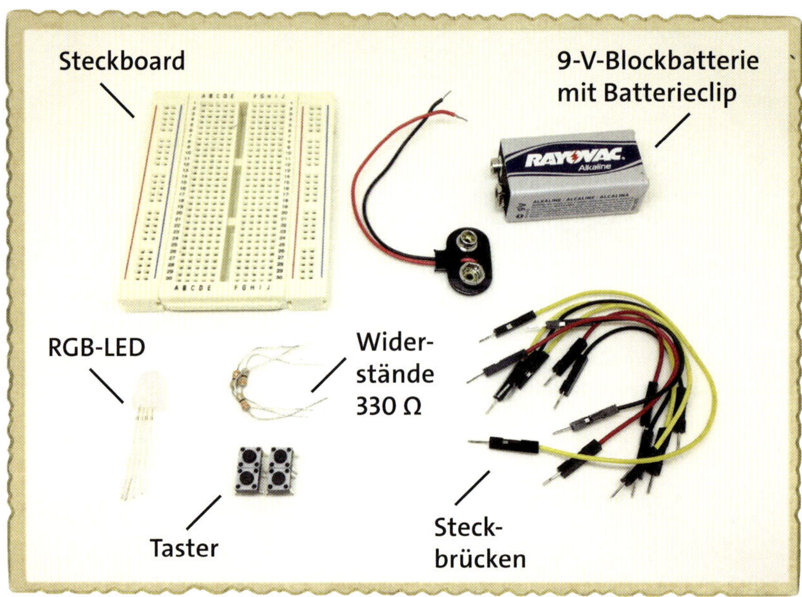

- **9-V-Blockbatterie**, um die Schaltung zu betreiben
- **Batterieclip für eine 9-V-Blockbatterie**, um die Batterie mit der Schaltung zu verbinden
- ein **Steckboard** mit mindestens 30 Reihen
- mehrere **Steckbrücken**, um Verbindungen einfach herstellen zu können (normaler Schaltdraht tut es aber auch)
- drei **330-Ω-Widerstände**, um den Strom durch die LEDs zu begrenzen
- **RGB-LED mit gemeinsamer Anode**, um farbiges Licht zu erzeugen
- vier **Taster**, um die Farben auszuwählen und anzuzeigen

Schritt 1: Die Taster für die Farbenauswahl platzieren

Richte dein Steckboard so aus, dass die Nut in der Mitte von oben nach unten verläuft. Setze dann drei Taster unten auf das Steckboard, sodass jeweils ein Anschlusspaar links von der Nut und ein Anschlusspaar rechts von der Nut steckt. Damit hast du genügend Platz, um die Bauelemente auf beiden Seiten der Taster zu verbinden, und du kannst die Taster für die Rolle »Computer« leichter vom Taster für die Rolle »Benutzer« trennen. Nachdem die Taster platziert sind, legst du drei Steckbrücken vom rechten unteren Pin jedes Tasters zur Verteilerspalte für die negative Betriebsspannung.

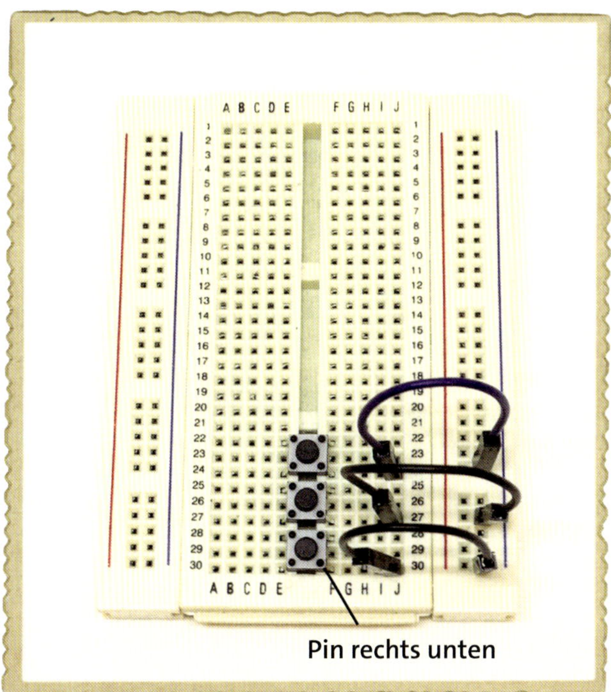

Schritt 2: Die RGB-LED verbinden

Die RGB-LED steckst du in der Mitte des Steckboards auf die linke Seite. Der längste Anschluss der RGB-LED ist die gemeinsame Anode. Dieser Anschluss bleibt auf dem Steckboard zunächst noch frei. Die anderen LED-Anschlüsse verbindest du mit jeweils einem 330-Ω-Widerstand zu einer leeren Reihe auf der rechten Seite des Steckboards. Von diesen drei Reihen legst du jeweils eine Steckbrücke zum linken oberen Pin der einzelnen Taster.

Schritt 3: Den Taster für die Farbenanzeige verbinden

Als Nächstes setzt du den Taster ein, der die vom Computer gewählte Farbe für den Benutzer sichtbar macht. Platziere einen vierten Taster ganz oben auf dem Steckboard, sodass er über der Nut liegt. Von der gemeinsamen Anode der RGB-LED legst du eine Steckbrücke zum linken oberen Pin des vierten Tasters. Den rechten unteren Pin dieses Tasters verbindest du dann über eine Steckbrücke mit der Verteilerspalte für die positive Betriebsspannung auf der rechten Seite.

Schritt 4: Die Farben testen

Verbinde den Batterieclip mit den Versorgungsspalten auf der rechten Seite, klemme eine Batterie an und probiere die Schaltung aus! Drücke eine der Tasten im unteren Teil und dann die Taste für die Farbenanzeige, um die Farbe zu sehen. In der Abbildung habe ich meine RGB-LED auf Grün gestellt.

Je nachdem, welche Taster du drückst, solltest du die folgenden sieben Farben sehen können:

Farbe	Obere Taste	Mittlere Taste	Untere Taste
Rot	Gedrückt (1)	Nicht gedrückt (0)	Nicht gedrückt (0)
Grün	Nicht gedrückt (0)	Gedrückt (1)	Nicht gedrückt (0)
Blau	Nicht gedrückt (0)	Nicht gedrückt (0)	Gedrückt (1)
Gelb	Gedrückt (1)	Gedrückt (1)	Nicht gedrückt (0)
Cyan	Nicht gedrückt (0)	Gedrückt (1)	Gedrückt (1)
Magenta	Gedrückt (1)	Nicht gedrückt (0)	Gedrückt (1)
Weiß	Gedrückt (1)	Gedrückt (1)	Gedrückt (1)

Falls die Tastenkombinationen nicht diesen Farben entsprechen, musst du die Leitungen zwischen den drei Widerständen zu den Tastern vertauschen.

Schritt 5: Was ist, wenn das Spiel nicht funktioniert?

Wenn du überhaupt keine Farben siehst, kontrollierst du, ob alle Verbindungen mit dem Schaltplan übereinstimmen. Sind die Verbindungen korrekt und es erscheint immer noch keine Farbe, wenn du auf den Taster »Farben anzeigen« drückst, hast du möglicherweise eine LED mit gemeinsamer Kathode statt mit gemeinsamer Anode. Dies kannst du überprüfen, indem du einfach die Anschlüsse für Pluspol und Minuspol der Batterie vertauschst.

Funktioniert die Schaltung und sind alle Farben vorhanden, kannst du einen Freund zum Spielen einladen!

Probiere es aus: Löte die Schaltung für das Farben-Rate-Spiel

Diese Schaltung ist hervorragend geeignet, um deine Lötfertigkeiten zu üben. Besorge dir eine Lochrasterplatine und löte die Schaltung darauf fest, sodass du eine dauerhafte Version des Farben-Rate-Spiels beispielsweise auf einer längeren Autofahrt bei dir haben kannst.

Wie man Wörter mit Binärzahlen darstellt

Bilder sind nicht die einzigen Dinge, die sich als Binärzahlen speichern lassen; du kannst auch Buchstaben in Form von Zahlen darstellen. Hierfür bietet sich zum Beispiel eine Codierung nach dem ASCII-Schema an. *ASCII* steht für American Standard Code for Information Interchange (Amerikanischer Standardcode für Informationsaustausch) und definiert einen Zeichensatz aus Groß- und Kleinbuchstaben, Ziffern, Satzzeichen und Sonderzeichen. Die folgende Tabelle gibt als Beispiel die Zuordnung der Zahlen zu den Kleinbuchstaben im englischen Alphabet an. Diese Codierung ist auch für viele andere (insbesondere die westeuropäischen) Sprachen gültig.

ASCII (dezimal)	Binärwert	Kleinbuchstabe
97	0110 0001	a
98	0110 0010	b
99	0110 0011	c
100	0110 0100	d
101	0110 0101	e
102	0110 0110	f
103	0110 0111	g
104	0110 1000	h
105	0110 1001	i
106	0110 1010	j
107	0110 1011	k
108	0110 1100	l
109	0110 1101	m
110	0110 1110	n
111	0110 1111	o
112	0111 0000	p
113	0111 0001	q
114	0111 0010	r
115	0111 0011	s
116	0111 0100	t
117	0111 0101	u
118	0111 0110	v
119	0111 0111	w
120	0111 1000	x
121	0111 1001	y
122	0111 1010	z

So kann man den Buchstaben *a* durch die Dezimalzahl 97 darstellen, die der Binärzahl 0110 0001 entspricht. Anhand dieser Tabelle kannst du auch geheime Nachrichten codieren und decodieren, die nur mit Einsen und Nullen geschrieben sind.

Projekt #20: Die Geheimnachrichtenmaschine

Dieses Projekt ist eine Schaltung, die 8-Bit-Binärzahlen mit LEDs anzeigt. Eine leuchtende LED bedeutet eine 1, eine ausgeschaltete LED ist eine 0. Du verwendest Schalter, um die Binärzahl einzustellen, und einen Taster, um die Binärzahl auf den LEDs anzuzeigen.

Da acht Bit genügen, um ein ASCII-Zeichen darzustellen, lassen sich mit diesem Projekt geheime Nachrichten generieren, die nur jemand decodieren kann, der den Binärcode kennt! Die fertig aufgebaute Geheimnachrichtenmaschine, die du in der Abbildung siehst, zeigt den Buchstaben *w* oder 0111 0111.

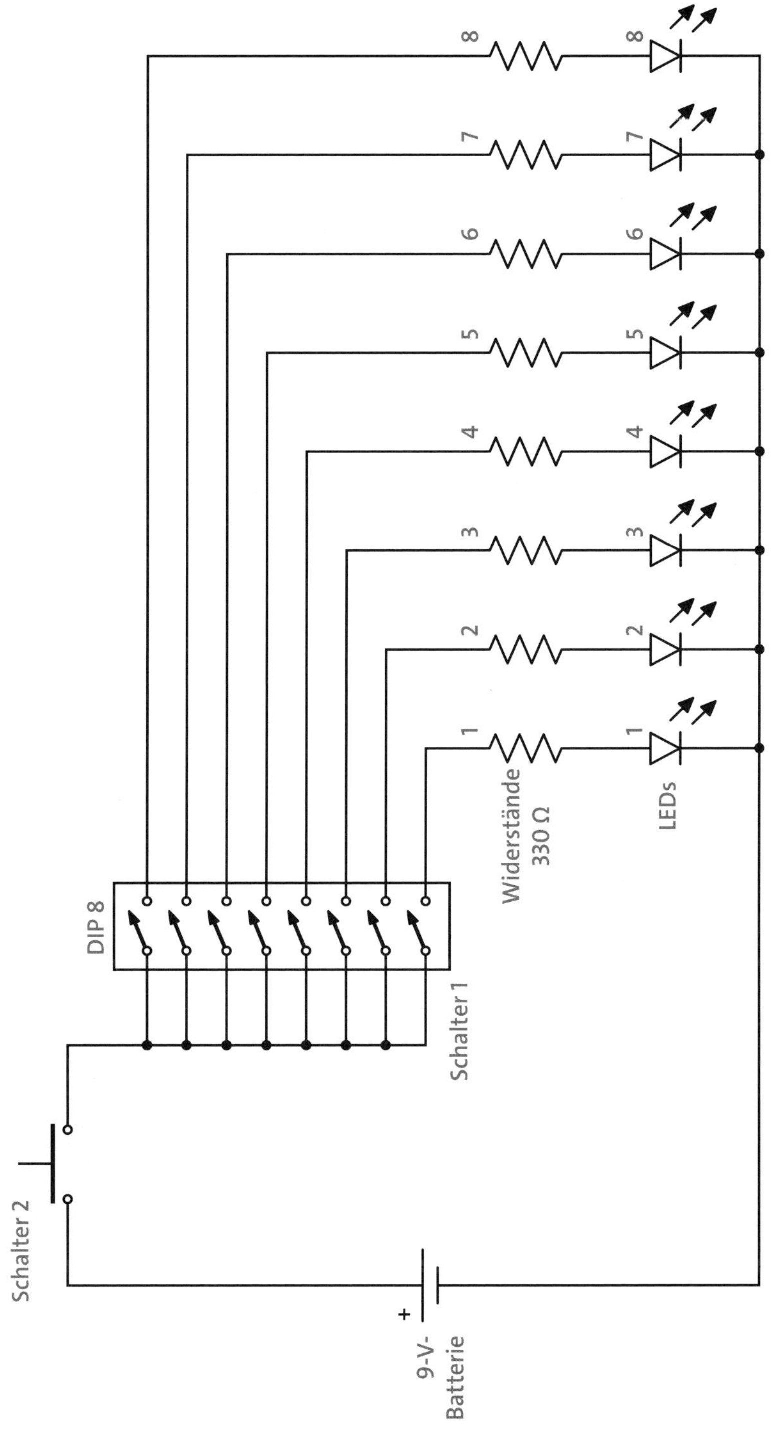
8
7
6
5
4
3
2
1
Widerstände
330 Ω
LEDs
DIP 8
Schalter 1
Schalter 2
+
9-V-
Batterie

Der DIP-Schalter

In dieser Schaltung stellst du den Binärwert mit acht Schaltern ein. Es wäre nun recht mühsam, so viele Schalter einzeln im Steckboard zu platzieren. Hier bietet sich ein *DIP-Schalter* an – ein Bauelement mit einer Reihe von einem oder mehreren Mini-Schaltern.

HINWEIS *Das Akronym DIP steht für* Dual Inline Package *und beschreibt eine Gehäusebauform. Ein Bauelement mit »DIP« im Namen besitzt zwei Reihen von Pins an gegenüberliegenden Gehäuseseiten. Es ist für Durchsteckmontage vorgesehen und lässt sich somit in eine Lochrasterplatine einlöten oder auch auf ein Steckboard stecken. Der DIP-Schalter für dieses Projekt besitzt acht einzelne Schalter. Damit ist er perfekt geeignet, um einen Binärwert als Eingabesignal für eine Reihe von LEDs zu erzeugen.*

Einkaufszettel

- **9-V-Blockbatterie**, um die Schaltung zu betreiben
- **Batterieclip für eine 9-V-Blockbatterie**, um die Batterie mit der Schaltung zu verbinden
- ein **Steckboard** mit mindestens 30 Reihen
- mehrere **Steckbrücken**, um Verbindungen einfach herstellen zu können (normaler Schaltdraht tut es aber auch)
- acht **330-Ω-Widerstände**, um den Strom durch die LEDs zu begrenzen. Prinzipiell funktionieren alle Werte zwischen 270 Ω und 470 Ω.

- acht **blaue LEDs**, um die Binärzahl anzuzeigen
- ein **8x1-poliger DIP-Schalter**, um die Binärzahl einzustellen
- ein **Taster**, um die LEDs einzuschalten

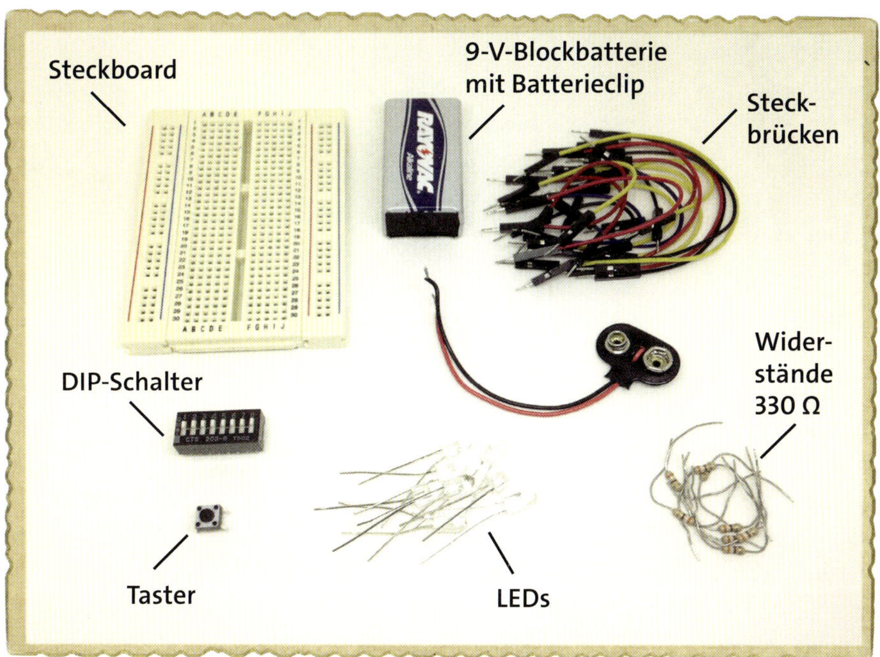

Schritt 1: Den Taster anschließen

Stecke den Taster in die oberste Reihe des Steckboards. Dieses Projekt belegt viel Platz auf dem Steckboard, sodass du von hier an die Bauelemente möglichst eng zusammenhalten solltest.

Führe eine Steckbrücke von der Steckboard-Reihe rechts oben, die mit dem oberen Pin des Tasters verbunden sein sollte, zum Verteiler für die positive Betriebsspannung auf der rechten Seite. Verdrahte dann eine Steckbrücke vom unteren Pin zur Verteilerspalte für die positive Betriebsspannung auf der linken Seite. Das Steckboard sollte nun so aussehen:

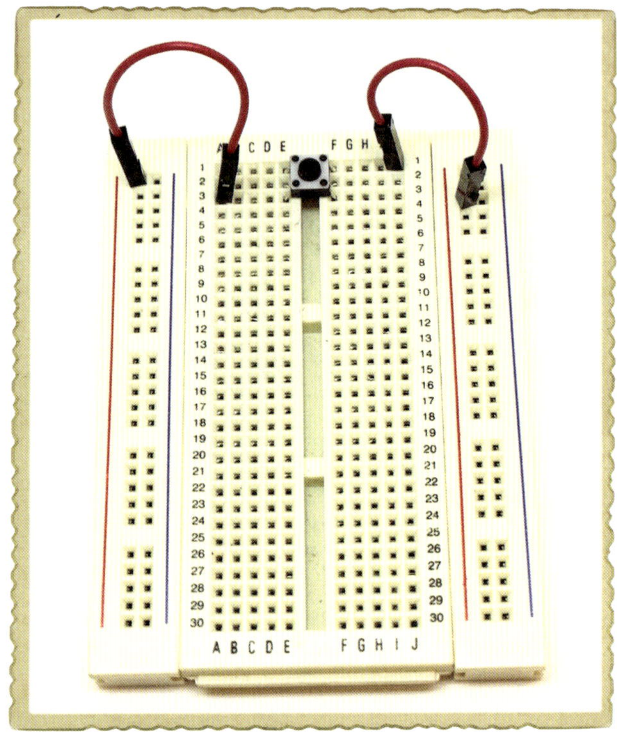

Dieser Taster steuert die Verbindung vom Pluspol der Batterie zur übrigen Schaltung. Wenn der Taster nicht gedrückt ist, gibt es keinen geschlossenen Stromkreis, und die Schaltung wird nicht mit Energie versorgt.

Schritt 2: Den DIP-Schalter anschließen

Als Nächstes platzierst du den DIP-Schalter auf dem Steckboard unmittelbar unterhalb des Tasters, wobei sich die Nummern der einzelnen Schalter auf der rechten Seite der mittleren Nut befinden. Führe von jeder der acht Reihen eine Steckbrücke zur Verteilerspalte für die positive Spannung auf der linken Seite, d.h. insgesamt acht Drähte. Da du noch in der Lage sein musst, die Schalter zu betätigen, legst du die Drähte möglichst weit vom Schalter weg, um Platz für die Finger zu lassen.

Schritt 3: Die LEDs verbinden

Verbinde nun den kurzen Anschluss einer LED mit der Verteilerspalte für die negative Betriebsspannung auf der rechten Seite und den langen Anschluss der LED mit der letzten Reihe auf dem Steckboard. Nach dem gleichen Schema verdrahtest du die übrigen LEDs nach oben hin, wobei zwischen den LEDs jeweils eine Reihe frei bleibt. (Um die LEDs einfacher ablesen zu können, kannst du auch die LEDs in zwei Gruppen von vier LEDs anordnen, wobei du einige Reihen zusätzlich nach der vierten LED frei lässt.) Verbinde dann einen Widerstand von jeder Reihe mit einer LED in derselben Reihe auf der linken Seite der mittleren Nut auf dem Steckboard.

Am besten ist es, die LEDs und Schalter so anzuordnen und zu verbinden, dass du und dein Freund auf gegenüberliegenden Seiten des Steckboards sitzen könnt und die Bits in derselben Reihenfolge seht. Achte also genau auf diese Verbindungen. Wenn die Widerstände eingesteckt sind, legst du eine Steckbrücke von jeder Widerstandsreihe auf der linken Seite der Steckboard-Nut zu einem Pin des DIP-Schalters auf der rechten Seite der Nut. Verbinde dabei den Widerstand, der am weitesten unten auf dem Steckboard liegt, mit Schalter 1, die nächste LED mit Schalter 2 usw. Schließlich sollte der oberste Widerstand mit Schalter 8 verbunden sein.

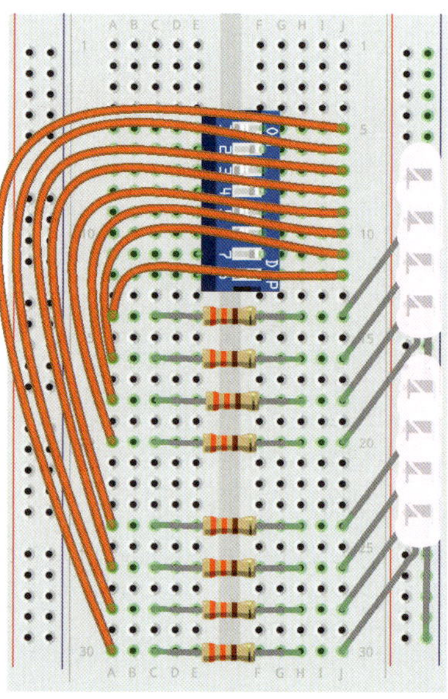

Schritt 4: Eine geheime Nachricht senden!

Verbinde den Minuspol des Batterieclips mit der Verteilerspalte für die negative Betriebsspannung und dann den Pluspol mit der Verteilerspalte für die positive Betriebsspannung, wie es die Abbildung zeigt.

Bringe dann alle Schalter in die Stellung »Ein«, drücke und halte den Taster, um zu kontrollieren, ob alle LEDs leuchten, und schalte dann die einzelnen LEDs nacheinander aus.

Wenn alle LEDs funktionieren, ist es Zeit für ein Spiel! Lade dir einen Freund ein und verwende die Schaltung, um mit ihm zu »kommunizieren«, ohne zu sprechen. Setzt euch an gegenüberliegende Seiten eines Tisches. Dann schreibst du ein Wort auf einen Zettel, hältst ihn aber vor deinem Freund verdeckt. Stelle anhand der ASCII-Tabelle die Schalter auf den Binärwert für den ersten Buchstaben in deinem Wort. Zum Beispiel ist der Schalter in der nächsten Abbildung auf die Anzeige des Kleinbuchstaben *a* gesetzt.

Wenn deine Schalterleiste bereit ist, einen Buchstaben anzuzeigen, drückst du den Taster, damit die LEDs leuchten. Halte den Taster eine Zeit lang gedrückt, während dein Freund den Binärwert notiert. Dann lässt du den Taster los und stellst den Binärwert für das nächste Zeichen ein. Das setzt ihr so lange fort, bis du alle Zeichen in deinem Wort übermittelt hast. Am Ende gibst du die ASCII-Tabelle deinem Freund, damit der versuchen kann, dein Wort zu entschlüsseln.

Schritt 5: Was ist, wenn die Geheimnachrichten-maschine nicht funktioniert?

Wenn du den Projekten im Buch bisher gefolgt bist, hast du schon einige LED-Schaltungen aufgebaut. Diese Schaltung hier besteht aber aus ziemlich vielen Bauelementen. Bei der Verdrahtung können sich deshalb schnell Fehler einschleichen. Wenn die Schaltung nicht auf Anhieb funktioniert, überprüfst du sorgfältig alle Verbindungen und vergleichst sie mit dem Schaltplan des Projekts.

Sollte überhaupt keine LED leuchten, kontrollierst du, ob Pluspol und Minuspol der Batterie richtig angeschlossen sind. Dann siehst du nach, ob die LEDs richtig herum eingebaut sind und die Widerstände die passenden Werte haben. Wenn manche LEDs funktionieren, andere aber nicht, dann berühren sich eventuell Anschlüsse von LEDs oder Widerständen, sodass unerwünschte Kurzschlüsse entstehen. Untersuche also alle Verbindungen eingehend, um den Fehler aufzuspüren.

Warum Computer Einsen und Nullen verwenden

Computer verwenden Einsen und Nullen anstelle der Dezimalzahlen von 0 bis 9, weil es mit nur zwei Werten wesentlich einfacher ist, elektronische Schaltungen zu konstruieren, die Berechnungen ausführen und Werte speichern.

Da jede Ziffer nur zwei mögliche Werte – 1 oder 0 – hat, ist es leicht, mithilfe von Schaltern einen einfachen Speicherblock aufzubauen, um Binärzahlen zu speichern, wie du es mit dem DIP-Schalter in Projekt #20 getan hast.

Einsen und Nullen lassen sich auf viele verschiedene Arten speichern. In den Anfangstagen der Computertechnik hat man Sätze von Einsen und Nullen in Form von Lochkarten gespeichert. Heutige Speichermedien merken sich die Einsen und Nullen auf magnetischen Scheiben (wie bei Festplatten) oder sogar nur mithilfe von elektrischen Ladungen in einer integrierten Schaltung.

Was kommt als Nächstes?

In diesem Kapitel hast du gelernt, wie Binärzahlen funktionieren. Du weißt jetzt, wie sich mit Einsen und Nullen Bilder auf dem Computerbildschirm erzeugen lassen oder wie ein Bündel von scheinbar zufälligen Einsen und Nullen in lesbaren Text umgewandelt werden kann. Um noch etwas tiefer in das Thema Binärzahlen einzudringen, kannst du dir deine eigenen Binärcodes für die Buchstaben im Alphabet schaffen. Es gibt 26 Buchstaben von *a* bis *z*. Wie viele Ziffern brauchst du, um alle 26 Buchstaben darstellen zu können? Um das herauszufinden, können wir zunächst sagen, dass die Binärzahl 1 ein *a* bedeutet. Die nächste Binärzahl, 10, ist *b*. Dann kommt 11, das *c*. Schreibe dir diese Zuordnungen auf und erhöhe die Binärzahlen weiter, bis du bei *z* ankommst. Dann zählst du die Anzahl der Ziffern, die du für das *z* gebraucht hast. Das ist die Mindestanzahl der benötigten Ziffern.

Du kannst auch Folgendes probieren: Wenn du mit den Fingern zählst, geht das normalerweise von 1 bis 10. Ohne Daumen kannst du nur bis 8 zählen. Doch wie sieht es aus, wenn du stattdessen binär zählst? Ein gerader Finger ist 1, ein gebeugter Finger 0. Wie weit kannst du jetzt mit acht Fingern zählen?

Digitale Werte haben eine andere sehr wichtige Anwendung: Man kann damit logische Schaltungen konstruieren, die Entscheidungen basierend darauf treffen, ob auf bestimmten Leitungen eine hohe oder eine niedrige Spannung vorhanden ist. High wird typischerweise als »wahr« (engl. true) betrachtet und Low als »falsch« (engl. false). Wenn man diesen Leitungen einfache Wahr-oder-falsch-Fragen zuordnet und die Spannungen als Antworten interpretiert, kann man sich den Ausgang einer logischen Schaltung als Schlussfolgerung vorstellen, nachdem eine Reihe von Fragen gestellt wurde.

Mit Logik lassen sich Schaltungen aufbauen, die mathematische Operationen ausführen, beispielsweise zwei Zahlen addieren, oder Schaltungen, die etwas nur unter einer bestimmten Bedingung tun, wie bei einem Türschloss, das sich nur öffnet, wenn die richtige Zahlenkombination eingegeben wird. In Kapitel 10 zeige ich dir einige Bausteine der digitalen Logik und wie du mit ihnen intelligente Schaltungen realisieren kannst.

10 Schaltungen, die Entscheidungen treffen

In Kapitel 9 ging es um Einsen und Nullen, und du hast in einer Reihe von Projekten mit Bits und Bytes gespielt. Dieses Kapitel beschäftigt sich nun mit Schaltungen, die mithilfe von Einsen und Nullen tatsächlich Entscheidungen treffen. *Logikgatter* sind Bauelemente, die diese Einsen und Nullen in Form von Spannungspegeln auswerten und eine entsprechende Ausgangsspannung liefern. Ich zeige verschiedene Typen von Logikgattern und wie du mit ihnen einen Geheimcodedetektor bauen kannst.

Es ist nur logisch

Logik ist eine Methode, anhand von Einzelinformationen, die als wahr oder falsch bekannt sind, zu einer Schlussfolgerung zu kommen. Stell dir zum Beispiel vor, du weißt ohne jeden Zweifel, dass die folgende Aussage wahr ist:

Aussage 1: Wenn es im Kühlschrank Orangen gibt und du eine Saftpresse besitzt, dann kannst du Orangensaft machen.

Wenn du der obigen Anweisung vertraust, dann sind zwei Bedingungen zu testen, bevor du Orangensaft machen kannst:

Bedingung 1: Es gibt Orangen in deinem Kühlschrank.

Bedingung 2: Du besitzt eine Saftpresse.

Wenn du deine Küche inspizierst und feststellst, dass diese Bedingungen wahr sind, dann kannst du logisch daraus schließen, dass du Orangensaft machen kannst.

Computer verwenden *boolesche Logik*, d.h. ein Logiksystem, das nur mit den Wahrheitswerten *wahr* (engl. *true*) und *falsch* (engl. *false*) arbeitet, um Einsen und Nullen in Aktionen umzuwandeln. Damit ein Computer weiß, ob du Orangensaft machen kannst oder nicht, müsste er über boolesche Logik zu dieser Schlussfolgerung gelangen. Versuchen wir, wie ein Computer zu denken!

Sehen wir uns zuerst die Bedingungen in Aussage 1 an, die darauf Einfluss hat, ob du Orangensaft machen kannst oder nicht. In diesem Fall sind die Bedingungen die beiden Ausdrücke zwischen »wenn« und »dann«, verknüpft durch »und«. Wir weisen ihnen wie folgt Buchstaben zu:

Es gibt Orangen in deinem Kühlschrank. = A

Du besitzt eine Saftpresse. = B

Die Schlussfolgerung ist die Anweisung nach »dann«. Ihr weisen wir auch einen Buchstaben zu:

Du kannst Orangensaft machen. = Q

Mit diesen Buchstaben lässt sich Aussage 1 als »Wenn A und B, dann Q« neu formulieren. In der kurzgefassten booleschen Logik sieht das so aus:

A AND B = Q

Hierbei handelt es sich um eine *logische Gleichung*, wobei *AND* ein Operator wie das Pluszeichen für die Addition oder das Minuszeichen für die Subtraktion ist. Wenn die beiden Aussagen auf jeder Seite von AND wahr sind, dann ist die Schlussfolgerung Q ebenfalls wahr.

Wenn sowohl Bedingung 1 als auch Bedingung 2 erfüllt ist, dann sind A und B beide wahr. Setzt man das in die Gleichung ein, ergibt sich:

Wahr AND Wahr = Q

Q = Wahr

Da sowohl A als auch B wahr ist, muss Q ebenfalls wahr sein. Es wird Zeit, Orangensaft zu machen!

Wie ein Computer entscheidet, ob du Orangensaft machen kannst

Bedingung A (Es gibt Orangen in deinem Kühlschrank.)	Bedingung B (Du besitzt eine Saftpresse.)	Ergebnis Q (Du kannst Orangensaft machen.)
Falsch	Falsch	Falsch
Falsch	Wahr	Falsch
Wahr	Falsch	Falsch
Wahr	Wahr	**WAHR!**

Die Logikgatter

Viele Schaltungen in deinem Computer sind physische Versionen von logischen Gleichungen, ergänzt durch kleinere Schaltungen, die sogenannten *logischen Gatter*, die als physische logische Operatoren fungieren. Ein logisches Gatter übernimmt Einsen und Nullen – die wahr bzw. falsch verkörpern – als Eingänge und liefert dann eine 1 oder eine 0 am Ausgang je nach Ergebnis der Gleichung im Inneren des Gatters.

Mit logischen Gattern kannst auch du wirklich fantastische Projekte umsetzen!

Ich denke an die Zeit zurück, als mein Vater mir etwas über Logikgatter erzählt hat: Ich ging geradewegs in mein Zimmer und verbrachte Stunden damit, sie auf Papier so zu kombinieren, dass ich Binärzahlen addieren konnte. Ich hoffe, du hast genauso viel Spaß daran wie ich! Wir wollen uns nun einige Logikgatter und ihre Arbeitsweise ansehen.

AND-Gatter prüfen auf zwei wahre Eingänge

Das *AND-Gatter* ist die physische Variante des AND-Operators, den du bei der Entscheidung verwendet hast, ob du Orangensaft machen kannst. Ein AND-Gatter hat zwei oder mehr Eingänge – zum Beispiel A und B – und einen Ausgang – zum Beispiel Q. Es prüft, ob A und B beide 1 sind, und wenn das zutrifft, dann ist Q gleich 1; andernfalls ist der Ausgang 0. Q ist nur dann 1, wenn *sowohl* A *als auch* B 1 ist; wenn einer oder beide Eingänge 0 sind, ist der Ausgang ebenfalls 0.

Es ist hilfreich, die Werte von Q, die sich bei verschiedenen Eingangskombinationen ergeben, in einer *Wahrheitstabelle* zu notieren. Eine solche Wahrheitstabelle zeigt alle möglichen Eingangskombinationen für das AND-Gatter und den jeweiligen Ausgang. In einer Wahrheitstabelle steht 0 für *falsch* und 1 für *wahr*.

AND-Gatter

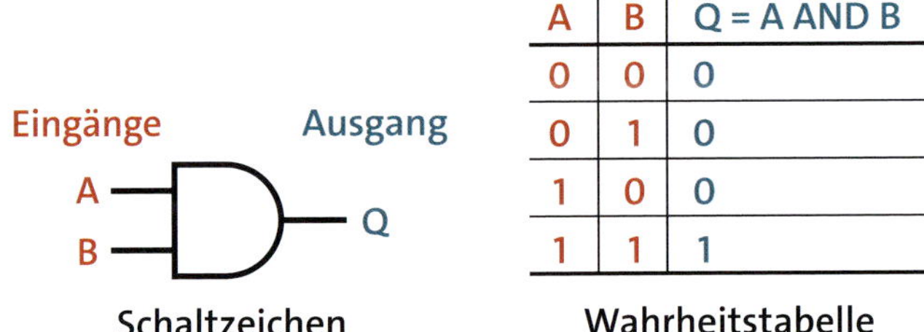

A	B	Q = A AND B
0	0	0
0	1	0
1	0	0
1	1	1

Schaltzeichen

Wahrheitstabelle

OR-Gatter prüfen auf einen wahren Eingang

Das *OR-Gatter* prüft, ob Eingang A oder Eingang B 1 ist. Wenn einer der Eingänge oder beide 1 sind, ist der Ausgang Q ebenfalls 1. Doch wenn beide Eingänge 0 sind, dann ist der Ausgang 0.

OR-Gatter

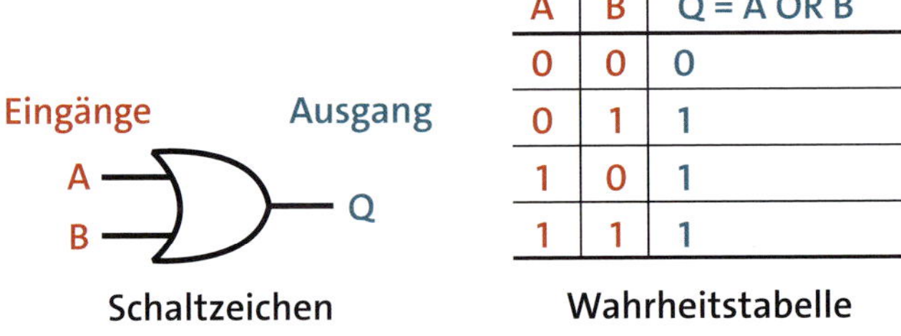

A	B	Q = A OR B
0	0	0
0	1	1
1	0	1
1	1	1

Schaltzeichen

Wahrheitstabelle

NOT-Gatter negieren den Eingang

Das *NOT-Gatter*, das auch als *Inverter* bezeichnet wird, hat nur einen Eingang und einen Ausgang. Seine Funktion ist sehr einfach: Der Ausgang ist das Gegenteil des Eingangs. Wenn der Eingang 1 ist, dann ist der Ausgang 0. Ist der Eingang 0, hat der Ausgang den Wert 1.

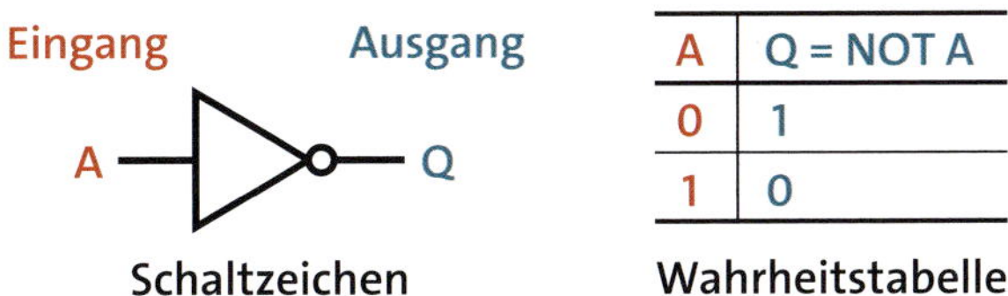

A	Q = NOT A
0	1
1	0

Ein größeres AND-Gatter

AND- und OR-Gatter können auch mehr als zwei Eingänge besitzen. So zeigt das folgende Beispiel das Schaltzeichen für ein AND-Gatter mit 4 Eingängen:

AND-Gatter mit 4 Eingängen

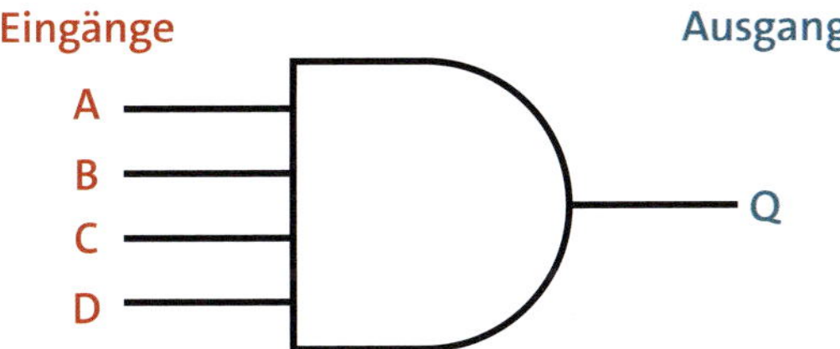

Da es ein AND-Gatter ist, wird das Ergebnis nur dann 1, wenn alle vier Eingänge 1 sind; andernfalls ist der Ausgang 0. Das heißt, der Ausgang Q ist wahr (1), wenn alle vier Eingänge – A, B, C und D – wahr (1) sind:

Q = A **AND** B **AND** C **AND** D

Ein AND-Gatter mit 4 Eingängen lässt sich auch aus drei AND-Gattern mit 2 Eingängen bilden:

AND-Gatter mit 4 Eingängen

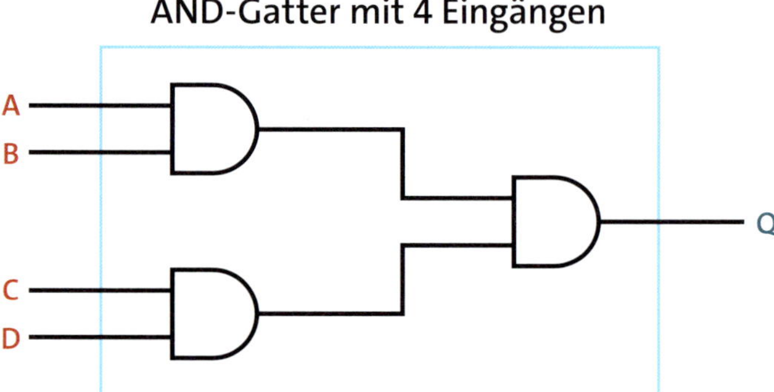

Wie man Logikschaltpläne zeichnet

Mit Logikgattern kannst du eine Schaltung aufbauen, die auf Bedingungen prüft und entscheidet, was im Ergebnis zu tun ist. Stell dir zum Beispiel vor, du könntest das Alarmsystem von Kapitel 1 durch Eingabe eines Geheimcodes deaktivieren. Dann könntest du das Alarmsystem eingeschaltet lassen, während du unterwegs bist, und wenn jemand die Tür öffnet, müsste er den richtigen Code kennen, um den Alarm auszuschalten. Mit Logikgattern kann eine Schaltung leicht prüfen, ob der richtige Code eingegeben wurde.

Eine Logikgleichung für einen Geheimcode

Angenommen, der Geheimcode ist 1001, und wenn der Geheimcode erkannt wird, sollte eine LED auf die erfolgreiche Eingabe hinweisen. Beim Aufbau von Logikschaltungen ist es hilfreich, zunächst die Logikgleichungen aufzustellen, bevor die eigentliche Schaltung in Hardware realisiert wird.

Zuerst überlegen wir, was jede 1 und jede 0 im Geheimcode in Form von Logikgattern darstellt. Hier soll die LED nur leuchten, wenn vier Bedingungen wahr sind. Diese Bedingungen kannst du mit AND-Operatoren wie folgt verknüpfen:

Die vier Bits im Geheimcode wollen wir mit den Buchstaben *W*, *X*, *Y* und *Z* darstellen. Dann kannst du jedes Bit darauf testen, ob es den richtigen Wert hat, d.h. auf W = 1, X = 0, Y = 0 und Z = 1 testen.

Die vier Geheimcodebits musst du über ein AND-Gatter mit 4 Eingängen per AND verknüpfen. Doch wenn man W, X, Y und Z direkt mit dem AND-Gatter verbindet, würde sich folgende Logikgleichung ergeben:

Q = W **AND** X **AND** Y **AND** Z

Diese Gleichung beschreibt einen Test, ob alle Bits 1 sind, weil Q nur dann gleich 1 ist, wenn W, X, Y und Z alle 1 sind. Stattdessen musst du auf einen Geheimcode testen, bei dem W und Z gleich 1, aber X und Y gleich 0 sind.

Erfreulicherweise hat man in der booleschen Logik nur zwei Möglichkeiten: 1 oder 0 (wahr oder falsch). Wenn etwas 0 ist, dann ist es nicht 1 (d.h. NOT 1), oder in Worten: Wenn etwas falsch ist, dann ist es nicht wahr (d.h. NOT true). Das bedeutet, wenn X = 0 (falsch) ist, dann ist NOT X = 1 (wahr). Mithilfe dieser Beziehung kann man die Gleichung folgendermaßen neu schreiben:

Q = W **AND** (**NOT** X) **AND** (**NOT** Y) **AND** Z

Diese Gleichung verwendet NOT bei den Bits X und Y, die im Geheimcode 0 sein sollten. Der Operator NOT invertiert ihre Werte, wobei er 0 in 1 und 1 in 0 ändert.

Eine Logikgleichung in einen Schaltplan umwandeln

Als Nächstes zeichnen wir die Gleichung für den Geheimcode als Schaltung. Die endgültige Ausgabe wird eine einzelne 1 oder 0 sein. Du brauchst ein AND-Gatter mit 4 Eingängen, um alle vier Codebits gleichzeitig zu testen. Dieses AND-Gatter baust du aus drei AND-Gattern mit 2 Eingängen auf, wie es weiter oben erläutert wurde. Da du testen musst, ob die Bits X und Y gleich 0 sind, brauchst du für jedes Bit ein NOT-Gatter, um die 0 in eine 1 zu invertieren.

Die endgültige Schaltung sieht so aus:

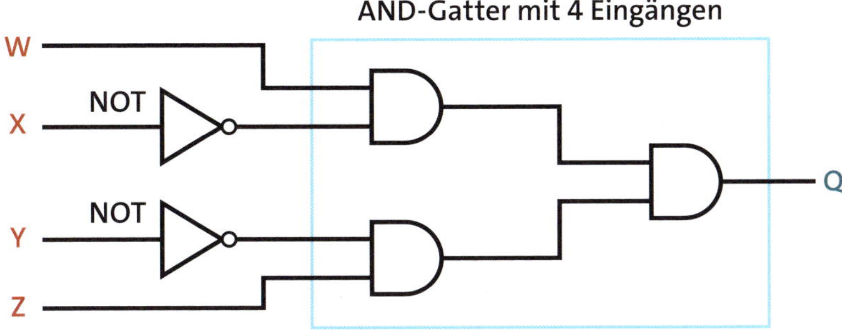

Eine Logikschaltung, die auf einen geheimen Code (1001) hin prüft

Das erste Bit (W) sollte 1 und das zweite Bit (X) 0 sein, sodass das zweite Bit über ein NOT-Gatter invertiert wird. Das dritte Bit (Y) geht ebenfalls über ein NOT-Gatter und wird mit dem vierten Bit (Z) in einem AND-Gatter verknüpft.

Das erste AND-Gatter sollte 1 ausgeben, wenn W =1 und X = 0 anliegen, das zweite AND-Gatter liefert 1, wenn Y = 0 und Z = 1. Sind beide Ausgänge der AND-Gatter auf 1 gesetzt, geht auch das dritte AND-Gatter auf 1 und bestätigt damit letztlich, dass 1001 eingegeben wurde.

**Probiere es aus:
Zeichne weitere logische Aussagen als Schaltung**

Nachdem du die Grundlagen kennengelernt hast, solltest du ein paar eigene logische Aussagen in logische Schaltungen umwandeln und auf Papier aufzeichnen. Wie würdest du zum Beispiel Pläne für eine Entscheidungsfindung »Kann ich Orangensaft machen?« zeichnen? Erstelle einen solchen Plan anhand der Aussagen im Abschnitt »Es ist nur logisch« auf Seite 214.

Logische Gatter in der Praxis verwenden

Als ich mich mit Logikgattern beschäftigt hatte, dachte ich zunächst, dass es sich dabei um kleine Bauelemente mit zwei oder drei Anschlüssen handelt. Doch Logikgatter werden in mehrpoligen Gehäusen verpackt als integrierte Schaltkreise (ICs) angeboten. Jeder IC enthält mehrere Gatter, sodass du immer einen IC einsetzen musst, selbst wenn du nur ein einziges Gatter brauchst.

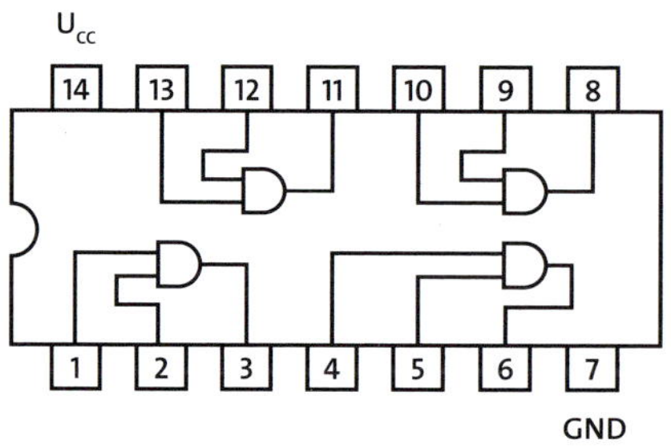

Es ist außerdem wichtig zu wissen, dass die Ausgänge von Logikgattern nicht viel Strom abgeben können. Selbst wenn die Ausgangsspannung an einem Logikgatter 5 V beträgt, heißt das nicht, dass du einen 5-V-Motor daran anschließen kannst. Das Logikgatter kann einfach nicht genug Strom aufbringen, um den Motor anzutreiben.

Wie Kapitel 7 erläutert hat, benötigt ein Transistor nur einen geringen Strom zwischen Basis und Emitter, um einen wesentlich stärkeren Strom zwischen Kollektor und Emitter fließen zu lassen. Wenn du mit einem Logikgatter eine Schaltung oder ein Bauelement ansteuern willst, die/das mehr Strom benötigt, kannst du mit dem Ausgang des Logikgatters einen Transistor ansteuern. Erinnerst du dich noch an die Schaltung von »Projekt #14: Eine Schaltung, die auf Berührungen reagiert« auf Seite 136? Diese Schaltung kannst du wie folgt modifizieren, um eine LED mit einem Logikgatter anzusteuern:

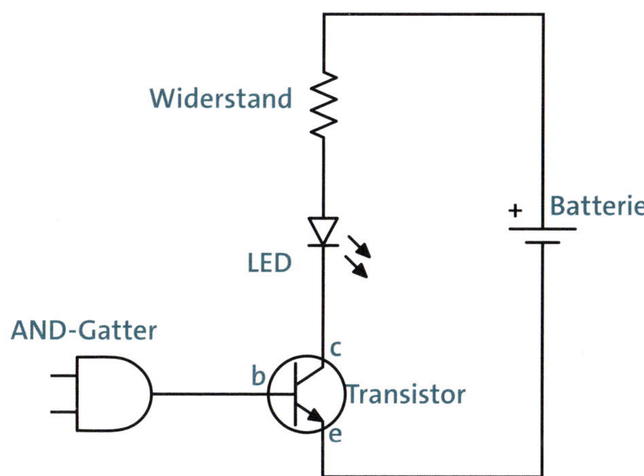

Im nächsten Abschnitt zeige ich dir, wie du dies in ein Projekt einbinden kannst.

Mehr über Strom, Bauelemente und Transistoren

Die LED und den Widerstand kannst du ganz einfach durch etwas anderes ersetzen, das du steuern möchtest, beispielsweise einen Motor, einen Lüfter oder ein Relais. Doch dabei musst du genau auf den Strom achten. Wie viel Strom benötigt dein Motor und wie viel Strom kann der Transistor verkraften?

Beide Werte findest du in den Datenblättern der Bauelemente. Für Transistoren ist hier der *Kollektorstrom* oder I_C interessant. Laut Datenblatt des Transistors BC547 beträgt der maximale Kollektorstrom 100 mA. Das ist mehr als ausreichend, um eine LED anzusteuern, die normalerweise höchstens 15 bis 20 mA benötigt.

Doch wie sieht es aus, wenn du einen Motor anschließen willst? Zuerst musst du ermitteln, wie viel Strom der Motor benötigt. Diesen Wert findest du im Datenblatt des Motors. Wenn ein Motor einen Strom von 500 mA zieht, musst du ihn über einen Transistor ansteuern, der einen Kollektorstrom von mindestens 500 mA verträgt. Hierfür ist zum Beispiel ein PN2222-Transistor geeignet, der einen Kollektorstrom von 600 mA erlaubt und in der Lage sein sollte, den Motor ein- und ausschalten.

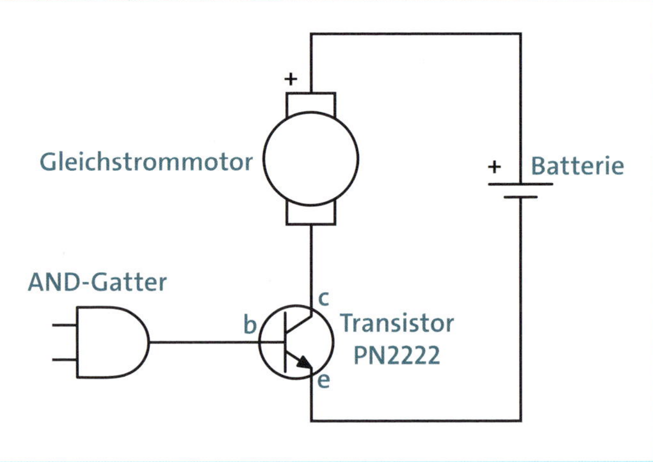

Projekt #21: Ein Geheimcodetester

In diesem Projekt baust du eine Logikschaltung auf, die eine vierstellige Eingabe mit einem Geheimcode vergleicht. Den Code stellst du über vier Schalter eines DIP-Schalters ein. Wenn die Eingabebits mit dem Code übereinstimmen, soll die Logikschaltung am Ausgang eine Spannung liefern, die eine 1 darstellt; andernfalls sollte sie eine Spannung von 0 Volt ausgeben, um 0 anzuzeigen. Diese abschließende Ausgabe geht zu einem Transistor, sodass sich damit etwas steuern lässt – wie bei einem Alarm!

Der Geheimcodetester schaltet in der Grundversion eine LED ein, wenn du den richtigen Code eingibst. Am Ende des Projekts zeige ich, wie du den Geheimcodetester einsetzt, um den Einbruchsalarm von Kapitel 1 zu deaktivieren.

Der vollständige Schaltplan für dieses Projekt sieht so aus:

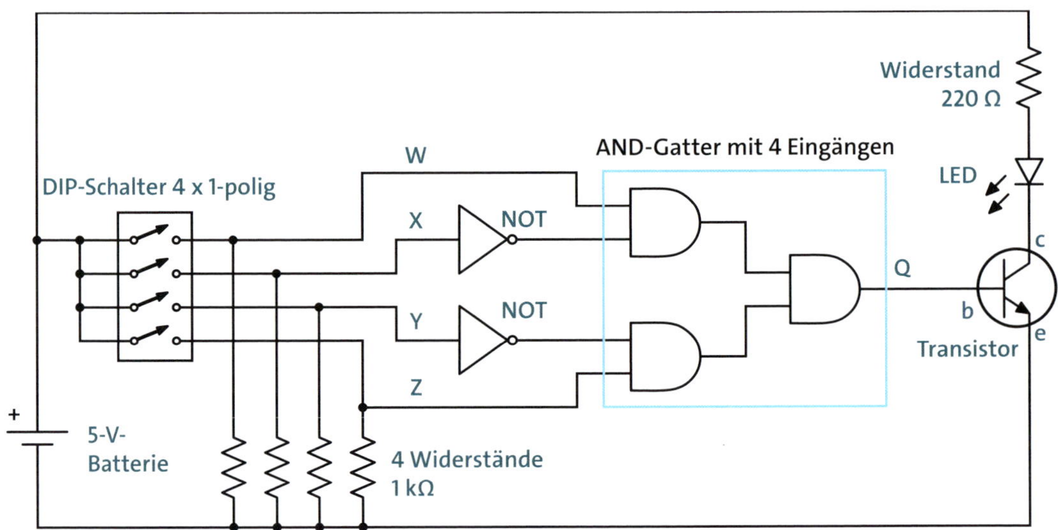

Einkaufszettel

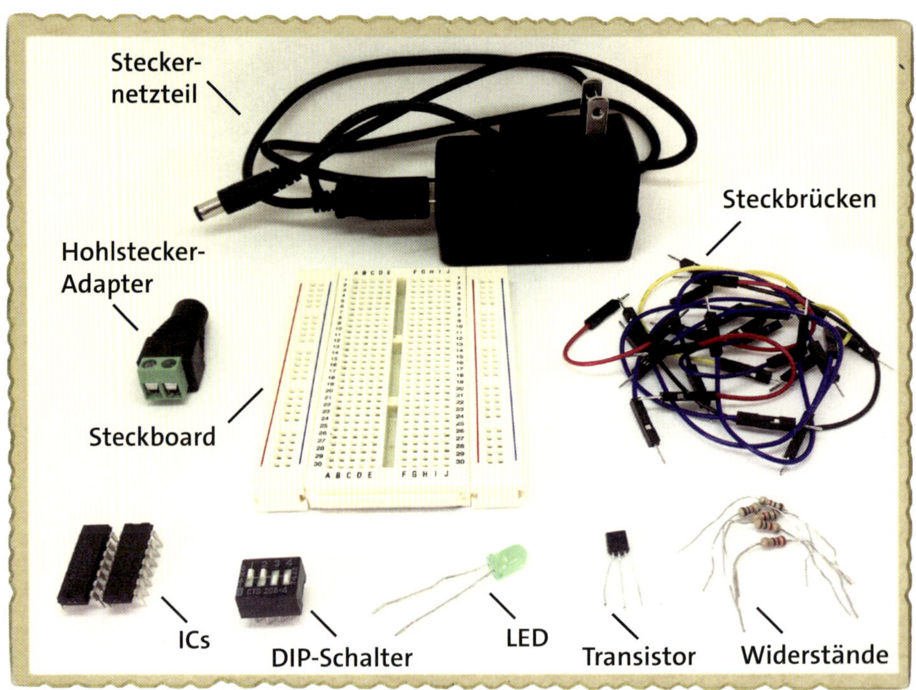

- ein **Steckboard** mit mindestens 30 Reihen
- etwa 20 **Steckbrücken**, um Verbindungen einfach herstellen zu können
- ein **DIP-Schalter** mit vier unabhängigen Schaltern
- ein **Inverter-IC 74LS04 mit 6 NOT-Gattern**
- ein **IC 74LS08 mit 4 AND-Gattern**
- ein **Allzweck-NPN-Transistor**, wie zum Beispiel BC547
- eine **Standard-LED**
- ein **220-Ω-Widerstand**, um den Strom durch die LED zu begrenzen
- vier **1-kΩ-Widerstände**, die als Pulldown-Widerstände dienen
- ein **5-V-Steckernetzteil für Gleichspannung**, um die Schaltung zu betreiben
- ein **Hohlstecker-Adapter**, um das Steckernetzteil über den Adapter mit dem Steckboard zu verbinden

Werkzeuge

- ein **Schraubendreher**, der für die Schraubanschlüsse des Hohlstecker-Adapters geeignet ist

Wie man andere Spannungen für ein Steckboard verwendet

Bislang hast du 9-V-Batterien für die im Buch beschriebenen Schaltungen verwendet. Die meisten digitalen Schaltungen arbeiten aber mit niedrigeren Spannungen. Zum Beispiel gibt es Unmengen von ICs mit Logikgattern, die für eine Betriebsspannung von 5 V ausgelegt sind. Allerdings ist die Spannung 5 V kein Standardwert bei Batterien – es gibt 4,5-V- und 6-V-Batterien, aber keine 5-V-Batterien.

Was kannst du tun, wenn deine Schaltung eine Betriebsspannung von 5 V verlangt? Dann freunde dich einfach an mit *Steckernetzteil* und *Hohlstecker-Adapter*.

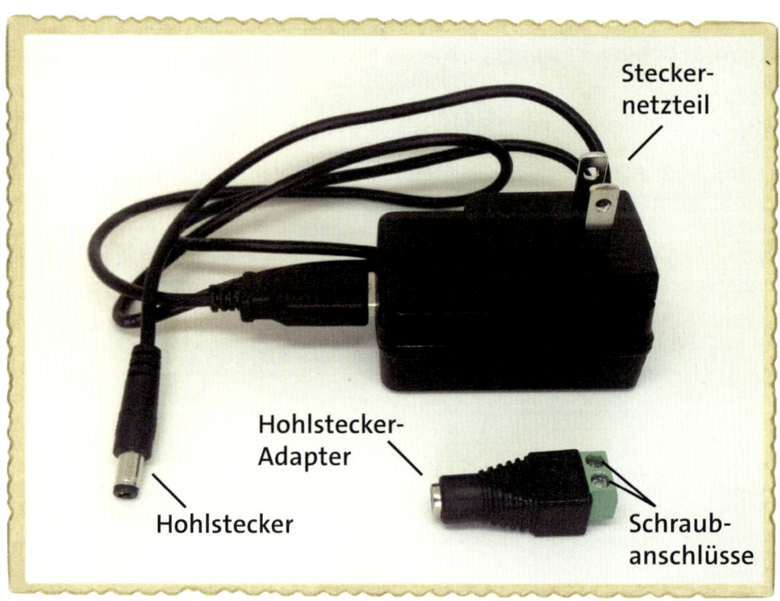

Viele elektronische Geräte verwenden Netzadapter, um Batterien wieder aufzuladen oder einfach um ständig betriebsbereit zu sein. Die eine Seite eines Steckernetzteils wird in eine normale 230-V-Steckdose gesteckt, die andere Seite liefert die Niederspannung und wird an das Gerät angeschlossen, das du betreiben willst. Netzteile sind für viele Spannungen und in verschiedenen Ausführungen erhältlich. Dieses Projekt benötigt ein Netzteil, das eine geregelte 5-V-Gleichspannung liefert.

Um eine Schaltung mit Strom zu versorgen, muss der Niederspannungsanschluss des Netzteils in diesem Projekt in einen Hohlstecker-Adapter gesteckt werden. Der auf dem Einkaufszettel (Seite 225) aufgeführte Hohlstecker-Adapter besitzt zwei *Schraubklemmen*, an die du die Verbindungsleitungen zum Steckboard anschließen kannst. Der Adapter besteht aus einer Hohlbuchse (Außendurchmesser 5,5 mm, Stiftdurchmesser 2,1 mm), deren Kontakte direkt auf die beiden Schraubklemmen geführt sind. An die Hohlbuchse kannst du Kabel anschließen, die mit einem standardmäßigen Hohlstecker (Innendurchmesser 2,1 mm, Außendurchmesser 5,5 mm) versehen sind.

Schaltungen zuverlässiger machen

Wenn eine Schaltung eine Eingangsspannung benötigt, du aber den Eingang an nichts anschließt, liegt der Eingang auf einem *schwimmenden* Potenzial. Ein schwimmender Eingang ist unsicher, weil die Schaltung ihn als 1 oder 0 auswertet, du aber keinen Einfluss auf das Ergebnis hast.

Die einzelnen Schalter in einem DIP-Schalter sind entweder offen oder geschlossen. Bei einem offenen Schalter führt der daran angeschlossene Eingang schwimmendes Potenzial, falls mit diesem Eingang nichts weiter verbunden ist. Um dies zu umgehen, schaltet man bei Logikgattern je einen *Pulldown-Widerstand* (von engl. pull down = herunterziehen) zwischen Eingang und Masse (siehe Abbildung).

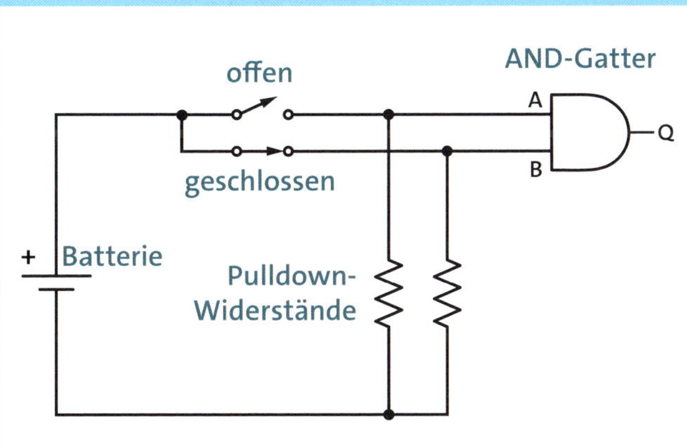

Jeder Pulldown-Widerstand in dieser Schaltung ist mit einem Schalter und einem Gattereingang auf der einen Seite und mit dem Minuspol der Batterie auf der anderen Seite verbunden. Ist der Schalter geöffnet, »zieht« der Widerstand den Gattereingang auf 0 V, was einer logischen 0 entspricht. Bei geschlossenem Schalter liegt der Gattereingang direkt am Pluspol der Batterie, sodass hier die positive Betriebsspannung anliegt, was einer logischen 1 entspricht.

Der Schaltplan für dieses Projekt auf Seite 224 enthält vier Schalter mit 1-kΩ-Pulldown-Widerständen. Alle Schalter sind im Zustand »offen« dargestellt und alle Eingänge der NOT- und AND-Gatter liegen auf einem definierten Potenzial.

Schritt 1: Die Schalter und Widerstände platzieren

Setze den DIP-Schalter ganz oben auf das Steckboard, sodass sich eine Kontaktreihe links von der Nut und eine Kontaktreihe rechts von der Nut befindet. Verbinde die linke Seite des DIP-Schalters über Steckbrücken mit dem Verteiler für die positive Betriebsspannung. Die rechte Seite des DIP-Schalters verbindest du über 1-kΩ-Widerstände mit dem Verteiler für die negative Betriebsspannung auf der rechten Seite.

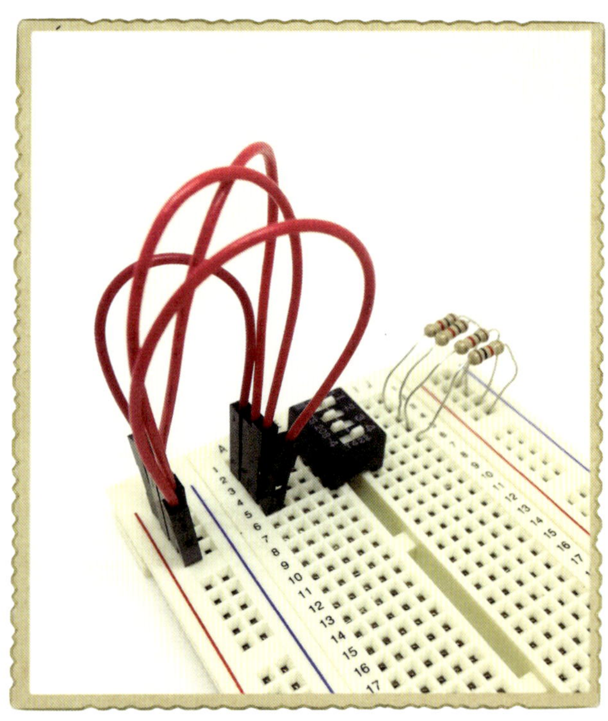

Schritt 2: Die ICs platzieren

Setze den IC 74LS04, der die NOT-Gatter enthält, in die Mitte des Steckboards und den IC 74LS08 mit den AND-Gattern weiter nach unten. Bei beiden ICs zeigt die Markierung für Pin 1 (eine Kerbe o.Ä.) nach oben in Richtung DIP-Schalter. Achte darauf, dass am unteren Rand des Steckboards noch mindestens drei Reihen für den Transistor frei bleiben.

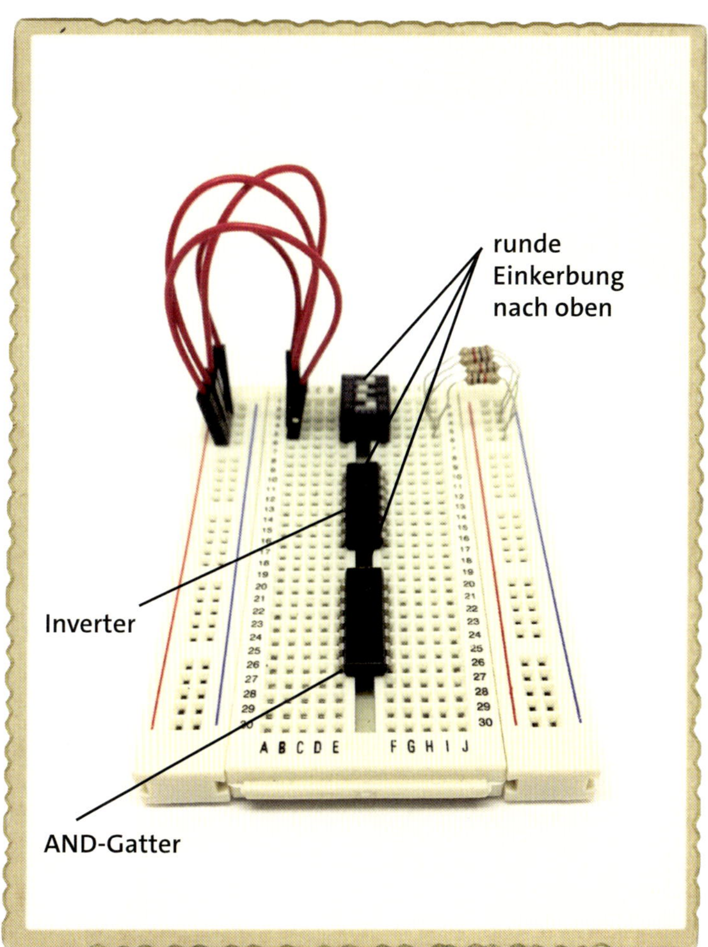

Schritt 3: Den Transistor und die LED platzieren

Stecke den Transistor in drei Reihen am unteren Ende des Steckboards. Wenn du den Transistor BC547 vom Einkaufszettel dieses Projekts (Seite 225) verwendest, muss die flache Seite nach links zeigen, sodass der Kollektor der oberste Pin, die Basis der mittlere Pin und der Emitter der untere Pin ist. Falls du einen anderen NPN-Transistor einsetzt, solltest du dich anhand des Datenblatts informieren, welcher Pin wohin gehört.

Verbinde den kurzen Anschluss der LED, die Kathode, mit der Reihe, in der sich der Kollektor befindet. Den langen Anschluss der LED, die Anode, steckst du in eine leere Reihe auf der linken Seite des Steckboards. Schließlich verbindest du den 220-Ω-Widerstand von der Anode der LED mit dem Verteiler für die positive Betriebsspannung.

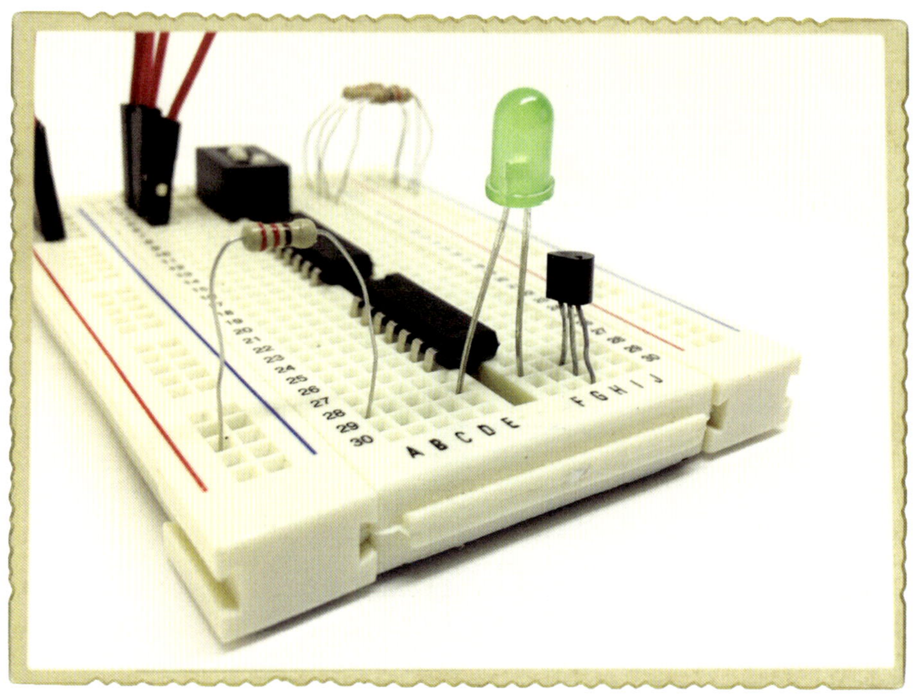

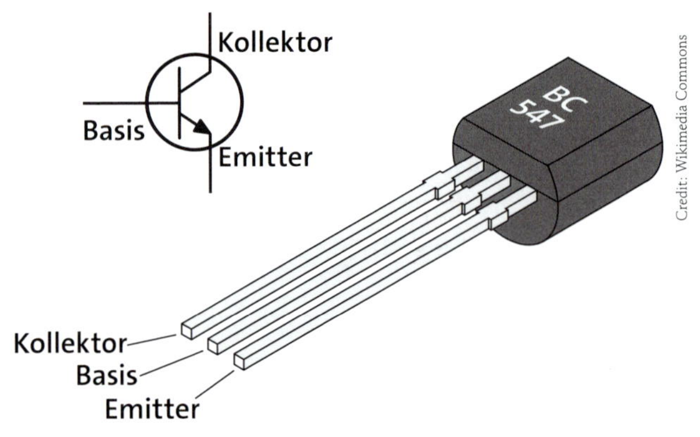

Credit: Wikimedia Commons

Schritt 4: Die Logikschaltung aufbauen

Sieh dir zuerst die folgende Zeichnung an, damit du weißt, wie die AND- und NOT-Gatter in den ICs angeordnet sind und welche Verbindungen du herstellen musst.

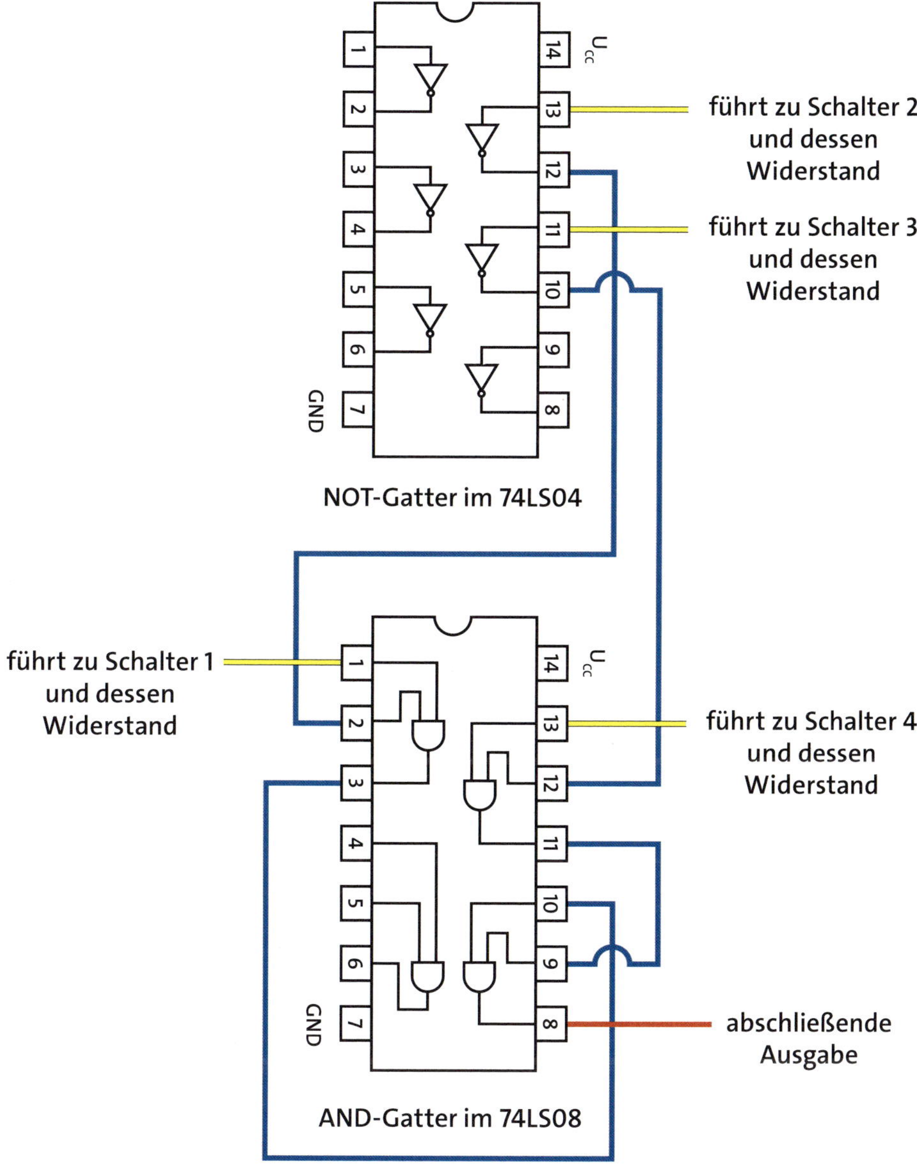

Verbinde vier Steckbrücken wie folgt von den Ausgängen der Schalter zu den Gattereingängen:

- Der Ausgang von Schalter 1, dem obersten Schalter, geht zum Eingang des AND-Gatters an Pin 1 des unteren IC (74LS08).
- Der Ausgang von Schalter 2 geht zum Eingang des NOT-Gatters an Pin 13 des oberen IC (74LS04).
- Der Ausgang von Schalter 3 geht zum Eingang des NOT-Gatters an Pin 11 des oberen IC.
- Der Ausgang von Schalter 4 geht zum AND-Gatter an Pin 13 des unteren IC.

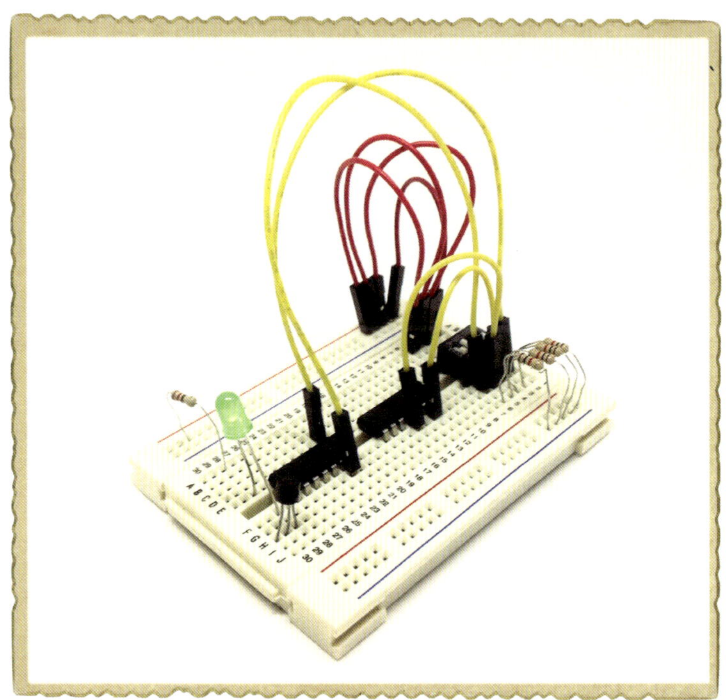

Als Nächstes verbindest du mit zwei Steckbrücken die Ausgänge der NOT-Gatter wie folgt mit den Eingängen des AND-Gatters:

- Eine Steckbrücke geht von Pin 12 am oberen IC zu Pin 2 am unteren IC.
- Die andere Steckbrücke geht von Pin 10 am oberen IC zu Pin 12 am unteren IC.

Nun sind noch die Ausgänge der beiden ersten AND-Gatter wie folgt mit dem dritten AND-Gatter zu verbinden:

- Lege eine Steckbrücke von Pin 3 zu Pin 10 des unteren IC.
- Lege eine weitere Steckbrücke von Pin 11 zu Pin 9 des unteren IC.
- Schließlich verbindest du eine Steckbrücke mit dem letzten Ausgang des AND-Gatters und lässt das andere Ende fürs Erste frei hängen.

Die IC-Verbindungen sollten wie folgt aussehen:

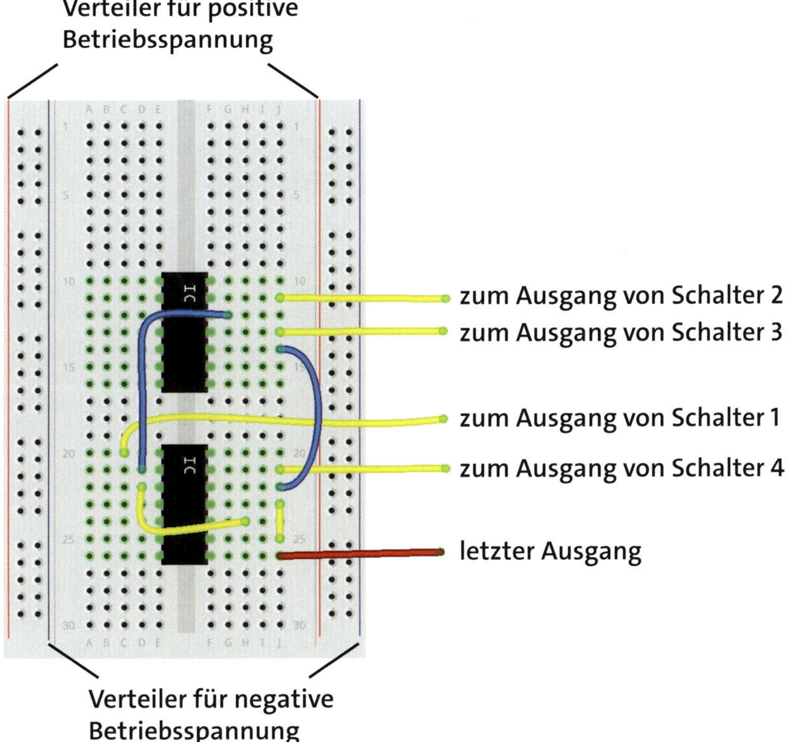

Schritt 5: Den Transistor fertig verdrahten

Verbinde nun den Ausgang vom letzten AND-Gatter – Pin 8 des unteren ICs – mit der Basis des Transistors. Dieser Ausgang steuert, ob der Transistor den Strom durch die LED fließen lässt oder nicht. Den Emitter des Transistors verbindest du über eine Steckbrücke mit dem Verteiler für die negative Betriebsspannung.

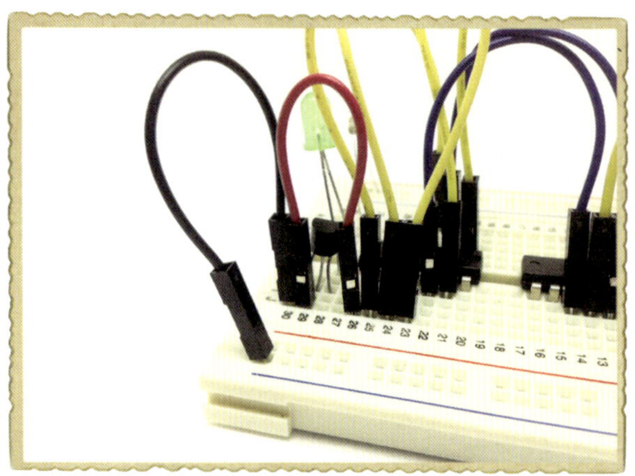

Deine Bauelemente schützen

Die Schaltung für dieses Projekt verlässt sich auf die Tatsache, dass ein Gatterausgang nur sehr wenig Strom in die Basis des Transistors einspeist. Im Geheimcodetester wird der Transistor nicht überlastet, doch um den Transistor in anderen Schaltungen gegenüber eventuell höheren Strömen zu schützen, solltest du zwischen seiner Basis und der Stromquelle – hier dem Ausgang des AND-Gatters – einen Widerstand von etwa 1 bis 10 kΩ schalten.

Außerdem sollten Transistoren in Motorschaltungen geschützt werden, wie es der Abschnitt »Mehr über Strom, Bauelemente und Transistoren« auf Seite 222 erläutert. Diese Schaltung sollte ohne Änderungen funktionieren, doch um wirklich vorsichtig zu sein, solltest du eine Diode parallel zum Motor schalten, wobei die Kathode an der positiven Seite liegt. Auf diese Weise wird der Transistor gegenüber Spannungsspitzen geschützt, die beim Ausschalten des Motors auftreten können.

Schritt 6: Den Geheimcodetester mit Spannung versorgen und testen

Verbinde Pin 14 von beiden ICs über Steckbrücken mit dem Verteiler für die positive Betriebsspannung und Pin 7 beider Chips mit dem Verteiler für die negative Betriebsspannung. Schalte dann alle Schalter im DIP-Schalter aus und schließe eine 5-V-Gleichspannungsquelle so an, dass der Pluspol am Plus-Verteiler links liegt und der Minuspol am Minus-Verteiler rechts.

Diese Verbindung stellst du mit einem Drahtpaar zwischen Steckboard und Hohlstecker-Adapter her. Der Adapter sollte mit Markierungen für Plus- und Minuspol gekennzeichnet sein, sodass du weißt, welcher Draht an welchen Verteiler kommt. Lockere die Schrauben am Adapter etwas, führe in jede Klemme einen Draht ein und ziehe die Schrauben wieder fest. Halte dich am besten an den gebräuchlichen Farbcode: Verwende einen roten Draht für die positive Spannung und einen schwarzen Draht für die negative. Dann ist die Verwechslungsgefahr geringer, wenn du die Drähte an dein Steckboard anschließt.

Die LED muss dunkel bleiben, wenn die Schalter ausgeschaltet sind. Doch wenn du mit den kleinen Hebeln des DIP-Schalters den Code 1001 einstellst, sollte sie aufleuchten.

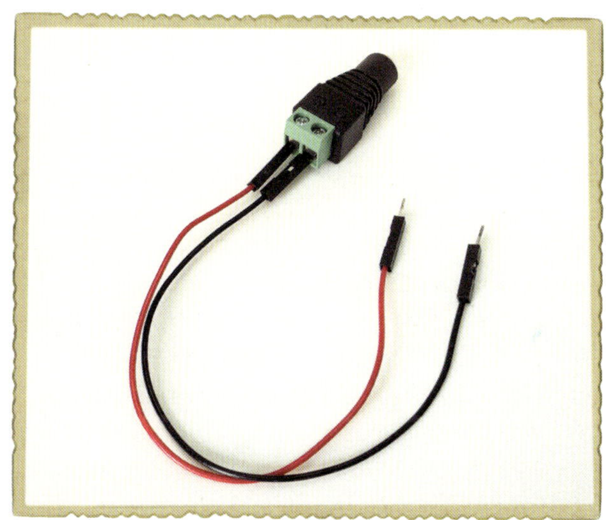

Schritt 7: Was ist, wenn die LED nicht leuchtet?

Überprüfe zuerst, ob die beiden ICs an Betriebsspannung und Masse liegen. Ist bei beiden ICs Pin 14 mit dem Plus-Verteiler und Pin 7 mit dem Minus-Verteiler verbunden? Falls die ICs zu heiß werden, um sie noch anfassen zu können, klemmst du sofort die 5-V-Stromversorgung ab und wartest, bis sich die ICs abgekühlt haben. Bevor du einen erneuten Test startest, vergewissert du dich erst, ob die Verbindungen zum Netzteil richtig herum angeschlossen sind. Der Draht, der zum Pluspol des Hohlstecker-Adapters (mit + gekennzeichnet) führt, muss am Verteiler für die positive Betriebsspannung auf dem Steckboard angeschlossen sein, und der Draht vom Minuspol des Hohlstecker-Adapters (mit – gekennzeichnet) muss im Verteiler für die negative Betriebsspannung auf dem Steckboard stecken.

Wenn die ICs richtig herum mit 5 V und Masse verbunden sind, die Schaltung aber immer noch nicht funktioniert, überprüfst du die Eingangswerte an den Schaltern. Mit einem Multimeter misst du die Spannung vom Minus-Verteiler (der Masse) zu den Pins an den AND- und NOT-Gattern, die die Eingaben von den Schaltern übernehmen. An den Pins 1 und 13 des AND-IC sollten 5 V liegen, an den Pins 11 und 13 des NOT-IC 0 V. Auch an den Ausgängen der verwendeten AND-Gatter – d.h. an den Pins 3, 8 und 11 – sollten 5 V zu messen sein. Wenn am Ausgang eines AND-Gatters keine 5 V vorhanden sind, dann liegt einer seiner Eingänge auf 0 V. Stelle fest, warum es 0 V sind, und du wirst die Fehlerursache finden.

Probiere es aus: Deinen Einbruchsalarm deaktivieren

Anstelle einer LED und eines Widerstands kannst du ein Relais an den Geheimcodetester anschließen und dieses Projekt mit dem Einbruchsalarm kombinieren, den du in Kapitel 1 aufgebaut hast. Die 9-V-Batterie verbindest du mit dem Einbruchsalarm über das Relais, sodass es die Stromzufuhr zum Alarm unterbricht und das Geräusch verstummt, wenn du den richtigen Code eingegeben hast. Wie du ein Relais verdrahtest, hat der Abschnitt »Das Relais« auf Seite 97 beschrieben.

Beachte, dass der Geheimcodetester (mit seiner 5-V-Betriebsspannung) die vollkommen eigenständige Alarmschaltung (mit einer 9-V-Betriebsspannung) steuert. Es ist vollkommen in Ordnung, die beiden Schaltungen mit separaten Stromversorgungen auf diese Weise zu verknüpfen, weil zwischen den Schaltungen keine elektrische Verbindung besteht. Relais sind nützlich, wenn du eine Schaltung mit einer andersartigen Stromversorgung steuern musst!

Die Schaltung sieht folgendermaßen aus:

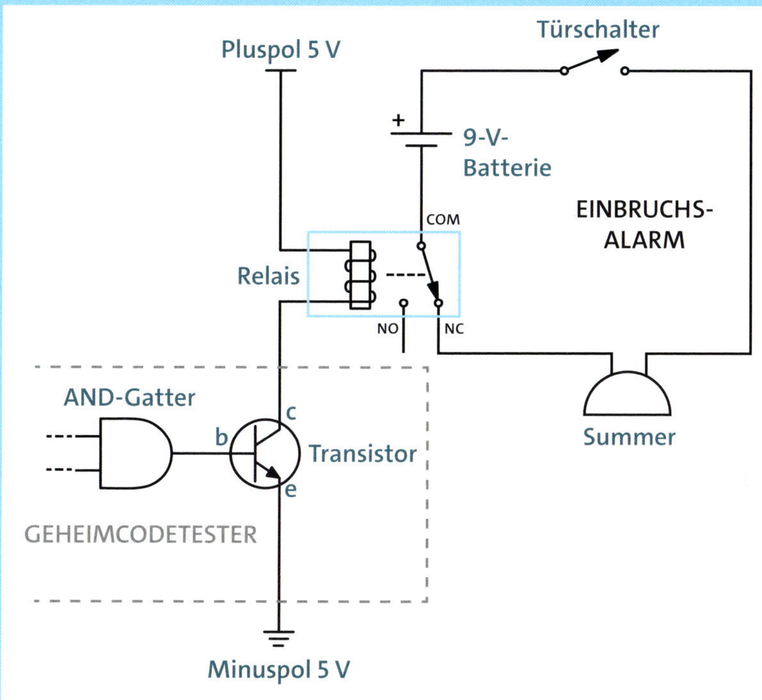

Für die Gesamtschaltung sind die folgenden Teile erforderlich:

- die Schaltung von »Projekt #2: Einbruchsalarm« auf Seite 11
- die Schaltung von »Projekt #21: Ein Geheimcodetester« auf Seite 223
- ein 5-V-Relais

Invertierende Logikgatter

Die Typen AND, OR und NOT sind grundlegende Gatter, die sich zu neuen Logikfunktionen zusammenschalten lassen. Sehen wir uns zwei weitere Gatter an, die auf diese Weise gebildet werden.

NAND sucht nach einer falschen Eingabe

Das *NAND-Gatter* funktioniert wie ein AND-Gatter, an dessen Ausgang ein NOT-Gatter liegt. Im Schaltzeichen bedeutet der kleine Kreis am Ausgang NOT. Das heißt, der Ausgang des NAND-Gatters ist 0, wenn sowohl A als auch B gleich 1 ist.

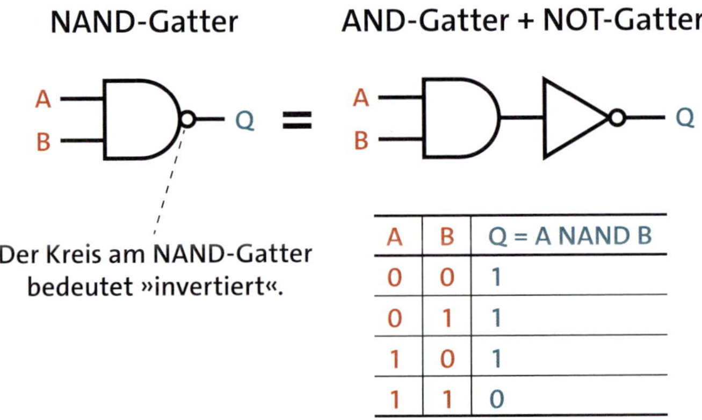

A	B	Q = A NAND B
0	0	1
0	1	1
1	0	1
1	1	0

NOR sucht nach zwei falschen Eingängen

Das *NOR-Gatter* funktioniert wie ein OR-Gatter mit einem Inverter am Ausgang. Der Ausgang ist 0, wenn mindestens einer der Eingänge A und B gleich 1 ist.

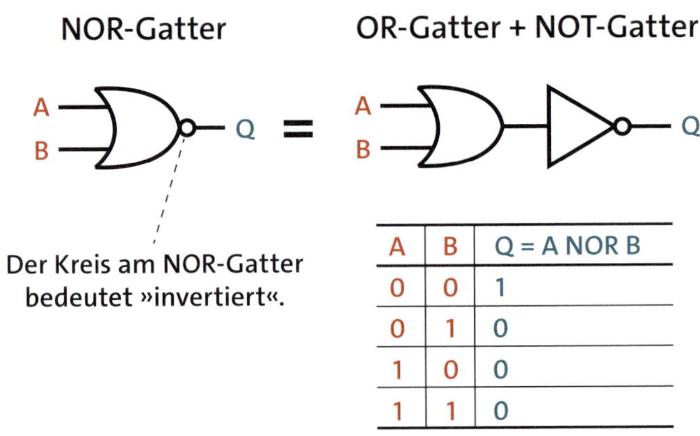

A	B	Q = A NOR B
0	0	1
0	1	0
1	0	0
1	1	0

Was kommt als Nächstes?

In diesem Kapitel hast du gelernt, wie sich mit Logikgattern Schaltungen aufbauen lassen, die »Entscheidungen treffen«, beispielsweise ob ein Code korrekt ist oder nicht. Am Ende des Kapitels wurden auch Logikgatter mit invertierten Ausgangssignalen vorgestellt. Es ist hilfreich, die Arbeitsweise negierender Logikgatter zu verstehen, weil gerade solche Gatter in praktischen Schaltungen häufig verwendet werden. Auch in Kapitel 11 wirst du sie einsetzen.

Wenn du dich eingehender mit Gattern vertraut machen möchtest, solltest du einmal versuchen, aus den bisher beschriebenen Gattern ein XOR-Gatter auf Papier zu entwerfen. Ein XOR-Gatter liefert nur dann eine 1 am Ausgang, wenn sich die Eingänge voneinander unterscheiden.

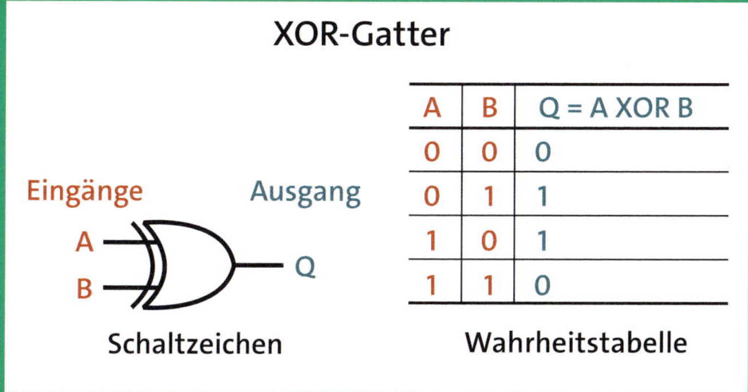

A	B	Q = A XOR B
0	0	0
0	1	1
1	0	1
1	1	0

Wahrheitstabelle

Durch Zusammenschalten von Logikgattern nach bestimmten Regeln lassen sich fast alle nur denkbaren Geräte realisieren. Doch das mag zunächst schwer zu verstehen sein. Deshalb zeige ich dir im nächsten Kapitel weitere Grundschaltungen mit Logikgattern. Du wirst eine Speicherschaltung aufbauen und dann dein eigenes elektronisches Münzwurfspiel!

11 Schaltungen, die Informationen speichern

In Kapitel 9 hast du gelernt, wie du Bits mithilfe von Schaltern speicherst. Solange sich die Schaltstellungen nicht ändern, bleiben die Bits gleich. Doch du musst die Schalter manuell einstellen, und das ist nicht gerade effizient. Kapitel 10 hat Logikgatter beschrieben und gezeigt, wie du damit Einsen und Nullen verarbeitest. Thema dieses Kapitels ist es, wie aus Logikgattern elektronische Speicherzellen entstehen, die Bits auch dann noch speichern können, wenn du den Eingang änderst. Am Ende dieses Kapitels baust du dann dein eigenes Münzwurfspiel auf!

Ein Bit speichern

Eine einfache Speicherschaltung ist das *RS-Flipflop*, in der englischsprachigen Literatur als *Latch* (dt. Verriegelung) bezeichnet. Es lässt sich mit zwei NOR-Gattern aufbauen und kann ein Datenbit speichern.

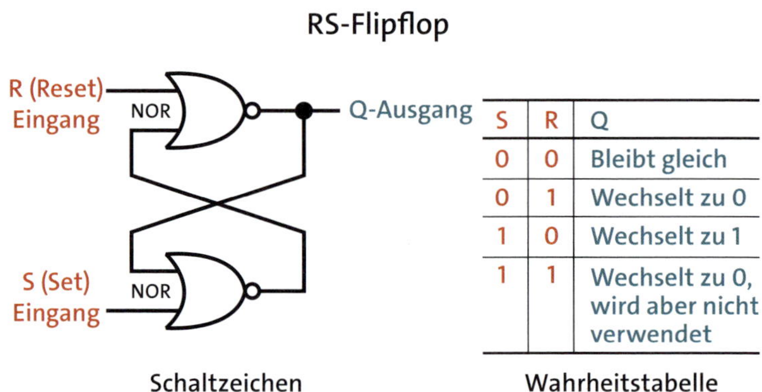

S	R	Q
0	0	Bleibt gleich
0	1	Wechselt zu 0
1	0	Wechselt zu 1
1	1	Wechselt zu 0, wird aber nicht verwendet

Q nimmt beim Einschalten der Betriebsspannung einen zufälligen Zustand ein. Die Schaltung behält ihren Ausgangszustand bei, bis man mit einem Signal an R oder S festlegt, welchen Zustand das Bit erhalten soll. In diesem Zustand wird das Flipflop »verriegelt« (engl. »latch«). S steht für *Set* (setzen) und R für *Reset* (zurücksetzen): Wenn du das Flipflop setzt, nimmt Q den Zustand 1 an, wenn du es zurücksetzt, wird Q zu 0. Wie die Wahrheitstabelle des RS-Flipflops beschreibt, kannst du das Flipflop mit einer 1 am Eingang S und einer 0 am Eingang R setzen. Um das Flipflop zurückzusetzen, legst du eine 1 am Eingang R und eine 0 am Eingang S an. Sehen wir uns nun an, wie das Setzen von Q auf 1 funktioniert.

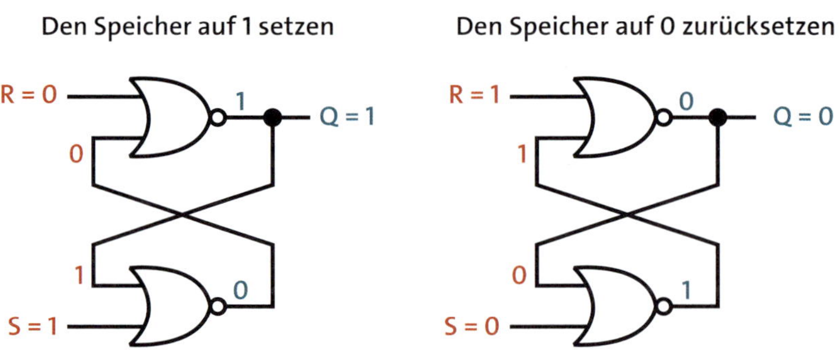

Der Ausgang eines NOR-Gatters ist 1, wenn alle Eingänge 0 sind. Steht der Eingang S (Set) auf 1, ist der Ausgang des unteren NOR-Gatters 0, und zwar unabhängig davon, welchen Zustand der andere Eingang des Gatters hat. Der Ausgang ist mit einem Eingang am anderen NOR-Gatter verbunden, an dem auch der Eingang R (Reset) liegt. Da R gleich 0 ist, liegen am oberen NOR-Gatter zwei Nullen an, wodurch der Ausgang Q auf 1 geht.

Eine bessere Speicherschaltung

Mit ein paar zusätzlichen Gattern macht man aus dem RS-Flipflop ein *D-Flipflop*, das den Ausgang Q auf den Wert setzt, der am Eingang D vorhanden ist, wenn der Eingang C auf 1 liegt.

D-Flipflop

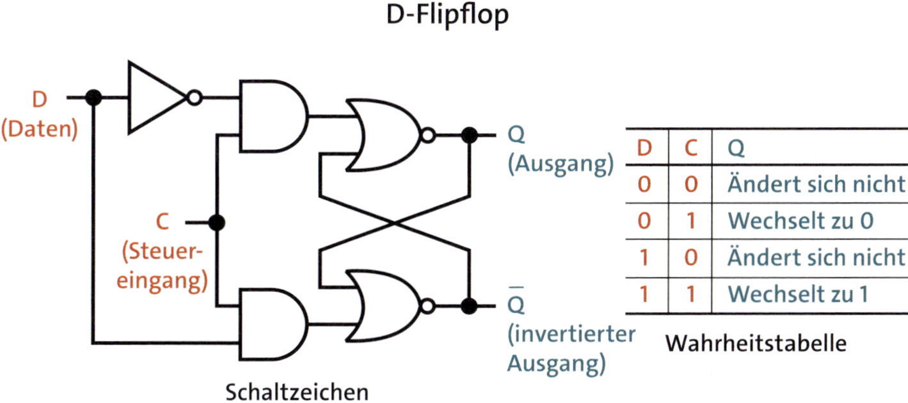

D	C	Q
0	0	Ändert sich nicht
0	1	Wechselt zu 0
1	0	Ändert sich nicht
1	1	Wechselt zu 1

Wahrheitstabelle

Das D-Flipflop ist eine Verbesserung gegenüber dem RS-Flipflop, weil man das Potenzial am *Dateneingang* D beliebig ändern kann, bis der *Steuereingang* C (engl. *control input*) auf 1 geht. Der Ausgang des unteren NOR-Gatters hat immer den entgegengesetzten Zustand zum Ausgang Q und wird deshalb mit $\overline{Q}$ (gesprochen »Q quer« oder »Q negiert«) bezeichnet.

Speicher, der sich nur zu einem bestimmten Zeitpunkt ändert

Das D-Flipflop hat einen entscheidenden Mangel: Solange C gleich 1 ist, wirkt sich jede Änderung an D auch auf den Ausgang Q aus. Wie sieht es aus, wenn sich der Ausgang nicht sofort ändern soll?

Computer verwenden ein *Taktsignal*, um den internen Schaltungen mitzuteilen, wann etwas passieren soll, beispielsweise wann neue Daten von einer Eingangsleitung zu übernehmen und zu speichern sind. Ein Taktsignal ist lediglich eine Spannung, die ständig ein- und ausgeschaltet wird – d.h., sie wechselt beständig zwischen 1 und 0. Dieses Signal ähnelt dem, das du in »Projekt #16: Eigene Töne mit dem 555-Timer erzeugen« (Seite 167) zum Lautsprecher geschickt hast.

Um das Fehlerrisiko zu minimieren, finden Aktionen wie Berechnungen oder das Speichern von Daten nur dann statt, wenn das Taktsignal von »aus« nach »ein« oder von »ein« nach »aus« wechselt. Dieses Prinzip heißt *Flankentriggerung* – d.h. Auslösung bei Potenzialübergang. Führt eine Schaltung etwas aus, wenn das Taktsignal von »aus« nach »ein« wechselt, passiert diese Aktion auf der steigenden Flanke, und die Schaltung ist *positiv flankengetriggert*. Eine Schaltung, die eine Aktion bei der fallenden Flanke auslöst, wenn sich also das Taktsignal von »ein« nach »aus« ändert, ist *negativ flankengetriggert*.

Während man im deutschen Sprachgebrauch sämtliche hier beschriebenen Schaltungen als Flipflops bezeichnet, unterscheidet man speziell in der englischsprachigen Literatur zwischen *Flipflops* und *Latches*. In diesem Sinne ist ein Flipflop ein Latch, das seinen Ausgang aktualisiert, wenn dies durch die Flanke eines Taktsignals ausgelöst wird – ein Flipflop ist demnach ein flankengetriggertes Latch. Hier sei auf *https://de.wikipedia.org/wiki/Flipflop* verwiesen, wo du noch viel Interessantes zu diesem nicht ganz einfachen Thema erfährst.

Ein *taktflankengetriggertes D-Flipflop* erhält man, wenn man zwei D-Flipflops (sprich: zwei D-Latches) und ein NOT-Gatter kombiniert.

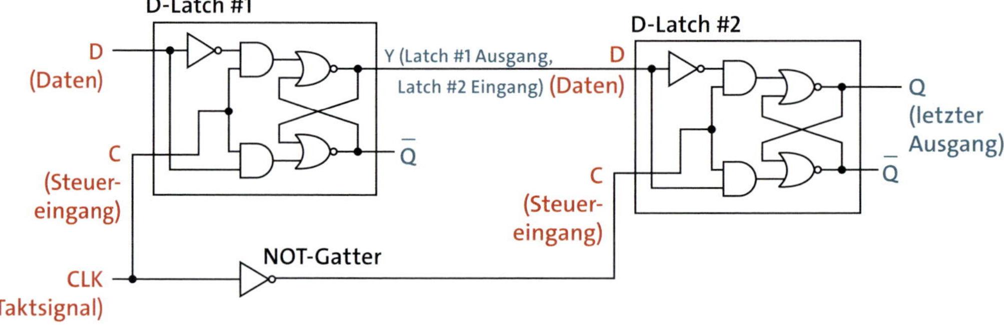

Die Ausgangsspannung Q kann sich nur ändern, wenn die CLK-Spannung von High nach Low, d.h. von 1 nach 0 wechselt. Das funktioniert folgendermaßen:

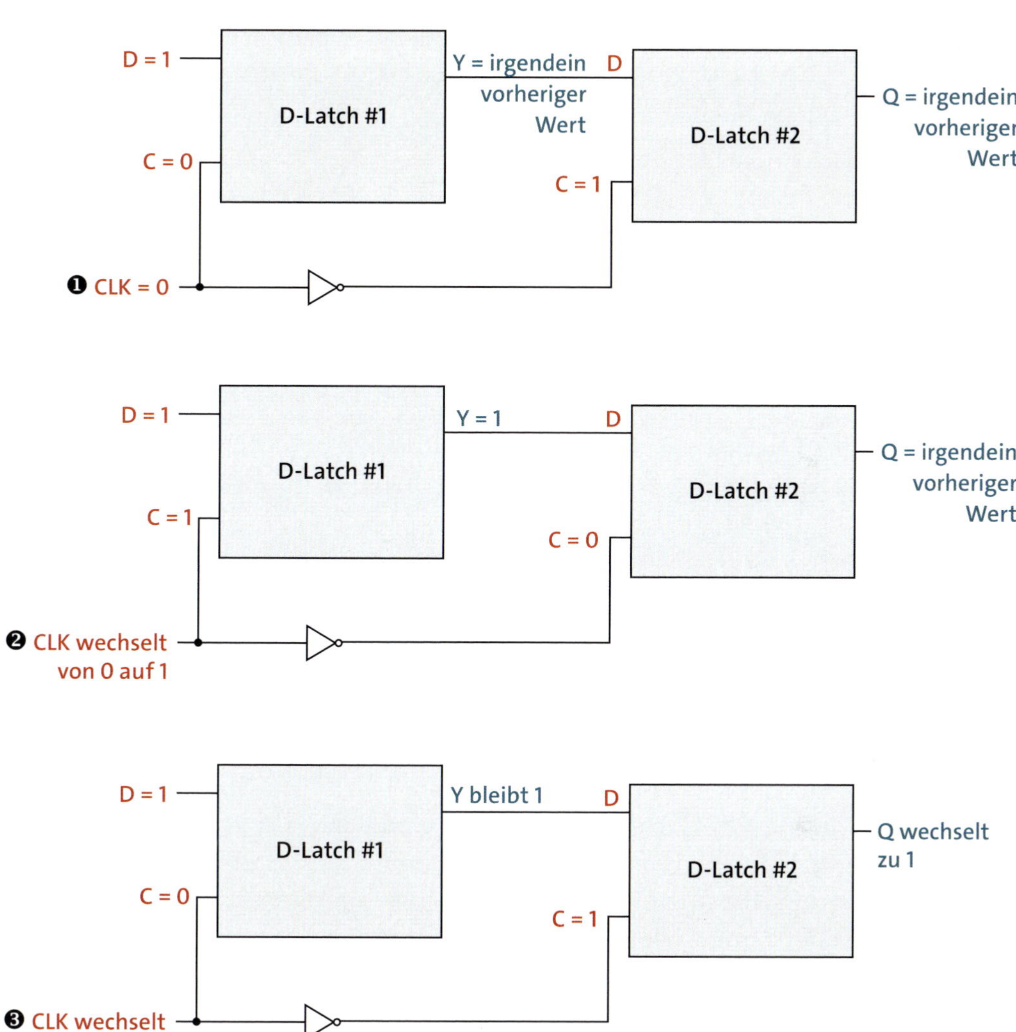

Wenn CLK gleich 0 ist, ändern sich Y und Q nicht ❶. Wechselt CLK auf 1 ❷, übernimmt Y den Wert vom D-Eingang an D-Latch #1. Da das NOT-Gatter die 1 invertiert, wird C an D-Latch #2 auf 0 gesetzt und Q ändert sich nicht. Wenn CLK zurück auf 0 geht ❸, wechselt C an D-Latch #2 nach 1, der Wert an Y wird in Latch #2 gespeichert und Q nimmt den Wert von Y an.

HINWEIS *Q übernimmt den neuen Wert, wenn das Taktsignal von High nach Low wechselt. Dieses Flipflop ist also negativ flankengetriggert.*

Das Schaltzeichen für ein positiv flankengetriggertes D-Flipflop sieht wie folgt aus:

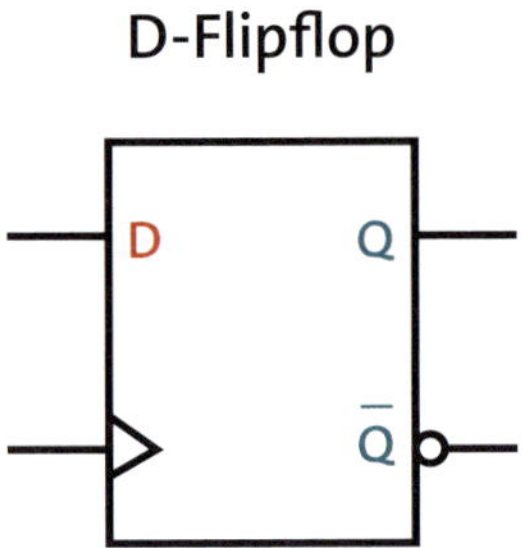

Anstatt CLK zu schreiben, hat das Schaltzeichen für das D-Flipflop ein Dreieck am Takteingang. Der negierte Ausgang $\overline{Q}$ ist mit einem Kreis gekennzeichnet. Genau wie beim Schaltzeichen für das NOT-Gatter bedeutet der Kreis bei $\overline{Q}$, dass es sich um die invertierte Version von Q handelt.

Ein Ausgang, der umschaltet

Mit einem einfachen Draht kannst du ein D-Flipflop zu einer Schaltung machen, die eine andere Schaltung ein- und ausschaltet. Angenommen, du möchtest ein Licht ein- und ausschalten. Das D-Flipflop speichert einen Wert, der an seinem Eingang D anliegt, wenn der Takt von Low nach High wechselt (bei einem positiv flankengetriggerten Flipflop). Wenn du den invertierten Ausgang $\overline{Q}$ des D-Flipflops mit D verbindest, liegt am Eingang des Flipflops immer das Gegenteil von Q an. Mit jeder aktiven Taktflanke wechselt der Ausgang in den entgegengesetzten Zustand, und das Licht wird umgeschaltet.

Wir beginnen mit diesen Werten:

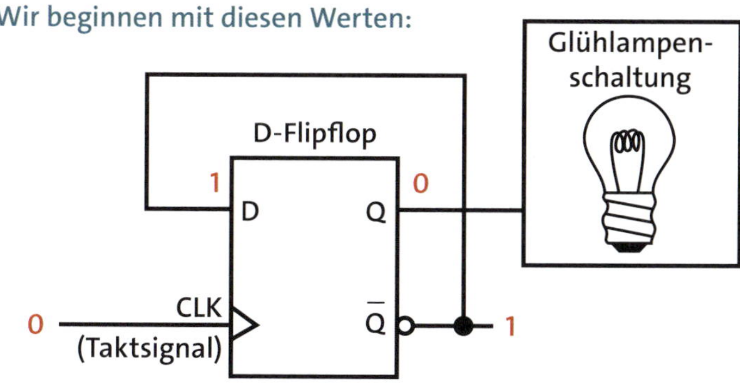

Wenn der Takteingang von 0 nach 1 geht, wechseln die Werte an den Ausgängen:

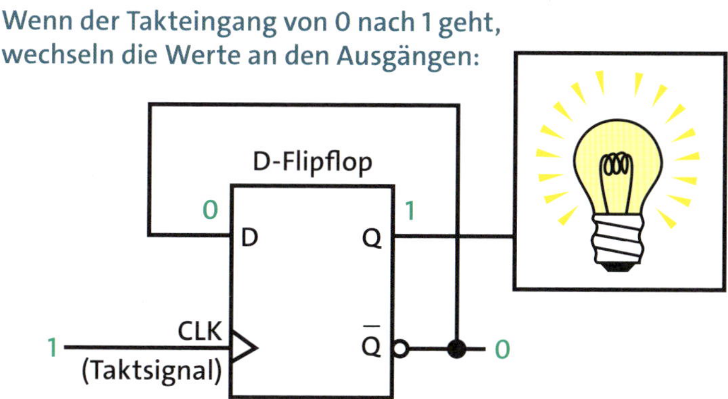

Sehen wir uns nun dieses Konzept in Aktion an!

Projekt #22: Ein elektronisches Münzwurfspiel

In diesem Projekt baust du ein elektronisches Münzwurfspiel mit einem 555-Timer, einem D-Flipflop, einem Taster und zwei LEDs auf.

In Kapitel 8 hast du mehrere 555-Timer-Schaltungen aufgebaut, die Spannungen ein- und ausgeschaltet haben. Eine Schaltung, die eine Spannung kontinuierlich ein- und ausschaltet, wird als *Oszillator* oder *Schwingschaltung* bezeichnet. In diesem Projekt verwendest du eine Schwingschaltung als Eingang, um das D-Flipflop umzuschalten. Erkennst du die Schwingschaltung in diesem Schaltplan?

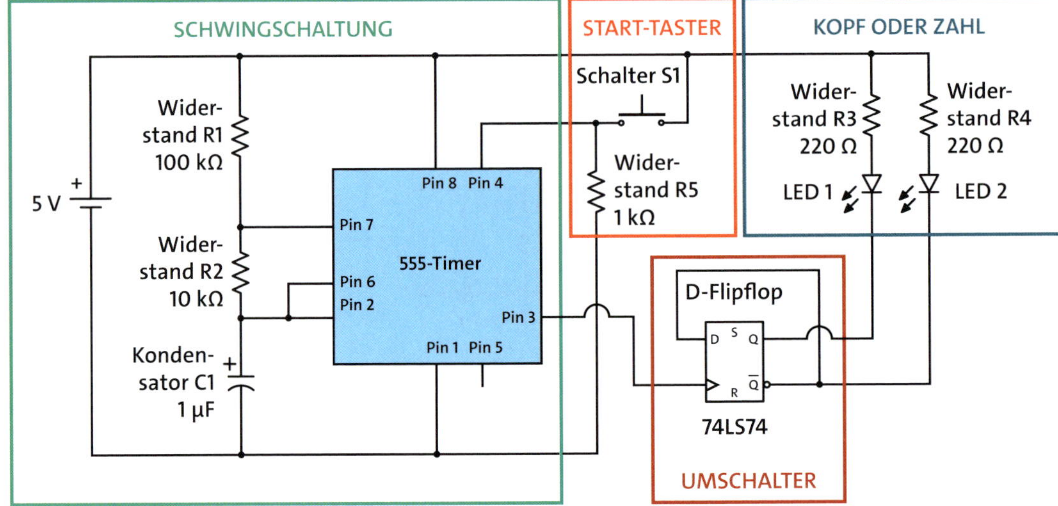

Die Schwingschaltung mit dem 555-Timer erzeugt ein Taktsignal. Es geht zum D-Flipflop und bewirkt, dass das Flipflop ständig *umschaltet*, solange du einen Taster drückst. Der wechselnde Ausgang des D-Flipflops schaltet die LEDs an und aus.

Wenn du den Taster loslässt, stoppt das vom 555-Timer kommende Taktsignal. Der Flipflop-Ausgang wechselt nicht mehr, und nur eine der beiden LEDs leuchtet: die eine für Kopf oder die andere für Zahl.

Einkaufszettel

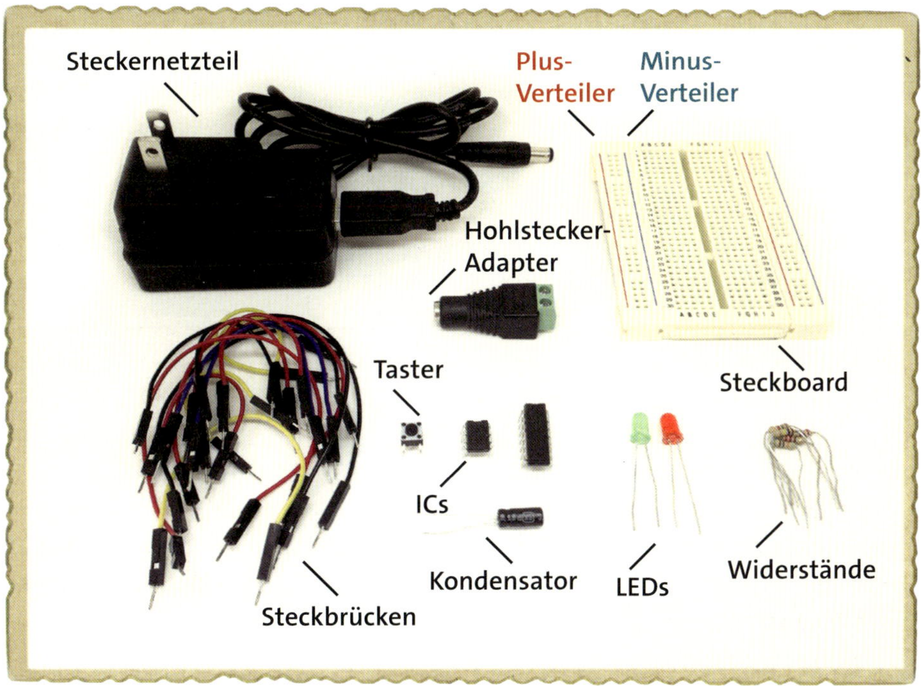

- ein **Steckboard** mit mindestens 30 Reihen
- etwa 20 **Steckbrücken**, um Verbindungen einfach herstellen zu können
- ein **555-Timer-IC**, um den Zähltakt zu erzeugen
- ein **IC 74LS74 mit zwei D-Flipflops**
- eine **grüne Standard-LED**
- eine **rote Standard-LED**
- zwei **220-Ω-Widerstände**, um den Strom durch die LEDs zu begrenzen
- ein **100-kΩ-Widerstand**, um die Tonfrequenz einstellen zu können
- ein **10-kΩ-Widerstand**, um die Tonfrequenz einstellen zu können
- ein **1-kΩ-Widerstand** als Pulldown-Widerstand für den Start-Taster
- ein **1-μF-Kondensator**, um die Tonfrequenz einstellen zu können

- ein **Taster**, um »die Münze zu werfen«
- ein **5-V-Steckernetzteil für Gleichspannung**, um die Schaltung zu betreiben
- ein **Hohlstecker-Adapter**, um das Steckernetzteil über den Adapter mit dem Steckboard zu verbinden

Diese Schaltung verwendet die Verteilerspalten für positive und negative Betriebsspannung auf beiden Seiten des Steckboards. Wenn du ein Bauelement mit dem »linken« Plus- oder Minus-Verteiler verbinden sollst, heißt das, du sollst eine der Verteilerspalten auf der linken Seite des Steckboards verwenden. Auf beiden Seiten ist der Plus-Verteiler mit einer roten Linie unmittelbar links neben der Kontaktspalte und der Minus-Verteiler mit einer blauen Linie unmittelbar rechts neben der Kontaktspalte markiert.

Schritt 1: Die Schwingschaltung aufbauen

Zuerst verdrahtest du den 555-Timer:

1. Stecke den 555-Timer auf das Steckboard nahe der Mitte.
2. Verbinde den 100-kΩ-Widerstand R1 von Pin 7 des 555-Timers mit dem rechten Plus-Verteiler.
3. Verbinde den 10-kΩ-Widerstand R2 von Pin 6 zu Pin 7.
4. Verbinde den 1-μF-Kondensator C1 von Pin 6 mit dem rechten Minus-Verteiler. Wenn du einen gepolten Kondensator verwendest, wie ich ihn auf dem Einkaufszettel vorgeschlagen habe, musst du den Minuspol des Kondensators mit dem Minus-Verteiler verbinden. Der Minuspol sollte mit einem Minuszeichen oder einer Null auf dem Kondensator selbst markiert sein.
5. Lege eine Steckbrücke von Pin 2 zu Pin 6 des 555-Timers.

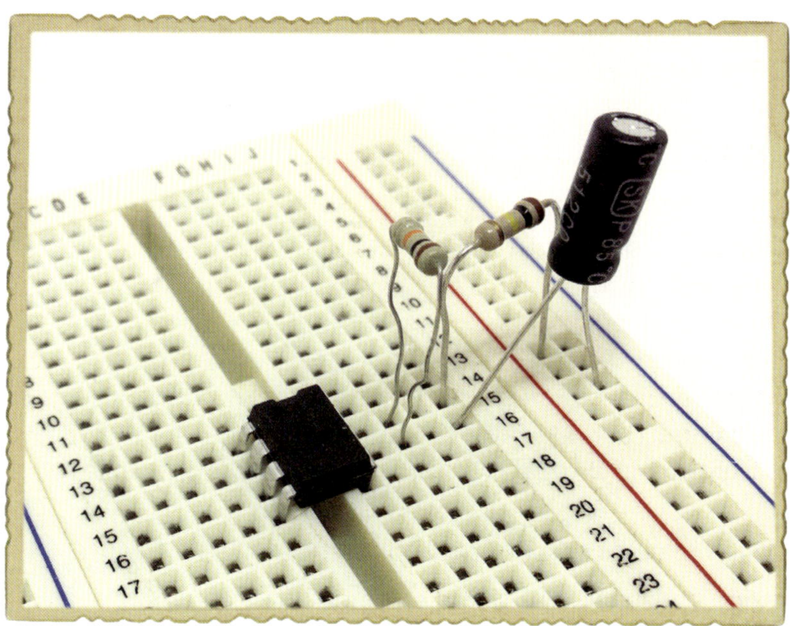

Schritt 2: Den Start-Taster hinzufügen

Schließe nun den Taster zwischen Pin 4 des 555-Timers und dem Plus-Verteiler wie folgt an:

1. Setze den Taster ganz oben auf das Steckboard, und zwar über die Nut in der Mitte. Somit sollte eine Schalterseite in der obersten Reihe und die andere Seite in Reihe 3 stecken.
2. Lege einen Draht von Pin 4 des 555-Timers zu den unteren Pins des Tasters (Reihe 3) und einen Draht von den oberen Pins des Tasters (Reihe 1) zum linken Plus-Verteiler.
3. Verbinde die unteren Pins des Tasters über den 1-kΩ-Pulldown-Widerstand R5 mit dem rechten Minus-Verteiler.

Der 555-Timer benötigt auch eine Stromversorgung. Lege eine Steckbrücke von Pin 1 zum linken Minus-Verteiler. Von Pin 8 führst du eine andere Steckbrücke zum rechten Plus-Verteiler.

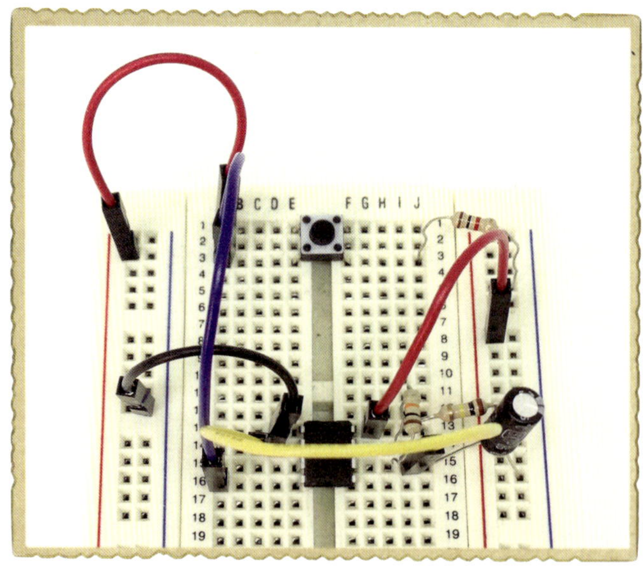

Schritt 3: Die Wechselschaltung bauen

Platziere den IC 74LS74 mit den D-Flipflops unter den 555-Timer, sodass er über der Nut im Steckboard sitzt und die Kerbmarkierung für Pin 1 nach oben zeigt. Dieser IC enthält zwei D-Flipflops, doch du verwendest nur das D-Flipflop an den Pins 1 bis 6.

Lege eine Steckbrücke vom invertierten Ausgang $\overline{Q}$ an Pin 6 des D-Flipflops 74LS74 zum D-Eingang an Pin 2. Verbinde den Ausgang des 555-Timers (Pin 3) mit dem Takteingang des D-Flipflops (hier auch Pin 3).

Das D-Flipflop benötigt ebenfalls Betriebsspannung. Verbinde Pin 14 mit dem rechten Plus-Verteiler und Pin 7 mit dem linken Minus-Verteiler.

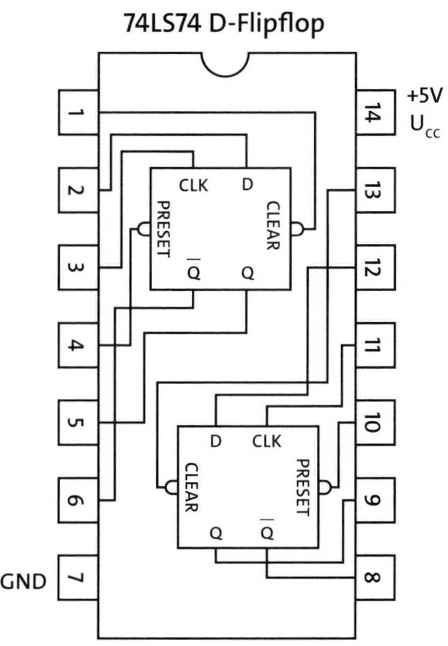

Schritt 4: Die LEDs für »Kopf oder Zahl« hinzufügen

Im vorhergehenden Projekt hast du eine LED vom Ausgang eines Logikgatters über einen Transistor angesteuert, weil das Gatter nicht genügend Strom liefern kann. Bei dieser Schaltung besteht die gleiche Herausforderung, weil D-Flipflops letztlich aus den gleichen Logikgattern bestehen. Es gibt aber einen kleinen Trick, um diese Beschränkung zu umgehen.

Das Datenblatt des D-Flipflops 74LS74 besagt, dass dieser IC einen maximalen Ausgangsstrom von 0,5 mA abgeben kann, wenn der Ausgang auf High liegt, bei Low aber 8 mA verkraftet. (Möchtest du selbst im Datenblatt nachlesen, suchst du online nach »74LS74 datasheet«.) Wenn du die LEDs und die Widerstände auf der einen Seite mit dem Plus-Verteiler und auf der anderen Seite mit dem Ausgang des Flipflops verbindest, sollten die LEDs einen Strom von 8 mA erhalten und leuchten, wenn der Ausgang auf Low liegt. Es mag seltsam aussehen, die LEDs auf diese Weise anzuschließen, anstatt sie mit dem Minus-Verteiler zu verbinden, doch leuchten bei dieser Version die LEDs, wenn der Ausgang des Gatters 0 statt 1 ist.

Egal, welche Werte an den Ausgängen Q und $\overline{Q}$ liegen, sie sind immer entgegengesetzt. Wenn du an jeden Ausgang eine LED anschließt, leuchtet die eine auf, die andere nicht. Die LEDs für »Kopf oder Zahl« baust du wie folgt ein:

1. Stecke die beiden LEDs in den unteren Teil des Steckboards, und zwar die rote LED rechts von der mittleren Nut und die grüne LED links davon. Die längeren Anschlüsse (die Anoden) kommen in die unterste Reihe und die kürzeren Anschlüsse (die Kathoden) in eine Reihe weiter oben.
2. Lege eine Steckbrücke von Pin 5 des D-Flipflops zum kurzen Anschluss der roten LED und eine andere Steckbrücke von Pin 6 des D-Flipflops zum kurzen Anschluss der grünen LED.
3. Schalte einen Widerstand von jeder untersten Reihe zum Plus-Verteiler auf jeder Seite (R3 und R4 im Schaltplan).

Schritt 5: Wirf eine »Münze«!

Verbinde über Steckbrücken den linken Minus-Verteiler mit dem rechten Minus-Verteiler und den linken Plus-Verteiler mit dem rechten Plus-Verteiler. Schließe dann zwei Drähte an deinen Hohlstecker-Adapter an, wobei die Plusseite zu einem der Plus-Verteiler und die Minusseite zu einem der Minus-Verteiler führt.

Schließlich steckst du zunächst den Hohlstecker des Steckernetzteils in den Hohlstecker-Adapter und anschließend das Steckernetzteil selbst in die Wandsteckdose. Eine der beiden LEDs sollte sofort leuchten. Wenn du den Taster drückst, sollten beide LEDs ständig wechselweise schnell blinken. Sobald du den Taster loslässt, sollte nur noch eine LED leuchten.

Nun kannst du diese Schaltung einsetzen, um Entscheidungen zu treffen. Zum Beispiel könntest du dir die Frage stellen: »Soll ich an diesem Wochenende Fußball oder Handball spielen gehen?« Der grünen LED ordnest du Fußball zu, der roten Handball. Oder wenn du mit einem deiner Freunde um den letzten Keks streitest, lässt du dein Münzwurfspiel entscheiden!

Schritt 6: Was ist, wenn das Münzwurfspiel nicht funktioniert?

Vergewissere dich zuerst, dass du ein Steckernetzteil mit einer Gleichspannung von 5 V verwendest. Andere Spannungen sind nicht geeignet.

Sollte eine LED zwar leuchten, aber es passiert nichts, wenn du den Taster drückst, prüfst du, ob das D-Flipflop korrekt verdrahtet ist. Leuchtet keine der beiden LEDs, liegt der Fehler sicherlich im Schaltungsteil mit dem D-Flipflop und den LEDs. Vergleiche sorgfältig die Verbindungen mit dem Schaltplan zu Beginn dieses Projekts. Funktioniert die Schaltung auch dann nicht, wenn du weißt, dass die LED- und Flipflop-Teile korrekt verdrahtet sind, untersuchst du die 555-Timer-Verbindungen.

Damit du nicht die gleichen Fehler wie ich machen musst, hier die Probleme, die ich beim erstmaligen Aufbau der Schaltung hatte:

- Ich habe die LEDs mit den Pins 4 und 5 des D-Flipflops statt mit den Pins 5 und 6 verbunden.
- Ich habe den Kondensator an Pin 5 des 555-Timers statt an Pin 6 angeschlossen.
- Ich habe vergessen, den linken Plus-Verteiler mit dem rechten Plus-Verteiler zu verbinden.

Was kommt als Nächstes?

Du hast in diesem Buch eine ganze Reihe verschiedener Schaltungen kennengelernt und hast diese Schaltungen aufgebaut! Inzwischen besitzt du solide Grundlagenkenntnisse in der Elektronik, und zwar sowohl in Bezug auf die Theorie als auch die praktischen Erfahrungen. Im nächsten Schritt konzentrierst du dich darauf, was dir deiner Meinung nach Spaß macht. Suche dir ein Projekt, das du unbedingt bauen willst – und baue es auf!

Der beste Weg, um mehr zu lernen, ist es, viele Schaltungen aufzubauen und alles darüber zu lesen, was dich auf diesem Gebiet interessiert. Folge den Online-Anleitungen und suche dir weitere Bücher zu verschiedenen elektronischen Themen.

In Kapitel 12 zeige ich dir noch ein letztes Projekt: ein wirklich cooles Spiel, bei dem du deine Reaktionsgeschwindigkeit testest, indem du ein Licht »fängst«. Danach bleibt mir nur zu hoffen, dass du weiterhin dieses spannende Gebiet erkunden und viel Spaß mit der Elektronik haben wirst. Es gibt noch so viele großartige Dinge, die du bauen kannst!

12
Lass uns spielen!

Beim Durcharbeiten dieses Buches hast du mittlerweile alle Arten von kleineren Schaltungen aufgebaut, und jede dieser Schaltungen sollte dir ein bestimmtes Konzept näherbringen. In diesem Kapitel bündelst du nun alle deine neu erworbenen Fertigkeiten, um ein Reaktionsspiel zu bauen. Das Spiel besteht aus einer Zeile von fünf LEDs, die nacheinander aufleuchten, wobei das Licht vor und zurück läuft.

Ziel des Spiels ist es, das Lauflicht anzuhalten, wenn die mittlere der fünf LEDs leuchtet. In diesem Fall erhältst du 10 Punkte. Wenn das Licht neben der mittleren LED anhält, bekommst du 5 Punkte. Doch wenn du das Spiel bei einer der LEDs am Ende stoppst, verlierst du alle Punkte und musst wieder bei 0 beginnen. Versuche, 50 Punkte zu erreichen!

Dieses Spiel kannst du alleine spielen, um deine Reaktionszeit zu trainieren, oder mit so vielen Freunden, wie du willst. Bei mehreren Mitspielern sollte jeder Spieler nur einen Versuch haben, das Licht anzuhalten, bevor der nächste Spieler an die Reihe kommt.

Wenn du bei Grün stoppst, erhältst du 10 Punkte!

Wenn du bei Blau stoppst, erhältst du 5 Punkte!

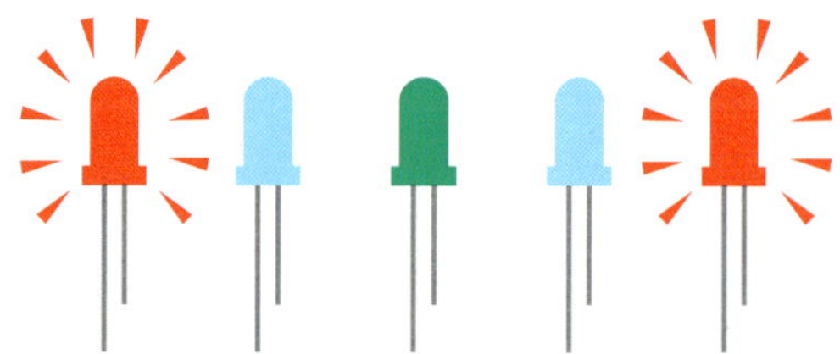

Wenn du bei Rot stoppst, verlierst du alle Punkte!

Die Komponenten des Reaktionsspiels

Das Reaktionsspiel besteht aus drei Schaltungskomponenten:

- einem 555-Timer, der die Spielgeschwindigkeit bestimmt
- einem Zähler, der steuert, welche LED leuchtet
- einem RS-Flipflop, das einen Reset-Taster und einen Aktionstaster beisteuert

Dieser Abschnitt erläutert die einzelnen Schaltungsteile. Um aber die Schaltpläne verstehen zu können, müssen wir uns noch mit zwei neuen Schaltzeichen befassen.

Die Symbole U_{CC} und GND

In Schaltplänen findest du nicht immer das Batteriesymbol, wie es bisher im Buch verwendet wurde. Stattdessen sind lediglich die Symbole U_{CC} (oder U_{DD}) und GND zu sehen.

Schaltzeichen U_{cc} Schaltzeichen GND

Wenn im Schaltplan oder seiner Beschreibung nichts anderes angemerkt ist, kannst du davon ausgehen, dass U_{CC} die positive Seite der Batterie (den Pluspol) und GND die negative Seite (den Minuspol) oder Masse darstellt. Zwar sehen die Symbole manchmal etwas anders aus, doch zeigt das U_{CC}-Schaltzeichen normalerweise einen Draht, der von seinem Symbol aus nach unten in die Schaltung führt, während das GND-Schaltzeichen einen Draht zeigt, der vom Symbol aus nach oben in die Schaltung geht.

Größere Schaltpläne – wie zum Beispiel für das Projekt in diesem Kapitel – lassen sich mithilfe dieser Symbole wesentlich einfacher zeichnen und verstehen.

Warum heißt es U_{CC} oder V_{CC}?

Die Bezeichnung V_{CC} für die positive Betriebsspannung geht auf alte Namenskonventionen zurück. In Transistorschaltungen war V_C die Spannung (engl. voltage), die über einen Widerstand oder ein anderes Bauelement an den Kollektor (engl. collector) angelegt wurde. Uneinigkeit herrscht heute darüber, ob das doppelte C den Plural von »collector« bezeichnet oder von »common collector« (gemeinsamer Kollektor für alle Transistoren in der Schaltung) stammt.

Für die bisherigen Schaltungen in diesem Buch hast du einen Bipolartransistor verwendet. Ein anderer Transistortyp ist der *Feldeffekttransistor* (FET). Der Anschluss dieses Transistors, der dem Kollektor eines Bipolartransistors ähnelt, heißt *Drain*. Von der Betriebsspannung, die man am Drain-Anschluss anlegt, stammt die Bezeichnung V_{DD}.

Da man im Deutschen für die Spannung das Formelzeichen U verwendet, ist statt V_{CC} auch U_{CC} (bzw. U_{DD} statt V_{DD}) gebräuchlich. Keine dieser Abkürzungen ist jedoch standardisiert. In diesem Kapitel verwenden wir die Bezeichnung U_{CC}. Wenn du mehr zu dieser Bezeichnungsvielfalt lesen möchtest, sei auf *https://de.wikipedia.org/wiki/Spannungsbezeichnung* verwiesen.

Mit einem 555-Timer die Lauflichtgeschwindigkeit festlegen

Die Schaltung, die die Geschwindigkeit für das Reaktionsspiel festlegt, ist um einen 555-Timer aufgebaut und ähnelt den Schaltungen, die du in Kapitel 8 kennengelernt hast. Die im Schaltplan angegebenen Werte der Bauelemente sind für eine »moderate« Geschwindigkeit ausgelegt: Das Spiel ist nicht superschnell, aber auch nicht träge.

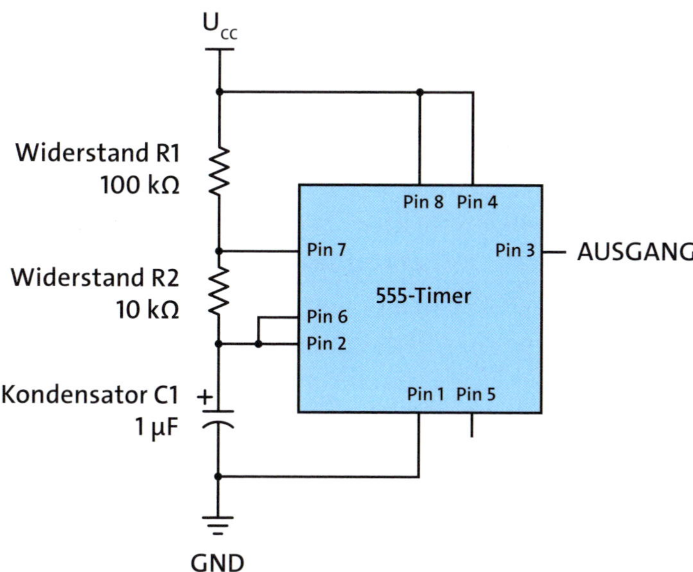

Jedes Mal wenn der Ausgang des 555-Timers von Low nach High wechselt, wandert das Licht um einen Schritt zur Seite. Die Häufigkeit dieser Wechsel pro Sekunde ist die Ausgangsfrequenz des 555-Timers. Wie ich in Kapitel 8 gezeigt habe, lässt sich die Ausgangsfrequenz des 555-Timers nach der folgenden Formel berechnen:

$$\text{Frequenz} = \frac{1{,}44}{(R1 + R2 + R2) \times C1}$$

Die folgenden Werte aus dem Schaltplan für die Schaltung mit dem 555-Timer entsprechen dieser Formel:

$$R1 = 100\ \text{k}\Omega$$

$$R2 = 10\ \text{k}\Omega$$

$$C1 = 1\ \mu\text{F}$$

Setze diese Werte in die Formel ein. Denke dabei daran, dass $1\ \mu\text{F} = 0{,}000001\ \text{F}$ und $120\ \text{k}\Omega = 120.000\ \Omega$ sind. Die Rechnung sieht dann so aus:

$$\text{Frequenz} = \frac{1{,}44}{(100\ \text{k}\Omega + 10\ \text{k}\Omega + 10\ \text{k}\Omega) \times 1\ \mu\text{F}}$$

$$\text{Frequenz} = \frac{1.44}{120\ \text{k}\Omega \times 1\ \mu\text{F}}$$

$$\text{Frequenz} = \frac{1{,}44}{120.000\ \Omega \times 0{,}000001\ \text{F}}$$

$$\text{Frequenz} = 12\ \text{Hz}$$

Der Ausgang geht also 12-mal pro Sekunde von Low nach High, und das Licht wechselt 12-mal pro Sekunde die Position. Später kannst du auch mit den Werten der Bauelemente R1, R2 und C1 experimentieren, um das Spiel schneller oder langsamer zu machen.

Ein Zähler, um die LEDs einzuschalten

Um die LEDs anzusteuern, verwendest du einen *Dekadenzähler*. Dieser IC zählt Eingangsimpulse: Immer wenn der Takteingang (Pin 14) von Low nach High geht, erhöht sich der Wert des Zählers um 1. Der Dekadenzähler zählt von 0 bis 9. Er besitzt 10 Ausgänge, die den Zählerständen 0 bis 9 entsprechen.

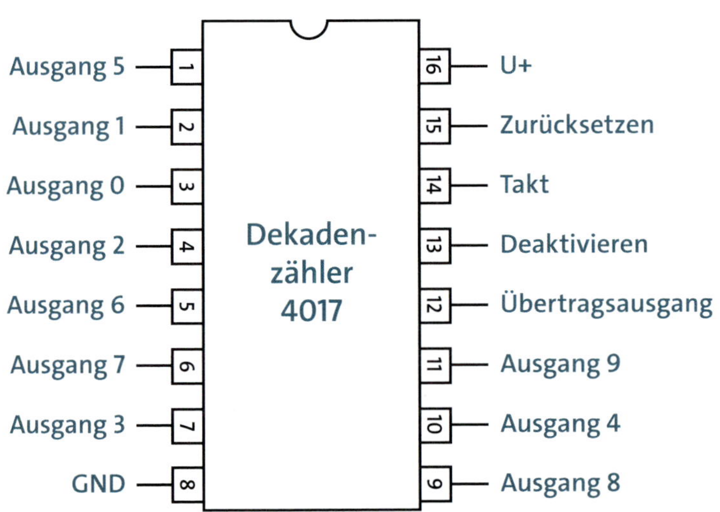

Hat der Zähler zum Beispiel drei Eingangsimpulse gezählt, liegt Ausgang 3 (d.h. Pin 7) auf High, die anderen Ausgangspins sind Low. Wenn du an Ausgang 3 eine LED anschließt und der Zähler den Stand 3 erreicht, wird die LED eingeschaltet.

Sind LEDs an mehreren Ausgangspins angeschlossen, werden sie der Reihe nach entsprechend der jeweiligen Zählerstellung eingeschaltet. Steht der Zähler bei 9 und empfängt einen 10. Eingangsimpuls, geht er zurück auf 0, und der ganze Ablauf wiederholt sich von vorn.

Der Zähler zählt die Eingangsimpulse nur, wenn Pin 13 auf Low liegt. Du kannst also mithilfe von Pin 13 im Spiel steuern, wann das Lauflicht beginnt und wann es stoppt.

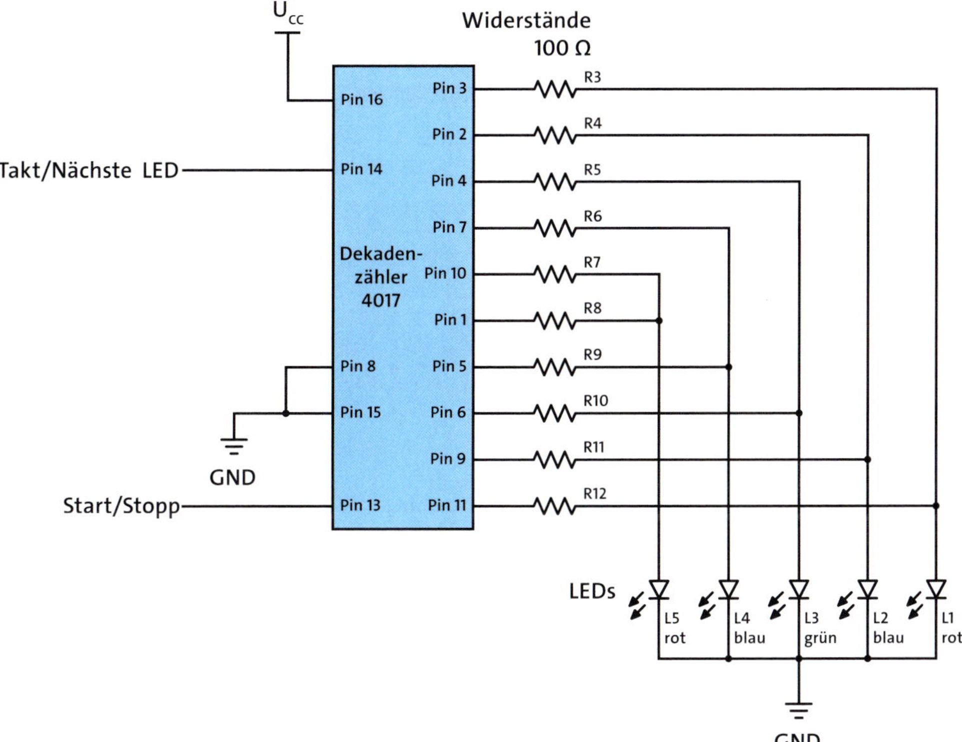

An jedem Ausgang liegt ein Widerstand, der den Strom durch die LED begrenzt und sicherstellt, dass sie nicht zerstört wird. Da jede LED mit zwei Ausgangspins verbunden ist, halten die Widerstände die Spannung an jeder LED auf High, selbst wenn ein Ausgang Low und der andere High ist. Die Widerstände sorgen auch dafür, dass zwei Ausgänge nicht direkt miteinander verbunden werden, was den IC beschädigen könnte, wenn der eine Ausgang High und der andere Low ist.

Ein Flipflop, um das Lauflicht zu starten und zu stoppen

Kannst du dich noch an das RS-Flipflop aus dem Abschnitt »Ein Bit speichern« auf Seite 242 erinnern? Die Start/Stopp-Schaltung für dieses Spiel ähnelt diesem RS-Flipflop, wird aber mit zwei NAND-Gattern aufgebaut. (Beim RS-Flipflop in Kapitel 11 waren es zwei NOR-Gatter.)

Das RS-Flipflop ist eine Schaltung, die sich ein einzelnes Bit merken kann. Der Ausgang des Flipflops ist entweder 0 oder 1; es behält diesen Zustand so lange bei, bis es durch ein neues Eingangssignal gesetzt oder zurückgesetzt wird.

Mit zwei Tastern lässt sich das Flipflop erweitern, um den Ausgangszustand festlegen zu können: Ein Taster setzt den Ausgang auf 1, der andere auf 0. Da wir jetzt NAND-Gatter statt NOR-Gatter verwenden, müssen die Taster die Eingänge auf Low ziehen, um am Ausgang eine 1 zu erzeugen.

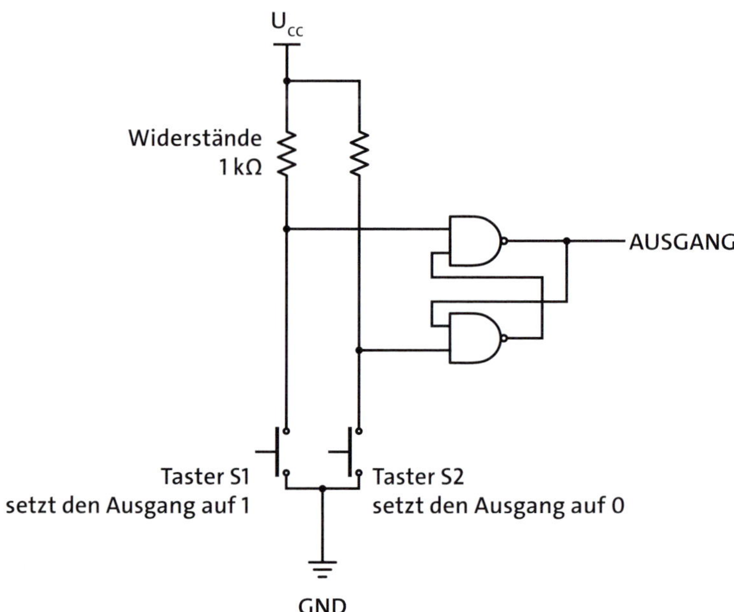

In dieser Schaltung spielt es keine Rolle, ob du die Taster schnell oder langsam drückst. Der 1-Taster setzt den Ausgang immer auf 1, der 0-Taster den Ausgang immer auf 0.

Für das Reaktionsspiel ist das perfekt! Wenn du den Ausgang mit dem Start/Stopp-Pin des Dekadenzählers – d.h. mit Pin 13 – verbindest, kannst du das Lauflicht mit den Tastern starten und stoppen.

Projekt #23: Ein LED-Reaktionsspiel

Wir wollen nun alle Teile, die ich vorgestellt habe, zusammenbringen, um das Reaktionsspiel zu bauen. Diese Schaltung enthält sehr viele Verbindungen, doch ich weiß, du schaffst das. Nur nichts überstürzen! Nimm dir die Zeit, jede Teilschaltung zu testen, und zwar gleich nach dem Schritt, in dem ich den Aufbau erläutert habe.

Außerdem empfehle ich, ein größeres Steckboard als in den bisherigen Projekten zu verwenden, da diese Schaltung vergleichsweise riesig ist!

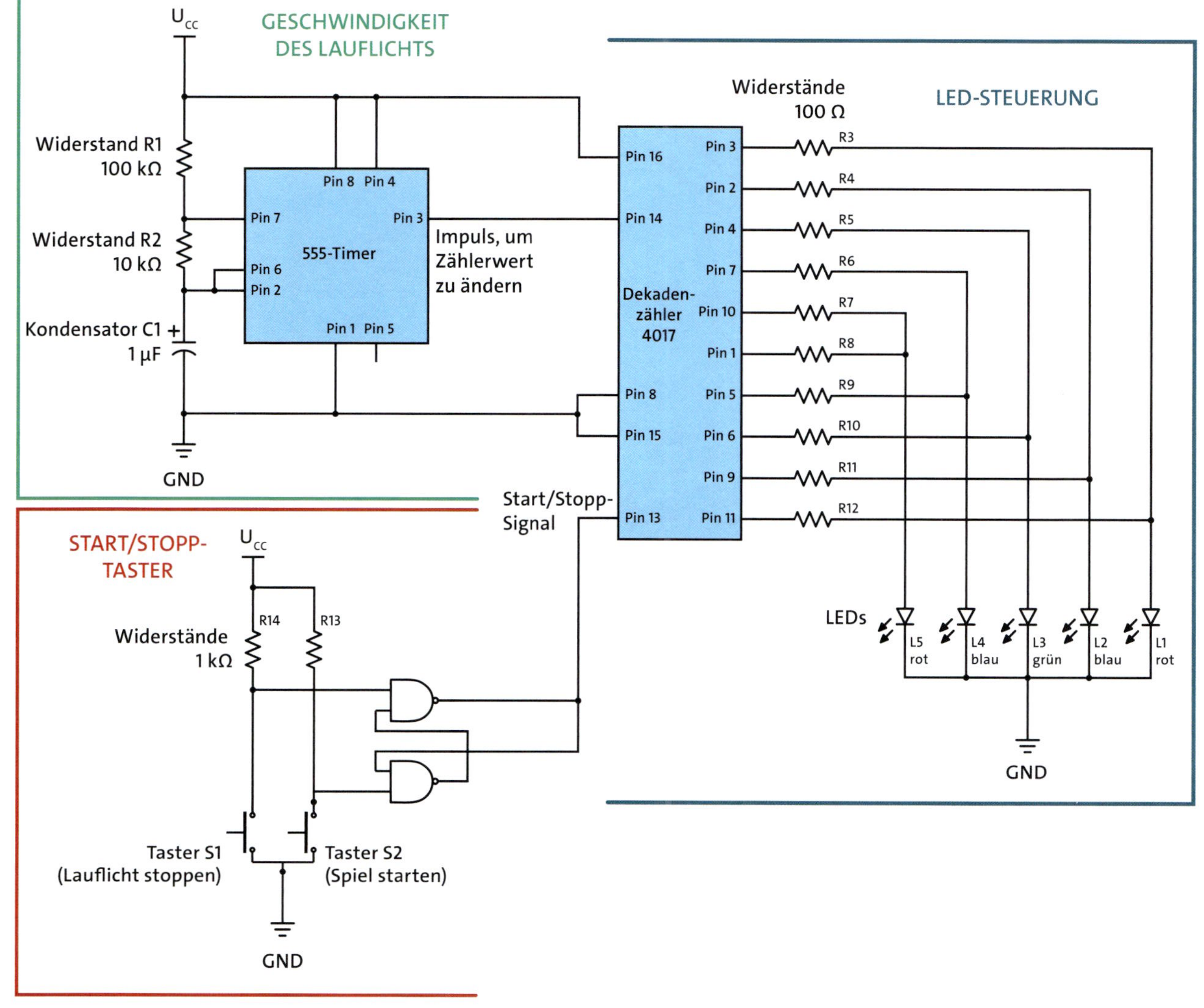

GESCHWINDIGKEIT DES LAUFLICHTS
U_{CC}
Widerstand R1 100 kΩ
Widerstand R2 10 kΩ
Kondensator C1 + 1 µF
GND
555-Timer
Pin 8 Pin 4
Pin 7
Pin 3
Pin 6
Pin 2
Pin 1 Pin 5
Impuls, um Zählerwert zu ändern
LED-STEUERUNG
Widerstände 100 Ω
Dekadenzähler 4017
Pin 16
Pin 14
Pin 8
Pin 15
Pin 13
Pin 3
Pin 2
Pin 4
Pin 7
Pin 10
Pin 1
Pin 5
Pin 6
Pin 9
Pin 11
R3
R4
R5
R6
R7
R8
R9
R10
R11
R12
LEDs
L5 rot
L4 blau
L3 grün
L2 blau
L1 rot
GND
Start/Stopp-Signal
START/STOPP-TASTER
U_{CC}
R14
R13
Widerstände 1 kΩ
Taster S1 (Lauflicht stoppen)
Taster S2 (Spiel starten)
GND

Einkaufszettel

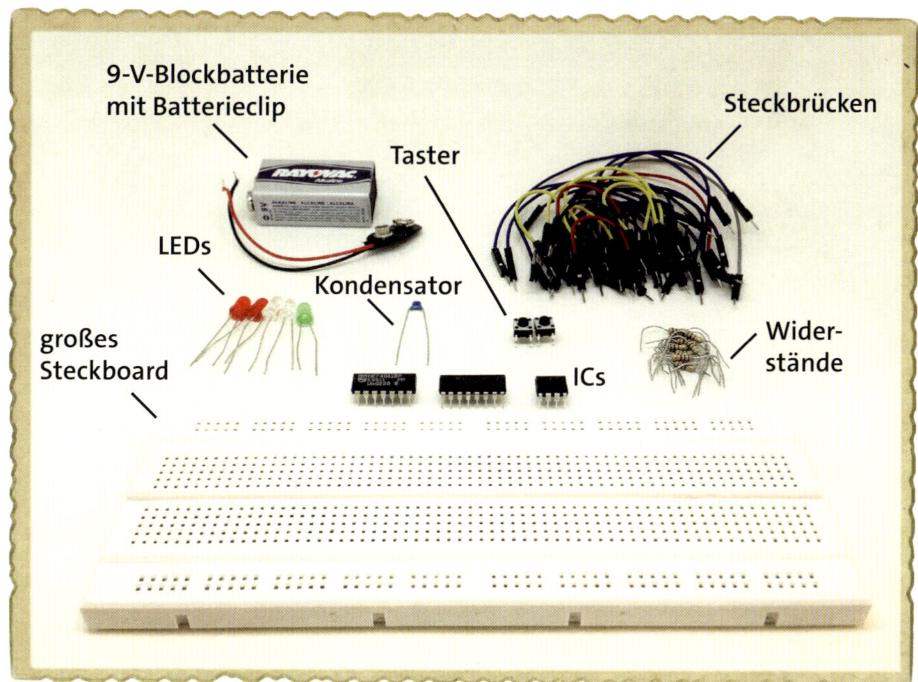

- ein **Steckboard** mit mindestens 60 Reihen
- etwa 35 **Steckbrücken** oder normaler Schaltdraht
- eine **9-V-Blockbatterie**, um die Schaltung zu betreiben
- ein **Batterieclip für eine 9-V-Blockbatterie**, um die Batterie mit der Schaltung zu verbinden
- ein **555-Timer-IC**, um das Timing zu erzeugen
- ein **10-kΩ-Widerstand**, um die Spielgeschwindigkeit festzulegen
- ein **100-kΩ-Widerstand**, um die Spielgeschwindigkeit festzulegen
- ein **1-μF-Kondensator**, um die Spielgeschwindigkeit festzulegen
- ein **4017-Dekadenzähler-IC**, um die LEDs zu steuern
- zwei **blaue Standard-LEDs** zwei **rote Standard-LEDs**
- eine **grüne Standard-LED**
- 10 **100-Ω-Widerstände**, um den Strom durch die LEDs zu begrenzen

- ein **4011-NAND-Gatter-IC** für das RS-Flipflop zum Starten und Stoppen des Spiels
- zwei **1-kΩ-Widerstände** als Pullup-Widerstände für die Start/Stopp-Schaltung
- zwei **Taster**, einer für das Zurücksetzen und einer zum Starten des Spiels

Werkzeuge

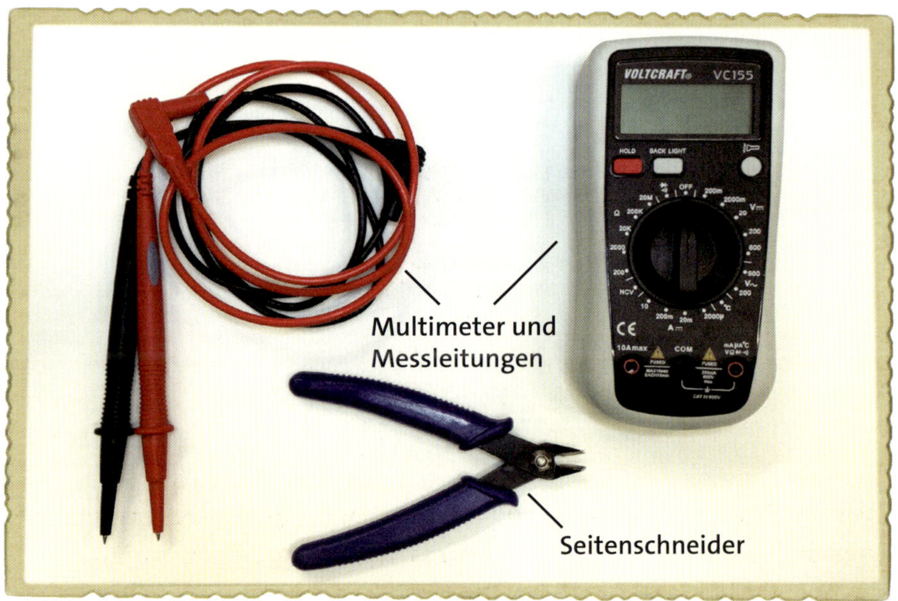

- ein **Seitenschneider**, um kleine Drahtstücke zu schneiden
- ein **Multimeter** für die Fehlersuche, falls die Schaltung nicht funktioniert

Schritt 1: Die Schaltung mit dem 555-Timer aufbauen

Stecke den 555-Timer ganz oben auf das Steckboard, damit weiter unten noch genügend Platz für die anderen Teile der Schaltungen bleibt. Schließe dann nach Schaltplan für dieses Projekt die Kondensatoren und Widerstände an den IC an. Der auf dem Einkaufszettel vorgeschlagene Kondensator ist ungepolt, sodass es egal ist, wie herum du ihn anschließt. Wenn du stattdessen einen gepolten Kondensator verwendest, musst du auf die Plus-Markierung im Schaltplan achten.

Verwende Drahtstücke, um die erforderlichen Verbindungen herzustellen, wie es die folgende Steckboard-Darstellung zeigt.

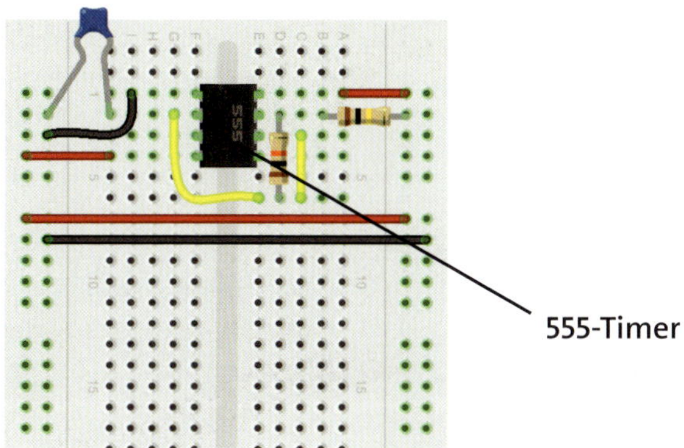

In diesem Projekt ist es am besten, die Verteiler für die Versorgungsspannung auf beiden Seiten zu nutzen. Das vereinfacht die Verbindungen und ergibt ein ordentlicheres Layout. Das auf dem Einkaufszettel empfohlene Steckboard besitzt zwar keine blauen und roten Markierungen, doch sind die Verteilerspalten genauso wie bei den Steckboards mit den Streifen angeordnet. Auf der linken und rechten Seite des Steckboards gibt es jeweils ein Paar Verteilerspalten. Der Plus-Verteiler ist in jedem Paar die linke Spalte, der Minus-Verteiler in jedem Paar die rechte Spalte. Mit einem roten Draht verbindest du den Plus-Verteiler der einen Seite mit dem Plus-Verteiler auf der anderen. Das Gleiche machst du mit einem schwarzen Draht für die Minus-Verteiler.

Verbinde nun alles in der 555-Timer-Schaltung, was mit U_{CC} zu verbinden ist, mit einer der Plus-Verteilerspalten, und alles, was mit GND zu verbinden ist, mit einer der Minus-Verteilerspalten.

HINWEIS *In dieser Schaltung arbeitet der 555-Timer im astabilen Modus genau wie in den Schaltungen von Kapitel 8. Mehr zur Funktionsweise dieses IC findest du in »Der 555-Timer« auf Seite 164. Du kannst auch die Projekte in Kapitel 8 aufbauen, um den Umgang mit dem 555-Timer noch etwas zu üben.*

Bevor du zum nächsten Schritt übergehst, überprüfst du, ob diese Schaltung ordnungsgemäß arbeitet. Verbinde dazu eine LED über einen Widerstand wie folgt mit dem Ausgang des 555-Timers:

1. Verbinde die negative Seite (den kurzen Anschluss) einer LED mit dem Ausgang des 555-Timers an Pin 3.
2. Verbinde die positive Seite (den langen Anschluss) einer LED mit einem 100-Ω-Widerstand und die andere Seite des Widerstands mit dem Plus-Verteiler.
3. Verbinde den Batterieclip wie üblich mit einem Verteilerpaar und klemme dann die Batterie an, um die Funktion der Schaltung zu testen.

Wenn die LED wirklich schnell blinkt, kannst du weitermachen. Andernfalls kontrollierst du noch einmal die Verbindungen, um den Fehler aufzuspüren.

Wenn du weißt, dass die Schaltung mit dem 555-Timer funktioniert, entfernst du die LED, den 100-Ω-Widerstand und den Batterieclip.

Schritt 2: Die LED-Steuerung aufbauen

Jetzt verbindest du den 4017-Dekadenzähler mit Widerständen und LEDs. Da es sehr viele Verbindungen sind, solltest du dir genügend Zeit lassen, um alles korrekt zu verdrahten.

Stecke den 4017-Dekadenzähler auf das Steckboard, sodass die Mitte des IC etwa bei Reihe 20 liegt, wobei die Markierung des Chips in Richtung von Reihe 1 zeigt. Lege dir dann fünf LEDs und zehn 100-Ω-Widerstände zurecht.

Schließe die negative Seite (den kurzen Anschluss) jeder LED an den rechten Minus-Verteiler an und die positive Seite (den langen Anschluss) jeder LED an eine eigene Reihe im rechten Bauelementebereich. Setze die grüne LED in die Mitte, die beiden blauen LEDs auf je eine Seite der grünen LED und die roten LEDs jeweils ganz außen hin.

Nun verbindest du die zehn 100-Ω-Widerstände. Wie aus dem Schaltplan hervorgeht, sind die Pins 1 bis 7 und 9 bis 11 des 4017-Dekadenzählers jeweils mit einer Seite eines Widerstands verbunden. Die andere Seite jedes Widerstands muss jeweils in einer eigenen Reihe stecken. Achte darauf, dass sich die Anschlüsse der Widerstände nicht versehentlich berühren. Die folgende Abbildung des Steckboard-Aufbaus zeigt, wie ich sie verbunden habe:

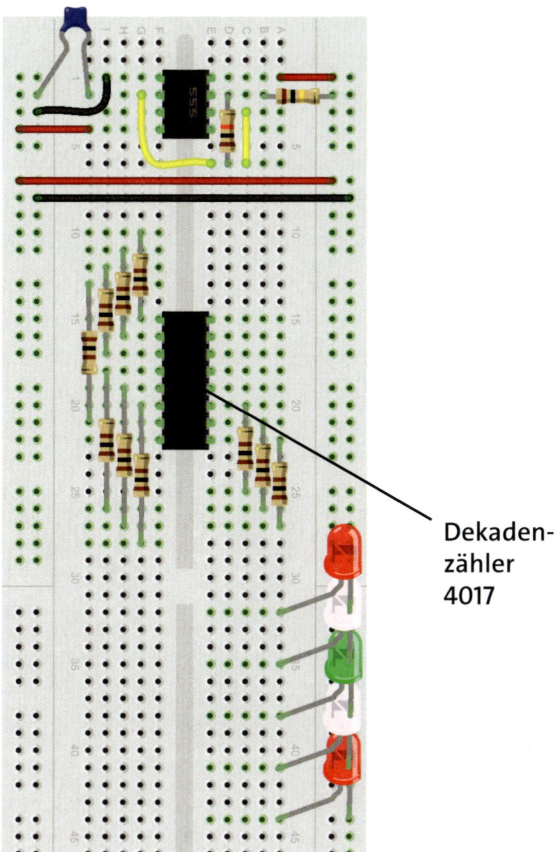

Verbinde nun die LEDs mit den Widerständen am 4017-Dekadenzähler und die Dekadenzählerschaltung mit der 555-Timer-Schaltung, wie es der Schaltplan zeigt. Diese Verbindungen lassen sich am besten mit Drahtbrücken herstellen.

Von jedem Widerstand legst du eine Steckbrücke zur entsprechenden LED. Im Schaltplan ist zu sehen, dass zum Beispiel die andere Seite des Widerstands, der mit Pin 4 des 4017-Dekadenzählers verbunden ist, zum positiven Anschluss der grünen LED in der Mitte gehen soll. Anhand des Schaltplans kannst du herausfinden, mit welcher LED jeder Widerstand zu verbinden ist.

Die Pins 8 und 15 des 4017-Dekadenzählers verbindest du mit dem Minus-Verteiler und Pin 16 mit dem Plus-Verteiler. Vom Ausgang des 555-Timers (Pin 3) legst du einen Draht zum Takteingang des 4017-Dekadenzählers (Pin 14).

Vergewissere dich, dass die Verteilerspalten durchgängig am jeweiligen Betriebsspannungsanschluss liegen. Bei dem Steckboard, das ich auf dem Einkaufszettel für dieses Projekt (Seite 269) empfohlen habe, sind die Verteilerspalten jeweils in eine obere und eine untere Hälfte geteilt. Verbinde einfach die oberen und unteren Hälften auf der linken Seite mit zwei Drahtbrücken, um die Lücken zu überbrücken, wie es die Abbildung zeigt. Das Gleiche machst du auf der rechten Seite. Alternativ kannst du zwei Steckbrücken von den linken zu den rechten Spalten legen.

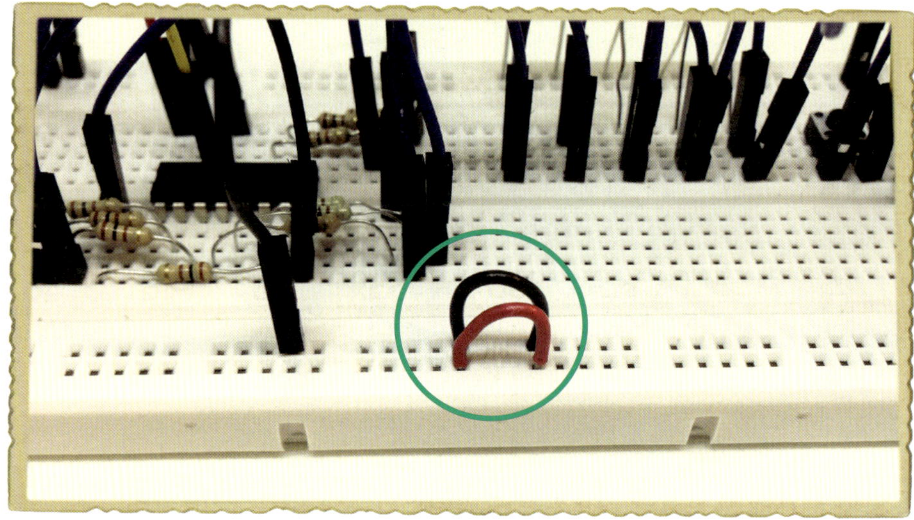

Du kannst Steckbrücken verwenden oder auch kurze Drahtstücke zurechtschneiden, wie es im Foto zu sehen ist. Dann nimmst du zwei lange Steckbrücken, um die beiden Verteilerspalten links unten mit den beiden Spalten rechts unten zu verbinden. Nachdem du alle diese Verbindungen gelegt hast, sollte das Steckboard wie folgt aussehen:

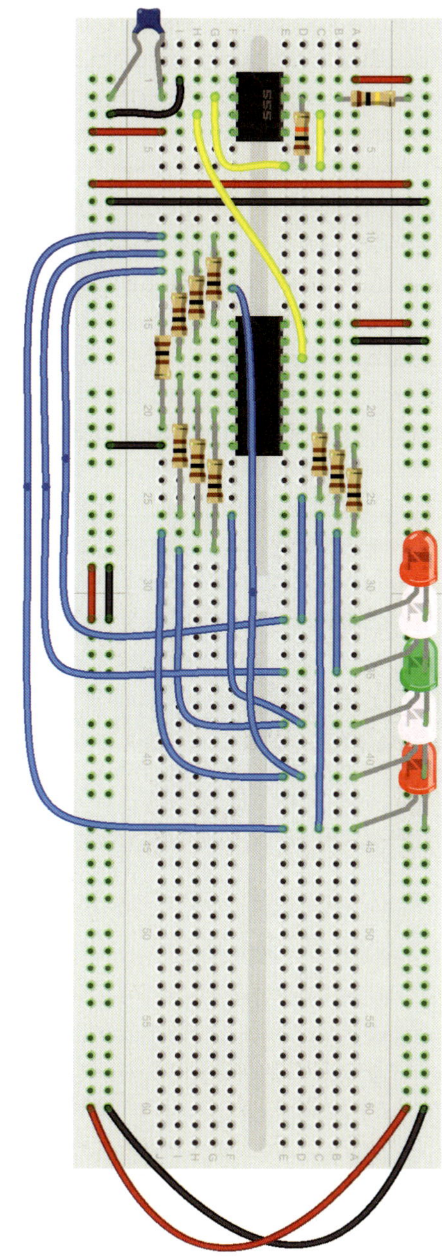

Bevor du den nächsten Teil der Schaltung aufbaust, überprüfst du erst, ob auch die LED-Steuerung ordnungsgemäß funktioniert. Dazu verbindest du Pin 13 des 4017-Dekadenzählers – d.h. den Pin »Deaktivieren« – über eine Steckbrücke mit dem Minus-Verteiler. Dann verbindest du wie üblich den

Batterieclip mit dem Steckboard und klemmst die Batterie am Batterieclip an. Es sollte nun ein »Lauflicht« zu sehen sein, bei dem die LEDs nacheinander hin und zurück ein- und ausgeschaltet werden.

Wenn keine LEDs leuchten, kontrollierst du zunächst, ob die Markierung am 4017-Dekadenzähler nach oben zeigt. Den Chip hat man schnell verkehrt herum eingesetzt. Das ist mir selbst schon mehrmals passiert!

Als Nächstes prüfst du, ob Pin 16 des 4017-Dekadenzählers mit dem Plus-Verteiler verbunden ist und ob die Pins 8 und 15 am Minus-Verteiler liegen. Vergewissere dich auch, dass die LEDs mit ihren kurzen Anschlüssen zum Minus-Verteiler gehen.

Wenn manche LEDs funktionieren und manche nicht oder wenn das Lauflicht nicht gleichmäßig vor- und zurückwandert, siehst du dir sämtliche Verbindungen von Widerständen und Steckbrücken genau an, um den Fehler zu finden.

Nachdem feststeht, dass deine Schaltung funktioniert, entfernst du die Verbindung von Pin 13 des 4017-Dekadenzählers zum Minus-Verteiler und klemmst die Batterie vom Steckboard ab.

Schritt 3: Die Start/Stopp-Schaltung bauen

Der letzte Teil dieses Projekts ist die Tasterschaltung, mit der du das Lauflicht startest und stoppst:

1. Platziere einen Taster im unteren Teil des Steckboards über der mittleren Nut. Stecke den NAND-Gatter-IC 4011 einige Reihen oberhalb des Tasters auf das Steckboard. Achte darauf, dass die Markierung am Chip in Richtung Reihe 1 des Steckboards zeigt.
2. Setze den zweiten Taster über den IC auf der rechten Bauelementeseite, sodass du ihn leicht mit dem Finger erreichen kannst.
3. Schließe die beiden Widerstände R13 und R14 lt. Schaltplan an. Realisiere dann die übrigen Verbindungen für das RS-Flipflop mithilfe von Steckbrücken, wie es in der folgenden Darstellung des Steckboards zu sehen ist. Verbinde Pin 14 des NAND-IC mit dem Plus-Verteiler und Pin 7 mit dem Minus-Verteiler. Schließlich legst du noch einen Draht von Pin 11 des NAND-ICs zu Pin 13 des 4017-Dekadenzählers.

Vergleiche deine Verbindungen mit dem folgenden Bild:

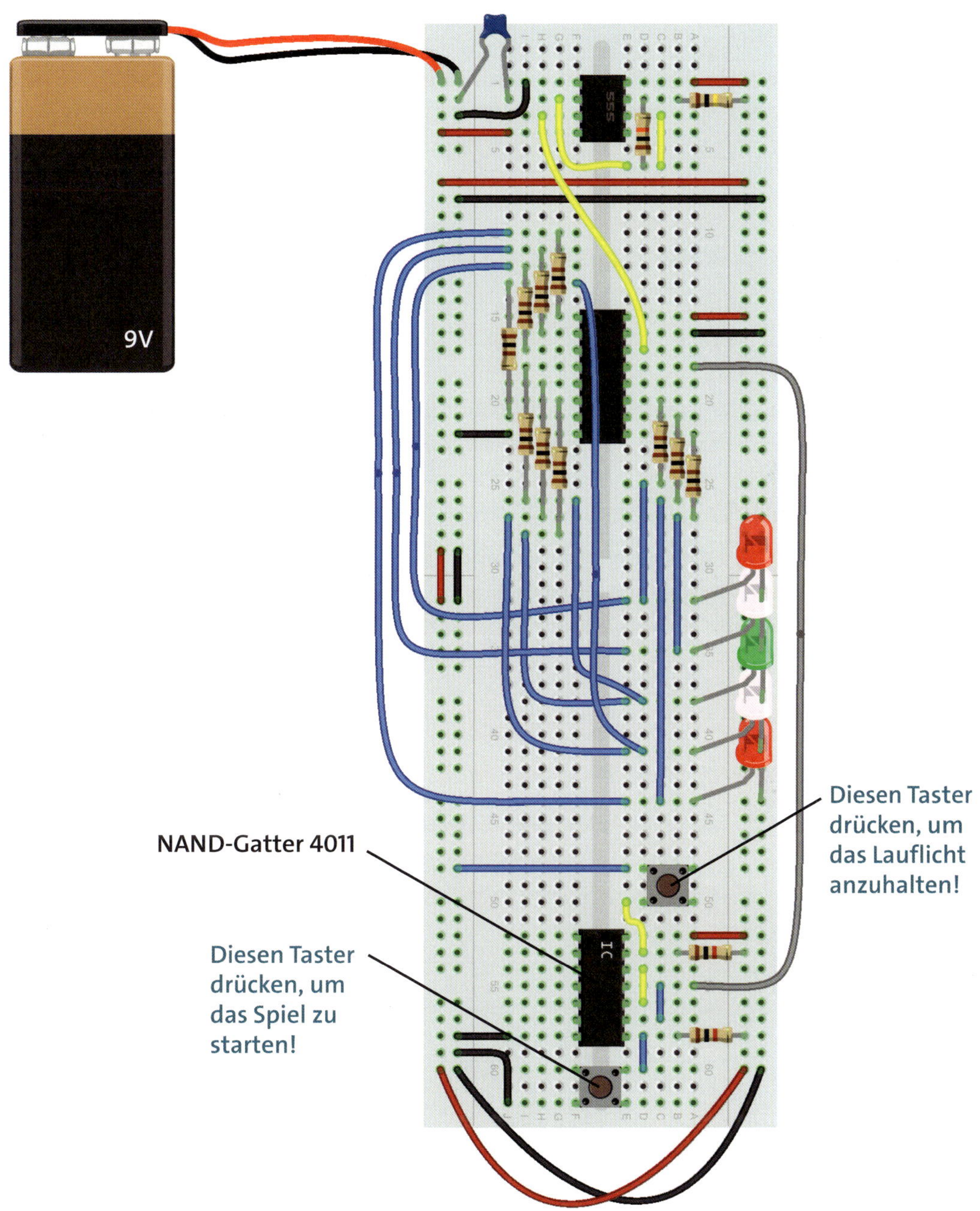

Schritt 4: Trainiere deine Reaktionszeit!

Nun brauchst du nur noch die Batterie an die Verteilerspalten anzuschließen. Der Taster am unteren Rand des Steckboards ist der Reset-Taster (S2 im Schaltplan). Damit startest du das Spiel ganz zu Anfang und setzt es fort, nachdem ein Spieler das Lauflicht angehalten hat.

Der Taster neben den LEDs (S1 im Schaltplan) stoppt das Lauflicht, wenn das Spiel läuft. Wie viele Runden brauchst du, um 50 Punkte zu erhalten?

Schritt 5: Was ist, wenn das Spiel nicht funktioniert?

Wenn du meine Anweisungen bis jetzt befolgt hast, sollten die in den Schritten 1 und 2 beschriebenen Teilschaltungen funktionieren. Falls die Gesamtschaltung nicht funktioniert, kommt als Fehlerquelle nur noch die Start/Stopp-Schaltung infrage, die du zuletzt verdrahtet hast, und die Verbindung von dieser Schaltung zum 4017-Dekadenzähler.

A. Den Durchgang prüfen

Kontrolliere zuerst, dass kein Kurzschluss zwischen den Plus- und Minus-Verteilern vorhanden ist. Hierfür nutzt du die Funktion *Durchgangsprüfung* deines Multimeters. Mit einer Durchgangsprüfung kannst du nach einer direkten Verbindung zwischen zwei Punkten einer Schaltung suchen. Das Symbol für einen Durchgangstester sieht üblicherweise so aus, wie in den Abbildungen gezeigt.

Symbol für Durchgangsprüfung

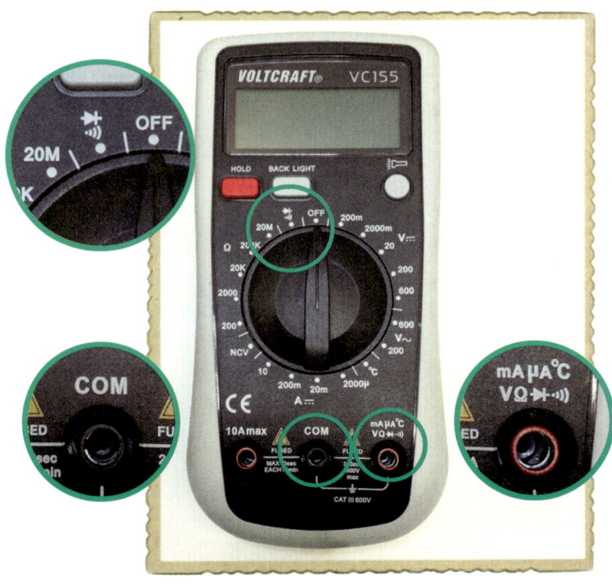

Zwischen den Plus- und Minus-Verteilern darf keine direkte Verbindung bestehen, weil diese die Batterie kurzschließen würde und das Spiel so nicht funktionieren kann. Mit dem Durchgangsprüfer kannst du auf Kurzschlüsse prüfen.

Drehe den Wahlschalter des Multimeters, sodass er auf das Symbol für die Durchgangsprüfung zeigt. Stecke die schwarze Messleitung in die Buchse COM des Multimeters und die rote Messleitung in die Buchse V. Wenn du die beiden Messspitzen zusammenhältst, sollte ein Piepton zu hören sein, der auf eine direkte Verbindung hinweist.

HINWEIS *Viele Elektronikbastler nennen den Durchgangsmodus auch Piep-Modus.*

B. Gute und schlechte Pieptöne

Verbinde nun den Batterieclip mit dem Steckboard, wie du es bisher schon gewohnt bist, ohne aber die Batterie anzuschließen. Halte eine Messspitze an den Pluspol und die andere Messspitze an den Minuspol des Batterieclips. Wenn du ein Piepen hörst, liegt ein Kurzschluss vor, den du beseitigen musst! Überprüfe alle Verbindungen zu den Plus- und Minus-Verteilern.

Als Nächstes überprüfst du, ob Pin 11 des NAND-IC 4011 und Pin 13 des Dekadenzählers 4017 korrekt verbunden sind. Schalte das Multimeter auf Durchgangsprüfung und berühre mit den Messspitzen die beiden Pins der ICs. Da zwischen den IC-Pins nicht viel Platz ist, musst du darauf achten, dass du nur den richtigen Pin berührst (und nicht etwa mehrere Pins mit einer Messspitze kurzschließt). Dieses Mal ist der Piepton ein gutes Zeichen.

C. Spannungen messen

Wenn die Verbindung zum NAND-IC korrekt ist, misst du mit dem Multimeter die Ausgangsspannung an der Start/Stopp-Schaltung, um dich von der richtigen Arbeitsweise zu überzeugen. Stelle das Multimeter auf Gleichspannungsmessung. Die schwarze Messleitung steckt in der Buchse COM, die rote Messleitung in der Buchse V.

Die Messspitze der schwarzen Messleitung hältst du an den Minuspol der Batterie und berührst mit der roten Messspitze Pin 11 am NAND-IC 4011. Nachdem du den Stopp-Taster gedrückt hast, sollte ein High-Signal – nahezu 9 V – zu messen sein und ein Low-Signal – etwa 0 V – nach Drücken des Start-Tasters. Wenn das nicht der Fall ist, überprüfst du die Verbindungen am RS-Flipflop, um den Fehler aufzuspüren.

Probiere es aus:
Die Geschwindigkeit des Lauflichts ändern

Um die Geschwindigkeit und damit den Schwierigkeitsgrad des Spiels zu ändern, kannst du mit verschiedenen Werten für R1, R2 und C1 am 555-Timer experimentieren. Bei kleineren Werten läuft das Spiel schneller, bei größeren langsamer. Wie du spezielle Widerstands- und Kondensatorwerte für eine gewünschte Frequenz berechnen kannst, hat der Abschnitt »Die Ausgangsfrequenz des 555-Timers einstellen« auf Seite 166 beschrieben. Zu beachten ist, dass R1 größer als 1 kΩ sein sollte, da zu kleine Werte den 555-Timer beschädigen könnten.

Doch wie sieht es aus, wenn du den Schwierigkeitsgrad im laufenden Betrieb ändern möchtest? Dann ersetzt du den Widerstand R2 einfach durch ein Potenziometer. Indem du die Potenziometerachse drehst, änderst du die Geschwindigkeit des Lauflichts!

Ein Summer für das Spiel

Glückwunsch: Du hast das letzte Projekt in diesem Buch fertiggestellt! Jetzt liegt es bei dir zu entscheiden, was du als Nächstes machen möchtest. Falls du noch keine konkrete Vorstellung hast, warum nicht das Reaktionsspiel erweitern?

Die Aufgabe des Spiels besteht ja darin, auf den Stopp-Taster zu drücken, wenn die LED in der Mitte leuchtet. Um das Ganze etwas aufregender zu gestalten, schlage ich vor, einen Soundeffekt auszulösen, wenn das Ziel getroffen wurde. Hierfür kannst du einen aktiven Summer verwenden, wie er bei »Projekt #2: Einbruchsalarm« auf Seite 11 zum Einsatz gekommen ist. Der folgende Auszug aus dem Schaltplan zeigt diese Ergänzung.

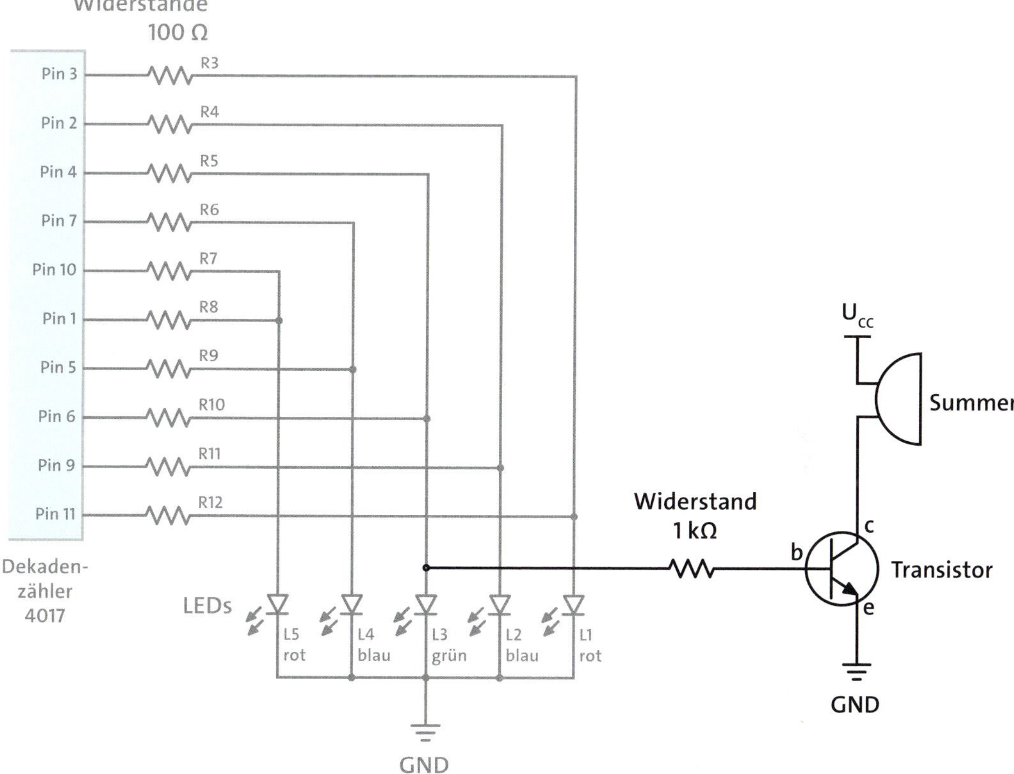

Der dunklere Teil dieser Schaltung zeigt die neuen Bauelemente, die du brauchst, um das Reaktionsspiel mit einem Summer zu erweitern. Die heller dargestellten Teile geben einen Ausschnitt aus dem ursprünglichen Schaltplan an.

Verbinde den positiven Anschluss der mittleren LED über einen 1-kΩ-Widerstand mit der Basis eines NPN-Transistors. Schließe dann den Summer an den Kollektor des Transistors an. Verbinde den Pluspol der Batterie mit der anderen Seite des Summers und den Minuspol der Batterie mit dem Emitter des Transistors.

Am Ende hast du eine Schaltung, die einen kurzen Piepton abgibt, wenn das Lauflicht die mittlere LED passiert. Wenn du das Licht bei der mittleren LED anhalten kannst, zeigt der Summer mit einem Dauerton an, dass du das Hauptziel getroffen hast.

Hast du das Spiel nach deinen Vorstellungen angepasst, kannst du es auf eine Lochrasterplatine löten. Vielleicht baust du es auch in ein passendes Gehäuse ein, um die Elektronik zu verstecken, sodass nur die Taster und die LEDs zu sehen sind.

Was kommt als Nächstes? Interessante Dinge basteln!

Es freut mich sehr, dass du das Buch bis zum Ende gelesen hast! Die Projekte haben dir hoffentlich gefallen, und es wäre schön, wenn du weiterhin aufregende Dinge mit Elektronik bauen würdest. Um mehr praktische Erfahrungen zu sammeln, suchst du dir einen Schaltplan für ein interessantes Gerät, kaufst die Bauelemente und baust die Schaltung auf. Schaltpläne findest du für alle nur denkbaren Dinge im Internet.

Ich möchte dich auch einladen, meine Website *http://www.ohmify.com/* zu besuchen, um deine Kenntnisse zu vertiefen. Du kannst dir hier Videokurse ansehen, Anleitungen für Unmengen von Projekten lesen und ein Diskussionsforum besuchen, wo du Fragen stellen und Freundschaften mit Leuten aus aller Welt schließen kannst, die ebenfalls elektronische Geräte bauen wollen.

Hole von deinen Eltern die Erlaubnis ein, die Site zu besuchen, weil sie Abonnement-basiert ist. Wenn sie zustimmen, dann kannst du den folgenden Link nutzen, der nur für die Besitzer dieses Buches besondere Konditionen bietet: *http://ohmify.com/e4k/*.

Du solltest auch den Abschnitt »Online-Quellen« auf Seite 288 lesen – auf diesen Websites findest du unzählige Tutorials und weitere Schaltungen, die du selbst bauen kannst. Viel Spaß damit!

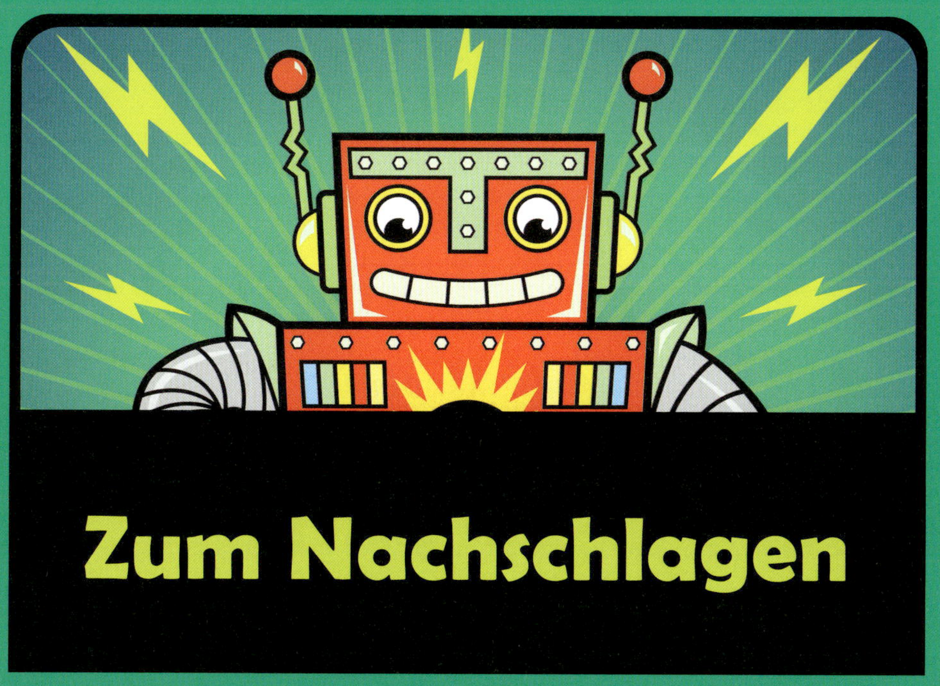

Zum Nachschlagen

In diesem Anhang findest du einige Informationsquellen, die dir beim Aufbau von Elektronikprojekten nützlich sein können. Du kannst hier zum Beispiel nachschlagen, wenn du den Farbcode eines Widerstands entziffern willst. Ich habe auch einige Websites angegeben, wo du dein Wissen vertiefen kannst und weitere lohnenswerte und interessante Projekte findest.

Spickzettel für die Werte von Bauelementen und Einheiten

Das ganze Buch hindurch verwendest du viele Bauelemente, und es gibt genauso viele Arten, ihre Werte zu lesen, wie es Bauelementetypen gibt. Dieser Anhang enthält einige Spickzettel, die helfen, die Werte von Widerständen und Kondensatoren zu ermitteln und zu merken, was die verschiedenen Präfixe bei Einheiten wie Volt und Ampere bedeuten.

Farbcodierung von Widerständen

Die Widerstände für die Projekte in diesem Buch sind mit vier Farbringen gekennzeichnet. Um den Wert eines Widerstands zu ermitteln, suchst du die Werte für die einzelnen Farbringe in der folgenden Abbildung heraus. Bei dem als Beispiel angegebenen Widerstand von 470 Ω ist die Zahl 47 (1. Ring gelb = 4, 2. Ring violett = 7) mit 10 (3. Ring braun = Multiplikator 10 Ω) zu multiplizieren. Weitere Einzelheiten zu Widerständen findest du im Abschnitt »Der Widerstand« auf Seite 70.

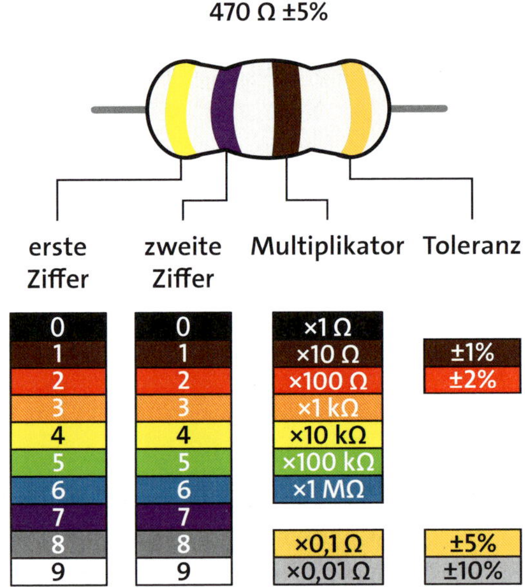

Kondensatorcodes

In der folgenden Tabelle habe ich die gebräuchlichsten Kondensatorcodes aufgelistet. Auf diese Tabelle kannst du dich beziehen, wenn du Keramik- oder Tantalkondensatoren verwendest, weil bei diesen Typen im Unterschied zu den im Buch meistens verwendeten Elektrolytkondensatoren die Kapazität nicht direkt angegeben ist.

Code	Pikofarad (pF)	Nanofarad (nF)	Mikrofarad (μF)
101	100	0,1	0,0001
102	1.000	1	0,001
103	10.000	10	0,01
104	100.000	100	0,1
105	1.000.000	1.000	1

Wenn du einen Kondensator mit einem anderen Code als den hier genannten hast, findest du den Wert in Pikofarad, indem du den beiden ersten Ziffern so viele Nullen anfügst, wie die dritte Ziffer angibt.

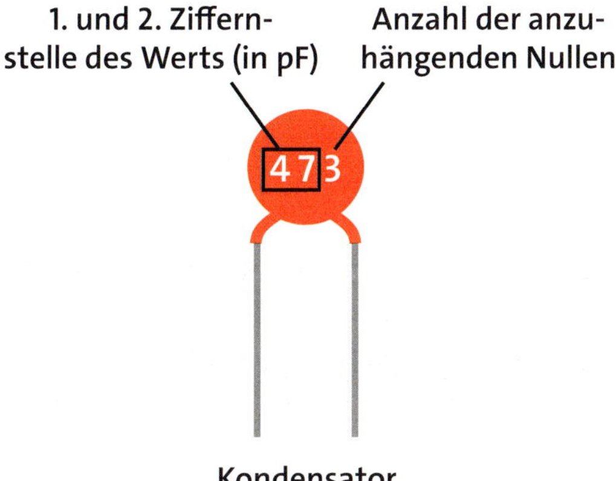

Kondensator

In diesem Beispiel hat der Kondensator den Code 473. An die beiden ersten Ziffern (47) hängst du so viele Nullen an, wie die dritte Ziffer (3) angibt. Das Ergebnis lautet 47.000 pF, was 47 nF bzw. 0,047 μF ist.

Standardpräfixe

Wie in vielen Bereichen der Wissenschaft haben wir es auch bei Elektronikprojekten manchmal mit sehr kleinen oder auch richtig großen Zahlen zu tun. Erfreulicherweise gibt es im Internationalen Einheitensystem einen Satz von Standardpräfixen, mit denen sich solche Zahlen einfacher schreiben lassen. Die Präfixe sind Multiplikatoren; die gebräuchlichsten findest du in der folgenden Tabelle:

Präfix	Name	Multiplikator	Beispiel für die Anwendung
p	Piko	× 0,000 000 000 001	Kondensatoren (47 pF)
n	Nano	× 0,000 000 001	Kondensatoren (100 nF)
μ	Mikro	× 0,000 001	Kondensatoren (10 μF)
m	Milli	× 0,001	Ströme (20 mA)
-	-	× 1	Spannungen (9 V)
k	Kilo	× 1.000	Widerstände (10 kΩ)
M	Mega	× 1.000.000	Dateigrößen (2 MB)
G	Giga	× 100.0000.000	Dateigrößen (1 GB)
T	Tera	× 1.000.000.000.000	Kapazitäten von Festplatten (2 TB)

Das Ohmsche Gesetz im Schnelldurchgang

Das Ohmsche Gesetz spielt eine so wichtige Rolle bei der Berechnung von Werten in Schaltungen, dass du umso häufiger damit zu tun haben wirst, je mehr Projekte du aufbaust. Wenn du eine Gedächtnisstütze brauchst, um eine Spannung, einen Strom oder einen Widerstand in der Schaltung zu ermitteln, kannst du schnell hier nachschlagen.

$U = I \times R$ Spannung (in Volt) gleich Strom (in Ampere) mal Widerstand (in Ohm)

$I = \frac{U}{R}$ Strom (in Ampere) gleich Spannung (in Volt) durch Widerstand (in Ohm)

$R = \frac{U}{I}$ Widerstand (in Ohm) gleich Spannung (in Volt) durch Strom (in Ampere)

In der Formel für das Ohmsche Gesetz musst du die Einheiten Volt (V), Ampere (A) und Ohm (Ω) verwenden, sodass du die Werte gegebenenfalls erst konvertieren musst: 1 mA = 0,001 A und 1 kΩ = 1.000 Ω.

Prinzipschaltung eines Spannungsteilers

Der Spannungsteiler ist eine äußerst nützliche Schaltung, die du zum Beispiel brauchst, wenn ein Sensor auf einem Widerstand basiert, etwa einem Thermistor, der die Temperatur erfasst, oder einem Fotowiderstand, der die Lichtmenge aufnimmt. Einen derartigen Spannungsteiler hat zum Beispiel »Projekt #15: Einen Sonnenaufgangsalarm bauen« auf Seite 148 verwendet. Das Wissen über den Spannungsteiler kannst du auch nutzen, um Spannungen in einer Schaltung zu berechnen und dir die Abläufe klarzumachen.

Zwei Widerstände in Reihe bilden einen Spannungsteiler. Die Eingangsspannung teilt sich auf die beiden Widerstände auf, und die Ausgangsspannung (über R2) lässt sich mit folgender Formel berechnen:

$$U_{aus} = U_{ein} \times \frac{R2}{R1 + R2}$$

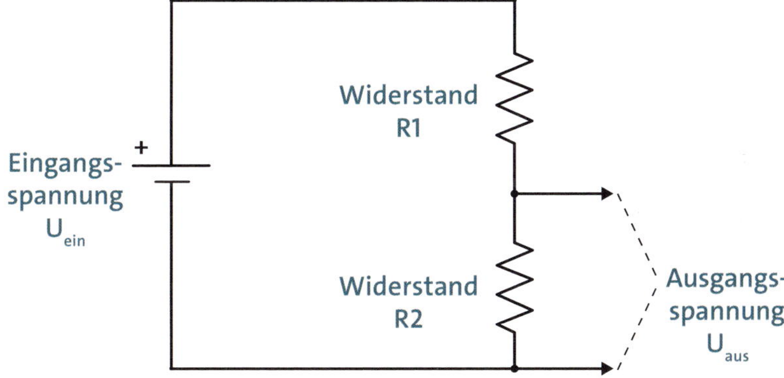

Online-Elektronikhändler

Zu jedem Einkaufszettel findest du unter *www.dpunkt.de/elektronik-kinderleicht* eine Liste mit Empfehlungen und Bezugsquellen.

Die meisten Elektronikteile sind bei eBay oder Amazon erhältlich. Wenn du Schwierigkeiten hast, etwas zu finden, können auch die folgenden Anbieter weiterhelfen:

Watterott	*http://www.watterott.com*
Element 14	*http://www.element14.com/*
Reichelt Elektronik	*https://www.reichelt.de*
voelkner	*http://voelkner.de*
Pollin Electronic	*http://www.pollin.de*
Conrad Electronic	*https://www.conrad.de*
watterott electronic	*http://www.watterott.com*
Segor electronics	*http://www.segor.de*

Online-Quellen

Wenn du dieses Buch durchgearbeitet hast, kannst du dein Elektronikwissen auch online erweitern. (Frage trotzdem zuerst deine Eltern!) Eine Liste deutschsprachiger Tutorials findest du auf *http://www.dpunkt.de/elektronik-kinderleicht/*. Du findest außerdem auf Englisch tonnenweise unterhaltsame Tutorials und andere Projekte auf diesen Sites:

- **Adafruit (https://learn.adafruit.com/)**
  Unmengen von Anleitungen, die auf den von der Firma verkauften Bauelementen basieren.
- **Build Electronic Circuits (http://www.build-electronic-circuits.com/)**
  Mein persönliches Blog, wo ich Tutorials, Videos, Artikel usw. poste – alle über Elektronik. Außerdem biete ich einen kostenlosen Newsletter mit nützlichen Tipps und Tricks für deine Projekte an.
- **Electronics Club (http://www.electronicsclub.info/)**
  Eine Website für jeden, der mehr über Elektronik lernen oder einfache Projekte aufbauen möchte. John Hewes, der Fach-Korrektor dieses Buches, hat diese Website ins Leben gerufen und er verwaltet sie auch.

- **Ohmify (http://www.ohmify.com/)**
  Meine Online-Lernplattform mit Kursen, Projekttutorials, Diskussionsforen und mehr. Hier bekommst du coole schrittweise Projektanleitungen, kannst Fragen stellen, Freunde treffen und lernen. Die Käufer dieses Buches erhalten ein spezielles Angebot auf *http://www.ohmify.com/e4k/*.
- **SparkFun (https://learn.sparkfun.com/)**
  Unmengen von Anleitungen, die auf den von der Firma verkauften Bauelementen basieren.

Außerdem kannst du die Website dieses Buches unter *https://www.dpunkt.de/elektronik-kinderleicht/* besuchen, wo du zusätzliche Informationsquellen, Updates und mehr findest.

Index